Compass Data Science

JAX/Flaxで学ぶ
ディープラーニングの仕組み

新しいライブラリーと
畳み込みニューラルネットワークを
徹底理解

中井 悦司［著］

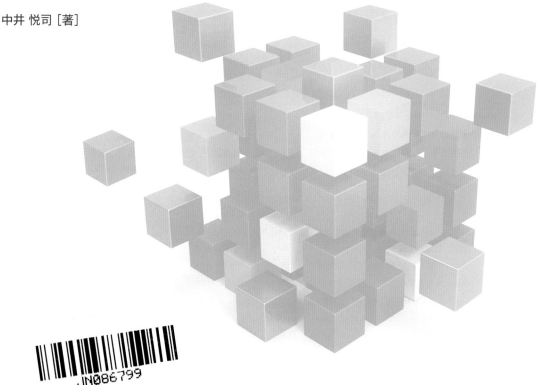

マイナビ

●**本書のサポートサイト**

　本書のサンプルファイル、補足情報、訂正情報などを掲載してあります。適宜ご参照ください。本書のサンプルファイルは、図書館貸出利用者もご使用いただけます。

https://book.mynavi.jp/supportsite/detail/9784839982324.html

●本書は2023年1月段階での情報に基づいて執筆されています。

　本書に登場するソフトウェアやサービスのバージョン、画面、機能、URL、製品のスペックなどの情報は、すべてその原稿執筆時点でのものです。

　執筆以降に変更されている可能性がありますので、ご了承ください。

●本書は、2019年11月発行の「TensorFlowとKerasで動かしながら学ぶ ディープラーニングの仕組み」を大幅改定し、TensorFlowとKerasの代わりにJAX/Flax/Optaxを使用して、ディープラーニングの仕組みを解説しています。

●本書では、Google Colaboratoryを用いて説明を行っていきます。また、JAX 0.3、Flax 0.6、Optax 0.1を使用しています。

●本書に記載された内容は、情報の提供のみを目的としております。

　したがって、本書を用いての運用はすべてお客様自身の責任と判断において行ってください。

●本書の制作にあたっては正確な記述につとめましたが、著者や出版社のいずれも、本書の内容に関してなんらかの保証をするものではなく内容に関するいかなる運用結果についてもいっさいの責任を負いません。あらかじめご了承ください。

●本書中の会社名や商品名は、該当する各社の商標または登録商標です。

　本書中では™および®マークは省略させていただいております。

はじめに

「ニューラルネットワークを用いてコンピューターが猫を認識することに成功した！」——こんなニュースがネットで話題になったことを覚えているでしょうか？ 2012年にGoogleの研究者が、YouTubeの画像データからさまざまな物体を認識するニューラルネットワークの開発に成功したことを公表したところ、そこに掲載されていた印象的な猫の画像から、このようなニュースが発信されたようです。これ以降、Googleをはじめとするさまざまな企業で、「階層の深いニューラルネットワークを利用した機械学習」、すなわち、ディープラーニングの活用が急速に広がりました。そして、この広がりを支えたのが、オープンソースソフトウェアとして提供される、さまざまなディープラーニング専用の機械学習ライブラリーです。その中でも、Googleの研究者を中心に利用が広がっている最新のライブラリーが「JAX」です。

Googleの研究者がJAXを好む理由を想像すると、新しいアイデアを盛り込んだ独自の機械学習モデルを実装して、さまざまなチューニングを試してみる、あるいは、学習後のモデルを分析して、意図通りに学習できているかを検証する、このようなディープラーニングに関わる研究・開発作業が容易に行えるという点にありそうです。研究者が使用するツールというと、高度な機能が利用できる反面、使い方を学ぶのにも時間がかかるというイメージがありますが、JAXは違います。本書を読めばわかるように、基本的な使い方を理解すれば、その後は、Pythonプログラミングの知識を利用して、さまざまな応用が可能になります。

このようなJAXの特徴は、ディープラーニングの学習にも最適と言えます。本書のゴールは、ディープラーニングの代表とも言える「畳み込みニューラルネットワーク（CNN）」を例として、その仕組みを根本から理解することですが、そのためには、ただモデルを作るだけではなく、モデルの動作をさまざまな角度から分析して理解する必要があります。本書では、JAX、および、それを補完するライブラリーであるFlax/Optaxを用いて、CNNのモデルを構築しながら、数式を用いた数学的な仕組みの説明と実際のコードの実行結果を組み合わせることで、モデルを構成する各パーツの役割を徹底的に分析・理解していきます。さらには、転移学習、オートエンコーダによるアノマリー検知、DCGANによる画像生成など、CNNの応用となる少し高度な話題についても、実際に動作するモデルを構築しながら、その動作原理を学びます。そしてまた、「ディープラーニングは知っているけれど、JAXはまだ使ったことがない」—— そんな方には、JAX/Flaxの入門書としても活用していただける内容です。

ディープラーニングの奥深さ、そして、その面白さを味わうことは、決して専門家だけの特権ではありません。本書によって、知的探究心にあふれる皆さんが、ディープラーニングの世界へと足を踏み入れるきっかけを提供できたとすれば、筆者にとってこの上ない喜びです。

謝辞

本書の執筆、出版にあたり、お世話になった方々にお礼を申し上げます。

畳み込みニューラルネットワークを題材として、ディープラーニングの仕組みを根本から理解するという本書のアイデアは、本書の前身となる「TensorFlowとKerasで動かしながら学ぶディープラーニングの仕組み」から引き継がれたものです。これを最新の機械学習ライブラリーであるJAX/Flaxで再構成するというアイデアは、マイナビ出版の伊佐知子さんから頂きました。また、長谷部光治さん、葛木美紀さんには、本書の原稿を丁寧に査読していただき、多数の改善コメントをいただきました。

そして、今、筆者が書籍の執筆活動を始めてから、ついに10年を超える年月が経ちました。これほど長く続けることができたのは、もちろん、家族の支えのおかげです。妻の真理と愛娘の歩実には、恒例の感謝の言葉を送ります。「いつもありがとね！」

本書のサンプルコードについて

　本書では、ディープラーニングの代表例として、手書き文字の認識処理を行う「畳み込みニューラルネットワーク」を取り上げて、その仕組みを解説していきます。ディープラーニングで用いられるニューラルネットワークは、さまざまな役割を持ったパーツから構成されており、これら1つひとつのパーツの役割を順を追って理解することが目標です。また、オープンソースの機械学習ライブラリー「JAX/Flax/Optax」を用いて、実際に動作するコードを実装しながら、これらのライブラリーの使い方を学びます。

　本書で使用するコードは、GitHubで公開されており、下記のURLから内容を確認することができます。

- https://github.com/enakai00/colab_jaxbook

　これらのコードは、Googleが提供するColaboratoryを用いて実行します。Colaboratoryは、オープンソースソフトウェアのJupyterノートブックをカスタマイズしたサービスで、Googleアカウント（Gmailのアカウントと同じもの）があれば、誰でも無償で利用できます。

　また、紙面において、サンプルコードの左上にある **[GCJ-02]** などの見出しは、Colaboratoryで開いたノートブックの各セルについた見出しと対応しています。**[GCJ]** などのアルファベットは、ノートブックのファイル名の頭文字から取っており、たとえば、「1. Gradient calculation with JAX.ipynb」の場合は、**[GCJ-02]** のようになります。

[GCJ-02] モジュールのインポート

```
1: import numpy as np
2: import matplotlib.pyplot as plt
3: from mpl_toolkits.mplot3d import Axes3D
```

サンプルコード左上の見出し

[GCJ-02]

Import modules.

```
import numpy as np
import matplotlib.pyplot as plt
from mpl_toolkits.mplot3d import Axes3D
```

ノートブック上でのコードの見出し

　ノートブック上のコードにはありませんが、紙面上では、説明用にコードの各行に行番号を入れてあります。本文中では、一部のセルのみを抜粋して説明していることもありますが、実際にコードを実行する際は、ノードブック上のすべてのセルを上から順に実行する必要があります。

CONTENTS

CONTENTS

Chapter 4
畳み込みフィルターによる画像の特徴抽出　　185

Chapter 5
畳み込みフィルターの多層化による性能向上　235

Appendix

参考文献

本書の内容をより深く理解する上で、参考となる書籍を紹介します。

- 『[改訂新版] ITエンジニアのための機械学習理論入門』中井 悦司（著）、技術評論社（2021）

  ロジスティック回帰をはじめとする、機械学習の基本的なアルゴリズムについて、数学的な背景を含めて解説しています。

- 『Pythonによるデータ分析入門 第2版 ―NumPy、pandasを使ったデータ処理』Wes McKinney（著）、瀬戸山 雅人、小林 儀匡、滝口 開資 (翻訳)、オライリージャパン（2018）

  NumPyやPandasなど、データ解析に使用する標準的なPythonライブラリの使用方法を解説しています。

- 『戦略的データサイエンス入門』Foster Provost、Tom Fawcett（著）、竹田 正和（監訳／翻訳）、古畠 敦、瀬戸山 雅人、大木 嘉人、藤野 賢祐、宗定 洋平、西谷 雅史、砂子 一徳、市川 正和、佐藤 正士（翻訳）、オライリージャパン（2014）

  データサイエンスのビジネス適用という観点から、より広い視点で機械学習の考え方を学ぶことができます。

- 『ITエンジニアのための強化学習理論入門』中井 悦司（著）、技術評論社（2020）

  本書では取り扱わなかった強化学習のアルゴリズムを基礎から解説した入門書で、ディープラーニングと強化学習を組み合わせたDQNについても解説しています。

- 『スケーラブルデータサイエンス データエンジニアのための実践Google Cloud Platform』Valliappa Lakshmanan（著）、中井 悦司、長谷部 光治（監修）、葛木 美紀（翻訳）、翔泳社（2019）

  ディープラーニングに限定せず、クラウド上のさまざまなツールを組み合わせて、実践的な機械学習の環境を利用する方法や、データサイエンスの基本的な考え方を学ぶことができます。

Chapter 01
JAX/Flax/Optax入門

1

第1章のはじめに

　本書では、JAX、Flax、Optaxという3種類のオープンソース・ライブラリーを用いて、ディープラーニングの機械学習モデルを構築します。これらは、米Google社のAI研究チーム（Google Brain）と米DeepMind社のエンジニアが中心となって開発しているオープンソースソフトウェアです[*1]。Googleが開発したディープラーニング対応の機械学習ライブラリーといえばTensorFlow/Kerasが有名ですが、最近は、JAXとその周辺ライブラリーにも注目が集まっています。TensorFlow/Kerasには、ニューラルネットワークを構成するパーツをブロックのように組み合わせることができて、その背後にある数式を意識せずにコードを記述できるという特徴がありました。それでは、新しく登場したJAX/Flax/Optaxにはどのような特徴があるのでしょうか？ TensorFlow/Kerasとの違いが知りたいという方のために、ここでは、JAXとFlax、そして、Optax、それぞれの役割について簡単に紹介しておきます。

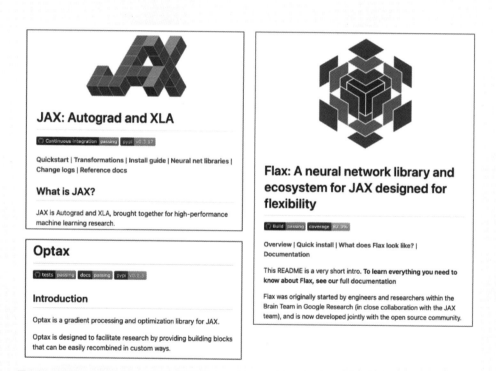

図1.1　JAX/Flax/OptaxのGitHubリポジトリー

---

*1　JAX、Flax、OptaxのGitHubリポジトリーは、それぞれ、https://github.com/google/jax、https://github.com/google/flax、および、https://github.com/deepmind/optax

　まず、JAXは、機械学習で必要となる数値計算処理をPythonのコードから高速に実行するためのライブラリーです。Pythonによる数値計算処理といえば、行列やベクトルの計算が手軽に実行できるNumPyのライブラリーが有名で、機械学習に関連したデータ処理にも用いられます。しかしながら、NumPyはGPUでの実行に対応しておらず、高速な計算処理が求められるディープラーニングの学習処理そのものには直接利用することができません。時間がかかる学習処理は、TensorFlowなど、専用の機械学習ライブラリーを使用する必要がありました。JAXは、このようなNumPyの「弱点」を取り除いたライブラリーといえます。表面的にはNumPyとほぼ同じ使い方ができて、GPUが搭載された環境では、自動的に必要なデータをGPUのメモリー内に転送して、GPUで高速に計算処理を行います。

　さらに、JAXでは、NumPyにはなかった機能として、数学の関数に対する微分計算ができます。機械学習の学習処理では「勾配降下法」のアルゴリズムが用いられると聞いたことがあるかもしれませんが、「1.1.2 勾配降下法によるパラメーターの最適化」で説明する様に、勾配降下法を適用する際は微分計算が必要です。TensorFlowなどの機械学習ライブラリーにも、当然ながら、微分計算を行うための仕組みが実装されていますが、基本的には学習処理の裏側でコッソリと実行されるものになります。微分計算そのものを直接実行したい場合は、TensorFlowに固有の方法でやや特殊なコードを書く必要がありました。一方、JAXの場合は、一般的なPythonの（プログラミング言語としての）関数形式で実装した数学関数を用意すれば、それに対して微分計算が適用できます。NumPyを用いてPythonの関数形式で数学関数を書くというのは、データサイエンティストがよくやる作業ですが、JAXを用いれば、そのようにして作った関数をそのままの形で微分することができます。驚くことに、if文による条件分岐やfor文によるループ処理が入った関数すらも微分することができます。そのため、JAXがあれば、NumPyを用いた数値計算処理の延長として、勾配降下法のアルゴリズムを自分で実装して、さらにそれをGPUで実行することもそれほど難しくはありません。やろうと思えば、機械学習モデルをNumPyと同じ方法で記述して、さらに、独自実装の勾配降下法でGPUを使って学習することも簡単にできてしまいます。JAXの機能を利用する練習として、この後の「1.2.3 JAXによる勾配降下法の実装例」では、実際にこのような実装を行います。

　とはいえ、このような作業は、機械学習の勉強、あるいは、趣味のプログラミングとしては楽しいかもしれませんが、実務として機械学習モデルの研究・開発を行う上ではあまり効率的なやり方とはいえません。そこで登場するのが、JAXの機能を補完するラ

イブラリーであるFlaxとOptaxになります。Flaxは、ニューラルネットワークを構成するさまざまなパーツが事前にモジュール化されており、Kerasと同様に、ブロックを組み合わせる感覚でニューラルネットワークが記述できます。そして、Optaxは、勾配降下法をベースとした、より高度な学習アルゴリズムを提供します。また、Flaxには学習中のプロセスを管理する機能があり、学習中のモデルの状態を定期的にディスクに保存する、あるいは、保存した状態を復元して、そこから学習を再開するなどの処理が簡単に実現できます。

　「それって、TensorFlow/Kerasでもできるのでは？」——ここまでの説明を読んで、このように思った方もいるかもしれません。それでは、JAXにFlax/Optaxを組み合わせた場合は、何が違うのでしょうか？　一言でいうと、裏側の仕組みが適度なレベルで見えているという点が異なります。TensorFlow/Kerasの場合、標準的な機械学習モデルを構成し、与えられたデータで学習するという「定型作業」を実施する上では、簡単なコードでモデルが書けて、学習処理もコマンド1つで実行できます。しかしながら、学習中のモデルを分析して内部の状態を調べてみる、あるいは、学習済みモデルのパラメーター値を取り出して他のモデルに移植するなど、ディープラーニングモデルの「研究・開発」レベルの作業を行おうとすると、途端にハードルが高くなります。ライブラリーの裏側で動いている機能を理解して、「裏技的」なコードを書く必要が出てきます。

　一方、Flax/Optaxの場合は、定型作業を実施する際にもある程度のコーディング作業が必要で、TensorFlow/Kerasよりもすこし面倒な印象を受けます。ただ、Flax/Optaxが提供する機能はJAXをベースに実装されており、前述のように、JAXの利用方法はNumPyとほぼ変わりありません。そのため、必要な際は、特別な裏技を使わずとも、NumPyを使った通常のPythonプログラミングの感覚で定型作業にとどまらない研究・開発レベルの処理が行えます。本書の目的の1つは、ディープラーニングの仕組みを理解することですので、単純にモデルを構築して学習するだけではなく、モデルの中身を分析しながら理解を深めていくことになります。ここで、このようなJAX/Flax/Optaxの特徴が役立ちます。

　本書では、ディープラーニングの代表例とも言える畳み込みニューラルネットワーク（CNN：Convolutional Neural Network）を例として、これをJAX/Flax/Optaxで実装しながら、それぞれのパーツの役割を数式レベルで丁寧に解説していきます。この際、モデル内部の処理内容を確認するために、モデルの中身を分析するためのコードもあわせて利用します。JAX/Flax/Optaxを利用することで、モデルの構築だけではなく、このような分析作業も簡単に実施できることが実感できるでしょう。

　本書で実装するCNNは、具体的には、図1.2のようになります。これを用いて、MNISTと呼ばれる手書き数字の画像データの分類処理を行います。ここに含まれる各パーツの役割を理解して、「なぜこれで手書き数字の分類ができるのか」を徹底的に理解していきます。CNNによるMNISTの分類処理は、ディープラーニングの世界では入門レベルにあたるものですが、この中には、より高度な処理を理解するための基礎知識が詰まっています。最後の第5章では、オートエンコーダによるアノマリー検知やDCGANによる画像生成など、少し高度な話題を取り扱いますが、図1.2の仕組みを理解することは、そのための大切な基礎となります。

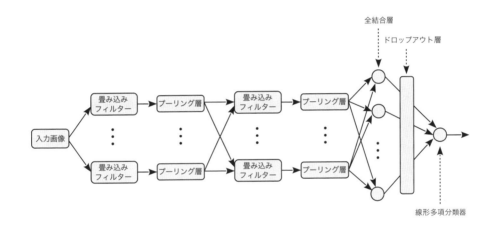

図1.2　手書き文字（数字）の分類処理を行うCNNの例

　本章では、まずは、JAX/Flax/Optaxの基本的な機能とその使い方を学ぶために、機械学習の基礎とも言える「最小二乗法」による回帰問題を利用します。まずは、JAXの機能だけを利用して、勾配降下法のアルゴリズムを独自に実装して、回帰モデルの学習を行います。その後、これと同等の処理をFlax/Optaxを組み合わせて、再度、実装してみます。これにより、Flax/Optaxの使い方に加えて、JAXの微分機能など、その背後で行われる実際の処理内容をより明確に理解することができるでしょう。

最小二乗法で学ぶ
機械学習の基礎

　ディープラーニングは、機械学習の中でも特に、ニューラルネットワークと呼ばれるモデルを用いた手法です。ここでは、ディープラーニングを理解するための準備として、まずは、機械学習におけるモデルの役割を解説します。ここで説明する「機械学習の3ステップ」を理解すると、ディープラーニングのコードを実装する際に、それぞれの処理の役割、すなわち、「なぜ、その処理が必要なのか」が明確にわかるようになります [*2]。

1.1.1 機械学習の考え方

　機械学習は、データの背後にある「数学的な構造」をコンピューターによる計算で見つけ出す仕組みです。──と言っても、決して難しく考える必要はありません。たとえば、図1.3のデータを見て、みなさんはどのように感じるでしょうか? これは、日本のある都市における、今年一年間の月別の平均気温だとしてください。このデータを元にして、来年以降の月々の平均気温を予測してほしいと頼まれたら、あなたはどのように考えるでしょうか?

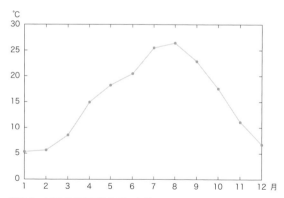

図1.3　月別の平均気温のデータ例

---

*2　この後は、数学的な話が少しばかり続きます。数学的な説明が苦手な方は、先に「1-3　ニューラルネットワークの役割」に目を通して、まずはディープラーニングのイメージを掴んでおくとよいでしょう。

　最も安易な答えは、今年の平均気温とまったく同じ値を予測することですが、もう少し工夫の余地がありそうです。このグラフでは、月々の平均気温はガタガタした直線で結ばれていますが、気候変化の仕組みを考えると、月々の平均気温は本質的にはなめらかな曲線で変化すると考えられます。このなめらかな変化に対して、その月ごとのランダムなノイズが加わることで、このようなガタガタした変化になっていると想像できます。

　そこで、データの全体を見て、図1.4のようになめらかな曲線を描いてみます。来年以降の平均気温として、この曲線上の値を予測すれば、こちらの方が予測精度はより高くなると期待できます。来年以降の気温にもノイズが加わるため、この曲線の上下にぶれる恐れはありますが、確率的には、この曲線のあたりに分布する可能性が最も高いと思われます。

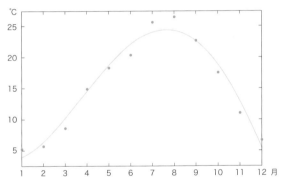

図1.4　なめらかな曲線で予測した平均気温

　このように、与えられたデータの数値をそのまま受け取るのではなく、その背後にある仕組みを考えることをデータのモデル化と呼びます。あるいは、このようにして考え出した仕組みが、データのモデルに他なりません。さらに、このようなデータのモデルは、一般に数式で表現することができます。たとえば、図1.4の曲線は次の4次多項式で表されると仮定してみます。

$$y = w_1 x + w_2 x^2 + w_3 x^3 + w_4 x^4 + b \tag{1.1}$$

　変数xが「月」を表しており、1月であれば$x = 1$、2月であれば$x = 2$のように、月を表す数値をそのまま代入します。この時、(1.1) で計算されるyの値が、その月の予想平均気温だとしてください。そして、定数項b、および、各項の係数$w_1 \sim w_4$の値をうまく調整すれば、図1.4のような「それらしい」曲線が得られるものと期待します。——これが本当にうまくいくかは、まだ分かりませんが、まずはこの仮定のもとに計算を進めます。

ただし、係数の値を具体的に決定するには、もうひとつの指標が必要です。すなわち、なにを持って、この曲線を「それらしい」と判断すればよいのでしょうか？ これは、(1.1) から予想される値と、実際のデータの誤差で判断します。たとえば、図1.3の元データの値を $t_1, t_2, \cdots, t_{12}$ (t_n は n 月の平均気温) とします。この時、(1.1) に $x = 1$, $2, \cdots, 12$ を代入して得られる予想平均気温を $y_1, y_2, \cdots, y_{12}$ として、次の値を計算します[*3]。

$$E = \frac{1}{2} \sum_{n=1}^{12} (y_n - t_n)^2 \qquad (1.2)$$

これは、一般に二乗誤差とよばれるもので、それぞれの月における、予測値と実際の観測値の差の二乗を合計した値になっています。全体を1/2倍しているのは、慣習によるもので、特に本質的なものではありません。この値がなるべく小さくなるようにパラメーター $w_1, \cdots, w_4, b$ を調整することで、それらしい曲線を得ることができます。(1.2) は、パラメーター $w_1, \cdots, w_4, b$ の関数と見なすことができるので、誤差関数と呼ぶこともあります。

実際の計算方法は、この後の「1.1.2 勾配降下法によるパラメーターの最適化」で説明することにして、ここまでの作業を整理すると次のようになります。

① 与えられたデータを元にして、未知のデータを予測する数式 (1.1) を考える
② 数式に含まれるパラメーターの良し悪しを判断する誤差関数 (1.2) を用意する
③ 誤差関数を最小にするようにパラメーターの値を決定する

これらの手順でパラメーターの値が具体的に決まれば、後は得られた数式（得られた $w_1, \cdots, w_4, b$ の値を (1.1) に代入したもの）を用いて、来年以降の平均気温を予測することができます。もちろん、実際にどこまで正確な予測ができるかどうかは、やってみないとわかりません。仮に予測の精度がよくなかった場合は、最初に考えた数式 (1.1)、すなわち、データの「モデル」がいまいちだったのかもしれません。未知のデータに対する予測精度を向上するために、より最適なモデル、つまり、予測用の数式を発見することが機械学習を活用するデータサイエンティストの腕の見せ所というわけです。

---

*3　数学記号の説明は「付録 C 数学公式」を参照。

　ちなみに、ここまでの話で「コンピューターによる計算」はどこに登場するのでしょうか？　機械学習におけるコンピューターの役割は、③の部分にあります。さきほどの例では、誤差関数（1.2）に含まれるデータは過去1年間、12ヶ月分（12個）のデータしかありませんでした。しかしながら、現実の機械学習では、より大量のデータに対して、誤差関数を最小化するという計算が必要になります。この部分を一定のアルゴリズムに基づいて自動計算するのが、機械学習におけるコンピューター（すなわち「機械」）の役割であり、本書で解説するJAX/Flax/Optaxの主な仕事となります。

　世間一般では、機械学習、あるいは、最近流行の「人工知能」というと、コンピューターが自ら判断して未来を予測するというイメージを持っている人も多いかもしれません。しかしながら、現在の機械学習では、本書の主題でもあるディープラーニングを含めて、データの背後にあるモデル、すなわち、データを説明する数式そのものは、人間が用意しているという点に注意が必要です。コンピューターの主な役割は、その数式に含まれるパラメーターを最適化するという部分にあります。

　なお、さきほどの①〜③のステップは、本書全体を通じて何度も登場することになります。本書ではこれを「機械学習の3ステップ」と呼ぶことにします。このステップを実行する際は、②の誤差関数として、どのような関数を使用するかも人間が決める必要がありますが、これについては、問題の種類ごとに標準的な誤差関数が決められています。今回の平均気温予測の例では、（1.2）の二乗誤差を用いて、これを最小化するという方針でパラメーターを決定するので、この手法には最小二乗法という名前が付けられています。

最小二乗法と機械学習の違い?!

　本文で用いた最小二乗法による平均気温の予測は、入門者向けのセミナーで機械学習の仕組みを説明する際に、筆者がいつも用いるお気に入りの例です。最小二乗法は、機械学習の教科書だけではなく、一般的な統計学、あるいは、経済学などの教科書にも登場します。そのため、セミナーの参加者から「経済学でやる最小二乗法は、機械学習と何が違うのですか？」という質問を受けたことがあります。——ここには、意外と奥深い関係が隠されている気がします。

　まず、パラメーターを用いた数式でモデルを定義して、二乗誤差を最小化するようにパラメーターを決定するという手続きは、どちらも同じです。しかしながら、そこには、モデルを作る目的の違いがあります。経済学などで最小二乗法を用いる場合、モデルの変数xは「説明変数」と呼ばれます。ここには、変数xによって、予測値yの値が決まることの理由が「説明できる」という気持ちが込められています。平均気温の場合、月に

よって、その平均気温が変化するのは当たり前の事実ですが、そのような関係が必ずしも自明でない場合も多々あります。つまり、最小二乗法で構成したモデルが未知のデータを正しく予測できることによって、「確かにこの変数xは、予測値yに影響を与えるのだ」という客観的事実を見極めたいという動機がそこにはあります。少し極端な言い方をすると、何かを予測することが目的ではなく、予測精度が高いモデルを作ることで、より本質的な説明変数を発見することが目的と言えます。

　一方、本書で扱うディープラーニングなど、大量のデータを用いた機械学習においては、まずは、予測することそのものが目的と言えるでしょう。予測精度の高いモデルを構築するには、予測値yに影響を与える適切な変数xを発見すること、あるいは、どのようにして影響を与えるのかという仕組みを理解することは、もちろん重要です。しかしながら、それらはすべて、できるだけ予測精度の高いモデルを作り、その成果をビジネス活用することが目的と言えます。

　データの背後に隠された理論的な仕組みを数式で表現したものが「モデル」というわけですが、モデルによって仕組みを理解することと、より予測精度の高いモデルを作ることは、お互いに補完関係にあります。どちらに重きを置くかという視点の違いが、経済学と機械学習における最小二乗法の違いと言えるでしょう。

1.1.2　勾配降下法によるパラメーターの最適化

　前項では、機械学習の基本的な考え方を説明しましたが、ここでは、「機械学習の3ステップ」の③にあたるパラメーター最適化について、数学的な観点から少し説明を加えておきます。ここで説明する計算処理は、実際には、機械学習ライブラリーによって自動的に行われるので、細かな内容を完全に理解する必要はありません。しかしながら、この後、モデルの学習を行うコードを実装していく際に、「なぜそのコードが必要なのか」を理解するための重要なポイントとなります。まずは、全体の処理の流れを理解するようにしてください。

　話を具体的にするために、平均気温予測の例で説明を続けます。この例では、パラメーターの良し悪しを評価する基準として、（1.2）の誤差関数Eを用意しました。「機械学習の3ステップ」における、ステップ②にあたる部分です。（1.1）に含まれるパラメーター$w_1, \cdots, w_4, b$の値を変えると、誤差関数Eの値も変化するので、これは、パラメーター$w_1, \cdots, w_4, b$の関数と見なすことができます。まずは、この関係を数式で表してみます。

はじめに、（1.1）と（1.2）をあらためて記載すると、次のようになります。

$$y = w_1 x + w_2 x^2 + w_3 x^3 + w_4 x^4 + b \tag{1.3}$$

$$E = \frac{1}{2} \sum_{n=1}^{12} (y_n - t_n)^2 \tag{1.4}$$

（1.4）に含まれるy_nは、n月（$n = 1, \cdots, 12$）の気温を（1.3）で予測した結果を表します。つまり、（1.3）に$x = n$を代入したものがy_nになります。1月であれば$x = 1$、2月であれば$x = 2$を代入するものとして、一般には、次のように表されます。

$$y_n = w_1 n + w_2 n^2 + w_3 n^3 + w_4 n^4 + b \tag{1.5}$$

ここで、bをw_0と書き直すと、上式は、次のように和の記号Σを用いてまとめることができます。ここでは、任意のnについて、$n^0 = 1$となる点に注意してください。

$$y_n = \sum_{m=0}^{4} w_m n^m \tag{1.6}$$

（1.6）を（1.4）に代入すると、次の式が得られます。

$$E(w_0, w_1, w_2, w_3, w_4) = \frac{1}{2} \sum_{n=1}^{12} \left(\sum_{m=0}^{4} w_m n^m - t_n \right)^2 \tag{1.7}$$

（1.7）にはさまざまな記号が含まれていますが、未知のパラメーターは、$w_0, \cdots, w_4$だけである点に注意してください。和の記号Σに含まれるnとmはループを回すためのローカル変数のようなもので、t_nは図1.3に与えられた月々の平均気温の具体的な観測値になります。

　これで、誤差関数Eの具体的な形がわかりましたので、次は、ステップ③として、（1.7）の値を最小にする$w_0, \cdots, w_4$を決定します。これには、ほとんどの機械学習ライブラリーにおいて、勾配降下法と呼ばれるアルゴリズムが利用されます。ただし、ここでは、勾配降下法を説明する前に、数学好きの方向けに偏微分を用いた解法をさっと紹介しておきましょう。（偏微分なんてよくわからない……という方も、ほんの1ページほどですので、ぜひお付き合いください！）

まず、（1.7）は、記号が多くて複雑に見えますが、$w_0, \cdots, w_4$の関数としてみれば2次関数にすぎません。そこで、各パラメーターについての偏微分を計算して、それを0と置いた連立方程式を立てます。

$$\frac{\partial E}{\partial w_m}(w_0, w_1, w_2, w_3, w_4) = 0 \quad (m = 0, \cdots, 4) \tag{1.8}$$

具体的に偏微分を計算するとわかるのですが、これは、各パラメーターについての連立1次方程式となります。したがって、行列形式で書き直せば、逆行列を用いて、明示的に解を得ることができます。数学好きの方のために答えを示しておくと、次のようになります[*4]。

$$\mathbf{w} = (\mathbf{X}^{\mathrm{T}}\mathbf{X})^{-1}\mathbf{X}^{\mathrm{T}}\mathbf{t} \tag{1.9}$$

ここで、$\mathbf{w}$と$\mathbf{t}$は、それぞれ、パラメーター$w_0, \cdots, w_4$と、平均気温の観測値t_nを並べた縦ベクトルで、$\mathbf{X}$は、月の値$n = 1, \cdots, 12$について、（1.6）に代入するべき値$n^0, n^1, \cdots, n^4$を縦横に並べた行列です。

$$\mathbf{w} = \begin{pmatrix} w_0 \\ w_1 \\ \vdots \\ w_4 \end{pmatrix}, \ \mathbf{t} = \begin{pmatrix} t_1 \\ t_2 \\ \vdots \\ t_{12} \end{pmatrix},$$

$$\mathbf{X} = \begin{pmatrix} 1^0 & 1^1 & 1^2 & 1^3 & 1^4 \\ 2^0 & 2^1 & 2^2 & 2^3 & 2^4 \\ \vdots & \vdots & \vdots & \vdots & \vdots \\ 12^0 & 12^1 & 12^2 & 12^3 & 12^4 \end{pmatrix} \tag{1.10}$$

（1.9）を用いて、パラメーター$w_0, \cdots, w_4$が決まれば、上記の$\mathbf{w}$と$\mathbf{X}$を用いて、1月から12月の予測気温を次のようにまとめて計算することができます。

$$\mathbf{y} = \mathbf{X}\mathbf{w} \tag{1.11}$$

これは、（1.6）を行列形式で書き直したもので、$\mathbf{y}$は、各月の予測気温を並べた縦ベクトルです。

---

*4　具体的な計算手順は、参考文献の『[改訂新版] ITエンジニアのための機械学習理論入門』に記載があります。

$$\mathbf{y} = \begin{pmatrix} y_1 \\ y_2 \\ \vdots \\ y_{12} \end{pmatrix} \tag{1.12}$$

　いきなり行列が登場しておどろいたという方も、ここでひとつだけ用語を覚えてください。（1.10）に示した行列$\mathbf{X}$の中身を見ると、1行目から12行目は、それぞれ、1月から12月の予測気温を計算するための入力値になっています。このように、1行ごとに予測用の入力データを並べた行列を計画行列と呼ぶことがあります。一般に、機械学習モデルによる予測、あるいは、学習処理を行う際は、複数のデータをまとめてモデルに入力しますが、通常は、このような計画行列の形に入力データをまとめた上で入力します。同じく、縦ベクトル$\mathbf{t}$の成分、すなわち、実際の観測データのことを正解ラベルと呼びます。図1.5のように、入力データと対応する正解ラベルを縦に積み重ねたイメージを覚えておくとよいでしょう。

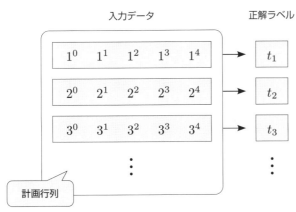

図1.5　入力データと正解ラベルのペアを積み重ねた様子

　数学好きの方のための説明はここまでにして、勾配降下法に話を戻しましょう。勾配降下法を理解するには、なぜ、（1.8）の条件でEが最小になるのかを図形的に理解する必要があります。まず、偏微分というのは、複数の変数を持つ関数において、特定の1つの変数で微分することを言います。1変数の関数$y = f(x)$の最大値／最小値を求める際に、微分係数を0とした次の方程式を解きますが、本質的にはこれと同じことです。

$$\frac{df}{dx}(x) = 0 \tag{1.13}$$

微分係数 $\dfrac{df}{dx}(x)$ というのは、点 x におけるグラフの傾きを表しますが、$f(x)$ が最大／最小になる点ではグラフの傾きが0になるので（1.13）が成立するという考え方です。ただし、厳密には、図1.6のように、最大、最小、極大、極小、停留点など、いくつかの場所で（1.13）が成り立ちます。仮に、$f(x)$ が最小値のみを持つ（そのほかの極大値などは持たない）関数だとわかっていれば、（1.13）で決まる x が $f(x)$ を最小にするものであると断言することができます。

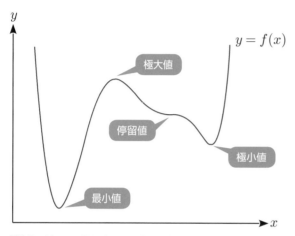

図1.6 グラフの傾きが0になる場所の例

一方、$E(w_0, w_1, w_2, w_3, w_4)$ のような多変数関数の場合は、どのようになるのでしょうか？ ここでは、話を簡単にするために、次の2変数関数の場合を考えます。

$$h(x_1, x_2) = \frac{1}{4}(x_1^2 + x_2^2) \tag{1.14}$$

この場合、偏微分は簡単に計算できて、次のようになります。

$$\frac{\partial h}{\partial x_1}(x_1, x_2) = \frac{1}{2}x_1 \tag{1.15}$$

$$\frac{\partial h}{\partial x_2}(x_1, x_2) = \frac{1}{2}x_2 \tag{1.16}$$

これらを並べた縦ベクトルを次の記号で表して、関数 $h(x_1, x_2)$ の勾配ベクトルと呼びます[*5]。

*5 記号∇は、「Nabla（ナブラ）」と読みます。

$$\nabla h(x_1, x_2) = \begin{pmatrix} \dfrac{1}{2}x_1 \\ \dfrac{1}{2}x_2 \end{pmatrix} = \frac{1}{2} \begin{pmatrix} x_1 \\ x_2 \end{pmatrix} \tag{1.17}$$

1変数関数の微分係数$\dfrac{df}{dx}(x)$には、グラフの傾きという意味がありましたが、これと同様に、勾配ベクトルにも図形的な意味があります。まず、(x_1, x_2)を座標とする平面を考えて、$y = h(x_1, x_2)$のグラフを描くと、図1.7のような、すり鉢状の図形になります。この時、勾配ベクトル$\nabla h(x_1, x_2)$は、ちょうど、すり鉢の壁を登っていく方向に一致して、その大きさは、壁を登る傾きに一致します。つまり、すり鉢の壁の傾きが大きいほど、勾配ベクトルも長くなります。

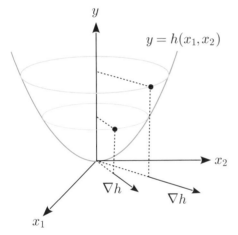

図1.7 2変数関数の勾配ベクトル

したがって、任意の点(x_1, x_2)から出発して、勾配ベクトルと反対の方向に歩いていけば、すり鉢の壁を降りて行くと同時に、勾配ベクトルの大きさはだんだん小さくなります。この例の場合、最終的に原点$(0, 0)$に到達した所で、$h(x_1, x_2)$は最小となり、勾配ベクトルの大きさも0になります。つまり、$h(x_1, x_2)$を最小にする(x_1, x_2)は、$\nabla h(x_1, x_2) = \mathbf{0}$という条件で決まります。誤差関数$E$に同じ議論を適用すると、$E(w_0, w_1, w_2, w_3, w_4)$を最小にする$w_0, \cdots, w_4$は、$\nabla E(w_0, w_1, w_2, w_3, w_4) = \mathbf{0}$という条件で決まります。勾配ベクトル$\nabla E$の各成分は、$E$を各パラメーター$w_0, \cdots, w_4$で偏微分したものですので、これは（1.8）と同じ条件になります。

ちなみに、本章の冒頭では、JAXの特徴として、微分計算の機能があることを紹介しました。勾配ベクトルは微分で計算されるものですので、図1.7に示した勾配ベクト

ル∇hをJAXで計算することも簡単です。実際のコードはこの後の「1.2.2 JAXによる
勾配ベクトルの計算例」で紹介しますが、計算結果を図にしたものを先にお見せすると、
図1.8のようになります。左は関数$h(x_1, x_2)$のグラフで、右はこれを上から覗き込んで、
各点(x_1, x_2)の勾配ベクトルを矢印で示したものです。また、次の図1.9は、山と谷が対
角線上に2つずつ配置されたグラフの勾配ベクトルを計算した結果です。これらを見る
と、勾配ベクトルは確かに関数の値が大きくなる方向を指し示しており、勾配ベクトル
の反対方向に移動することで、関数の値が小さくなっていくことがよくわかります。

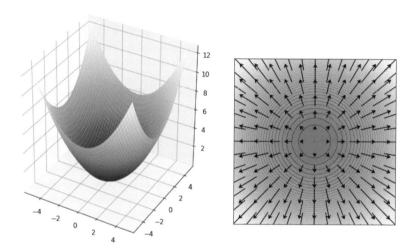

図1.8 JAXで計算した勾配ベクトルの例1

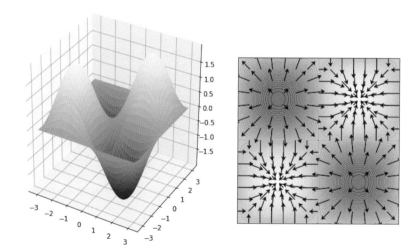

図1.9 JAXで計算した勾配ベクトルの例2

このような勾配ベクトルの性質を利用すると、$h(x_1, x_2)$を最小にする(x_1, x_2)を求めるアルゴリズムが作れます。図1.7の例に戻って考えると、現在の位置をベクトル表記で$\mathbf{x} = (x_1, x_2)^{\mathrm{T}}$と表しておき、新しい位置を次式で計算します[*6]。

$$\mathbf{x}^{\mathrm{new}} = \mathbf{x} - \nabla h \tag{1.18}$$

これを何度も繰り返していくと、図1.10のように、どこから出発したとしても、$h(x_1, x_2)$が最小となる原点へと次第に近づいていくことがわかります。このように、現在のパラメーターの値における勾配ベクトルを計算して、その反対方向にパラメーターを修正するアルゴリズムを勾配降下法と呼びます。「関数のグラフが描く坂道を下っていく」という意味の名前です。この例の場合、厳密には、無限に修正を繰り返さないと最小値を実現する点には到達しませんが、現実の問題では、十分に最小値に近づいた所で計算を打ち切って、その時点のパラメーターの値を近似的な最適解として採用します。（1.8）の場合は、「紙と鉛筆の計算」で（1.9）の解を得ることができましたが、勾配降下法を用いればこのような計算は不要です。（1.18）の修正を機械的に繰り返すことで、誤差関数を最小にするパラメーターの値が得られます。

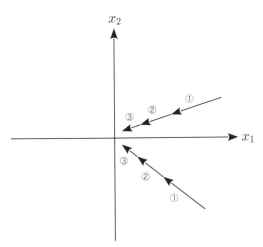

図1.10 勾配降下法で最小値に近づく様子

ただし、実際に勾配降下法を用いる際は、パラメーターを修正する分量に注意する必要があります。単純に（1.18）でパラメーターを修正した場合、状況によっては、最小

---

*6 本書では、$\mathbf{x}$などの太字でベクトルを表しています。この時、成分を横に並べた横ベクトルを表す場合と、縦に並べた縦ベクトルを表す場合がありますが、どちらを表すかは、定義式から判別できるようにしてあります。また、ここでは、表記上の都合で、横ベクトル(x_1, x_2)に転置記号Tを付けることで縦ベクトルを表現しています。

値となる場所を行き過ぎてしまう可能性があります。たとえば、これと同じ手法を次の2つの例に適用してみます。

$$h_1(x_1, x_2) = \frac{3}{4}(x_1^2 + x_2^2) \tag{1.19}$$

$$h_2(x_1, x_2) = \frac{5}{4}(x_1^2 + x_2^2) \tag{1.20}$$

まず、それぞれの勾配ベクトルは、次の式で与えられます。

$$\nabla h_1(x_1, x_2) = \frac{3}{2} \begin{pmatrix} x_1 \\ x_2 \end{pmatrix} \tag{1.21}$$

$$\nabla h_2(x_1, x_2) = \frac{5}{2} \begin{pmatrix} x_1 \\ x_2 \end{pmatrix} \tag{1.22}$$

これらについて、(1.18) を適用しながら移動していく様子を描くと、図1.11のようになります。$h_1(x_1, x_2)$の場合、勾配ベクトルの分だけ移動すると原点を通り越してしまいますが、それでも、原点の周りを往復しながら、徐々に原点に近づいていきます。一方、$h_2(x_1, x_2)$の場合は、勾配ベクトルが大きすぎるため、逆に原点から遠ざかってしまいます。

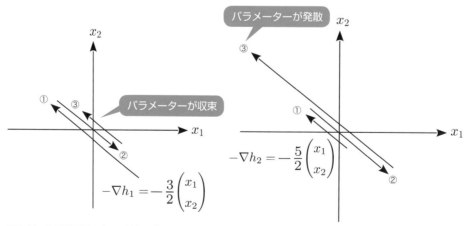

図1.11 勾配降下法による2種類の移動例

一般に、勾配降下法によって、うまく最小値に近づいていくことを「パラメーターが収束する」、あるいは逆に、最小値から遠ざかって無限の遠方にいってしまうことを「パラメーターが発散する」と言います。実際に勾配降下法を適用する場合は、単純に勾配ベクトルの分だけ移動するのではなく、移動量を適当に小さくすることで、パラメーターが発散することを防止する必要があります。具体的には、ϵ（イプシロン）を0.01や0.001などの小さな値として、次式でパラメーターを更新していきます。

$$\mathbf{x}^{\text{new}} = \mathbf{x} - \epsilon \nabla h \tag{1.23}$$

この時に用いる小さな値ϵを学習率と呼びます。これは、一回の更新でパラメーターをどの程度大きく修正するかを決定する値になります。学習率が小さいと最小値に達するまで、何度もパラメーターを更新する必要があり、パラメーターの最適化処理に時間がかかります。一方、学習率が大きすぎると、パラメーターが発散して、うまく最適化することができません。JAXを用いた学習処理でパラメーターが発散した場合、パラメーターの値がJAXが取り扱える範囲を超えて、そこから先は正しい計算ができなくなります。このような場合、パラメーターや誤差関数の値には、無限大を表すinfや通常の数値ではないことを表すNaNがセットされるので、これらの値を見れば、パラメーターが発散したことがわかります。

　学習率の具体的な値は、問題に応じてうまく選択する必要があり、この部分は、機械学習の実践的なテクニックとなります。素朴にやる場合は、最初は小さめの値で試して、パラメーターの収束に時間がかかる場合は、値を大きくしてみるなどの試行錯誤を行います。また、本書のサンプルコードでは、Adam Optimizerと呼ばれるアルゴリズムを使用しています。これは、指定した学習率ϵの値で学習処理を開始した後、学習の進行状況にあわせて、学習率の値を自動的に調整する仕組みを持ったアルゴリズムです。

　また、図1.6のように、複数の箇所に極小値を持つ場合は、真の最小値以外の場所（極小値）にパラメーターが収束する可能性もあります。これを避けて、真の最小値に到達するための工夫も必要となります。本書では、このような問題に対応するために、ミニバッチと呼ばれるテクニックを使用します。ミニバッチについては、「2.3.4 ミニバッチと確率的勾配降下法」で説明しています。

　さて、ここまで2変数関数の場合を中心に考えてきましたが、変数の数が増えた場合でも、同じ考え方が適用できます。(1.7)の二乗誤差$E(w_0, w_1, w_2, w_3, w_4)$を最小にするパラメーター$w_0, \cdots, w_4$を決定する場合であれば、これらを並べたベクトルを$\mathbf{w} = (w_0, w_1, w_2, w_3, w_4)^{\text{T}}$として、適当な値から出発して、次式でパラメーターを更新していきます。

$$\mathbf{w}^{\text{new}} = \mathbf{w} - \epsilon \nabla E(\mathbf{w}) \tag{1.24}$$

ここで、勾配ベクトル$\nabla E(\mathbf{w})$は次式で与えられます。

$$\nabla E(\mathbf{w}) = \begin{pmatrix} \dfrac{\partial E}{\partial w_0}(\mathbf{w}) \\ \vdots \\ \dfrac{\partial E}{\partial w_4}(\mathbf{w}) \end{pmatrix} \tag{1.25}$$

　この時、（1.24）でパラメーターを更新するごとに、その点における勾配ベクトルの値を（1.25）で計算しなおす点に注意してください。（1.7）の例であれば、紙と鉛筆で偏微分を計算して、勾配ベクトルの関数形を具体的に決定することも可能ですが、それでも、パラメーターを更新するごとに、毎回、（1.25）の値を具体的に計算するのは大変です。

　実際には、このような計算はコンピューターを用いて自動化する必要があり、ここで活躍するのがJAX/Flax/Optaxなどの機械学習ライブラリーです。たとえば、平均気温の予測問題を解くのであれば、次の手順でプログラムコードを書いていきます。

　① 平均気温を予測するモデルとなる数式（1.6）をコードで記述する
　② （1.6）に含まれるパラメーターの評価基準となる誤差関数（1.7）をコードで記述する
　③ 図1.3に示した12ヶ月分の平均気温データを用いて、誤差関数を最小にするパラメーターを決定する

　これらの処理は、ちょうど「機械学習の3ステップ」に一致しています。本書では、JAXをベースとして、これを補完するライブラリーであるFlax/Optaxと組み合わせて使用しますが、FlaxとOptaxは主に次の部分で利用します。まず、モデルを表現する数式（1.6）をコードで記述する部分には、Flaxを利用します。機械学習のモデルで利用される基本的な関数が事前にモジュールとして用意されており、これらをブロックのように組み合わせてモデルを構成していきます。次に、誤差関数（1.7）の数式を記述する際は、Optaxを利用します。機械学習でよく利用される誤差関数が事前に用意されており、複雑な誤差関数の数式を自分で組み立てる必要はありません。そして、誤差関数を最小にするパラメーターを決定する際は、前述のAdam Optimizerなど、Optaxが提供する勾配降下法をベースとした最適化アルゴリズムを利用します。

特にディープラーニングの世界では、図1.2のCNNの例にあるように、畳み込みフィルターやプーリング層などの特殊な関数が登場します。さらに、これらが何層にも結合していきます。これら全体を1つの関数とみなして、その偏微分を計算するのは簡単なことではありません。このような複雑なニューラルネットワークに対して、偏微分計算で勾配ベクトルを決定し、さらには、勾配降下法のアルゴリズムでパラメーターを最適化する機能が事前に用意されている点が、JAX/Flax/Optaxの大きな特徴になります。JAX/Flax/Optaxの役割分担は、図1.12のように整理することができます。図中の①〜③の部分が、さきほどの①〜③の3つの手順に対応しています。

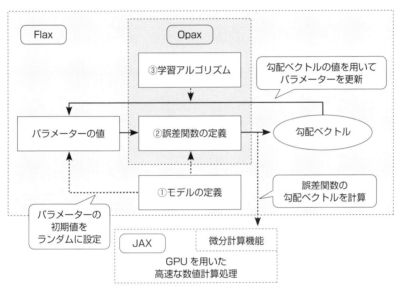

図1.12　JAX/Flax/Optaxの役割分担

また、Flax/Optaxが提供するモジュールは、JAXをベースに実装されており、JAXには数値計算処理を自動的にGPUで実行する機能があります。つまり、JAX/Flax/Optaxを利用すれば、誤差関数の計算や最適化アルゴリズムの適用は、特別な設定を行わずとも、自動的にGPUで高速に実行することができます。これもまた、JAX/Flax/Optaxを利用するメリットの1つになります。次節では、コードの実行環境を用意した上で、平均気温の予測問題を実際に解いてみることで、JAX/Flax/Optaxを用いたコードの書き方やモデルの学習処理を行う際の基本的な流れを理解していきます。

JAX/Flax/Optaxの
基本的な使い方

　ここでは、前節で紹介した最小二乗法の例を用いて、JAX/Flax/Optaxによるコードの書き方を説明します。この際、JAXの機能を利用する練習として、あえて、Flax/Optaxを用いずにJAXだけで処理をする例を紹介した後に、あらためて、Flax/Optaxを組み合わせた、より実践的な実装例を説明します。実務として利用する場合、JAXだけですべての処理を実装するということはありませんが、JAXの機能を理解しておくと、第5章で取り上げるような、より高度な処理も比較的容易に実現できるようになります。

1.2.1 実行環境の準備

　はじめに、JAX/Flax/Optaxのコードを実行する環境を用意します。本書では、Googleが提供するColaboratoryを用いて、すべてのコードを実行していきます。Colaboratoryは、オープンソースソフトウェアのJupyterノートブックをカスタマイズしたサービスで、Googleアカウント（Gmailのアカウントと同じもの）があれば、誰でも無償で利用できます。Webブラウザーでノートブックを開いて、その中で、Pythonのコードを記述・実行します。機械学習に関連するライブラリーが事前にインストールされているので、必要なモジュールをインポートして、簡単に利用することができます[*7]。なお、本書のサンプルコードは、Webブラウザーとして、Chromeブラウザーを用いて動作確認をしています。Webブラウザーの違いで発生する問題を避けるために、Colaboratoryを使用する際は、Chromeブラウザーを使用することをおすすめします。

　それでは、本書のサンプルコードをダウンロードして、Colaboratoryの環境で実行できることを確認してみましょう。次の手順に従って、準備を進めてください。

---

*7　本書の執筆時点では、Colaboratoryの環境にはJAXは事前にインストールされていますが、FlaxとOptaxは別途インストールする必要があります。使用するバージョンの違いで発生する問題を避けるため、本書のサンプルコードのノートブックでは、最初に特定バージョンのJAX/Flax/Optaxをインストールするコマンドを実行するようになっています。

01

Googleアカウントをまだ持っていない場合は、次のWebサイトの手順に従って、Googleアカウントを作成します。

- Googleアカウントの作成
  https://support.google.com/accounts/answer/27441

- -

02

ColaboratoryのWebサイトにアクセスします。画面の右上に「ログイン」ボタンが表示された場合は、これをクリックして、先に用意したGoogleアカウントでログインします。

- Google Colaboratory
  https://colab.research.google.com

すると、ノートブックを選択する画面（図1.13）が出るので、「ノートブックを新規作成」をクリックして、新規のノートブックを開きます。「キャンセル」を押した場合は、「Colaboratoryへようこそ」というタイトルのノートブックが開きますが、この場合は、図1.14のように「ファイル」メニューの「ノートブックを新規作成」から新規のノートブックを開くことができます。

例	最近	Google ドライブ	GitHub	アップロード

ノートブックを絞り込む			

タイトル		最終閲覧 ▲	最初に開いた日時 ▼	
⊂⊃ Colaboratory へようこそ		14:31	14:31	☒

　　　　　　　　　　　　　　　　　　　　　　　ノートブックを新規作成　キャンセル

図1.13　ノートブックを選択する画面

![Colaboratoryへようこそ画面のファイルメニュー](図1.14の画像)

図1.14 「ファイル」メニューから新規のノートブックを開く場合

03

　図1.15は、新規のノートブックを開いた様子です。画面左上の「Untitled0.ipynb」はノートブックのファイル名です。この部分をクリックしてファイル名を変更できますが、拡張子には必ず`.ipynb`を指定してください。この後は、コード用のセルにPythonのコードを記述して、実行することができます。［Ctrl］＋［Enter］を押すか、左側の実行ボタンを押すと、実行結果が表示されます。新しいセルを追加する際は、画面の上部のボタンを用います。

　なお、新しいノートブックを開いた後、右上の「接続」ボタンを押すか、もしくは、最初のコマンドを実行したタイミングで、ノートブックに対するランタイムの割り当てが行われます。ランタイムは、Googleのデータセンターで稼働しているColaboratoryの実行環境のことで、入力したコマンドはランタイムによって実行されます。

図1.15 新規のノートブックを開いた様子

図1.16は、実際にコードを実行した例です。1つのセルで実行した結果は内部的に保存されており、あるセルで変数に値を設定して、次のセルで変数の値を参照することもできます。最後に実行したコマンドの返り値が実行結果として表示されるので、たとえば、変数名だけを入力すると、その値が結果として表示されます。もちろん、print文で明示的に表示することもできます。

図1.16の最後には、テキスト用のセルを利用する例があります。このセルは、マークダウン記法で文章を記載することができます。この図では、マークダウンのソースと整形後のテキストの両方が表示されていますが、他のセルを選択すると、整形後のテキストのみが表示されます。この機能を利用すると、Pythonのコードに説明文を組み合わせた、まさに「実行できるノートブック」が作れます。

図1.16 ノートブックによるコードの実行例

また、「ファイル」メニューから「保存」を選ぶと、ノートブックのファイルがGoogleドライブに保存されます。Googleドライブは、クラウド上のファイル保存サービスですので、ローカルPCのディスク容量を気にせずにファイルを保存できます。Googleドライブ内のファイルを確認する際は、次のWebサイトから、Googleドライブを開いてください。「マイドライブ」の下にある、「Colab Notebooks」というフォルダー内にノートブックが保存されています。

- Googleドライブ
  https://drive.google.com/

なお、初めてColaboratoryを使う方は、［Tab］を押した時に挿入されるインデント

がスペース2文字であることに気が付くかもしれません。Pythonの場合、インデントはスペース4文字が標準ですので、Colaboratoryの設定を変更しておくとよいでしょう。「ツール」メニューから「設定」を選ぶと、図1.17の設定画面が表示されるので、「エディタ」のタブから「インデント幅（スペース）」を4に変更しておきます。また、その下にある「行番号を表示」にチェックを入れると、コードの横に行番号が表示されます。紙面上でも同じ行番号を入れてあるので、書籍の説明とノートブック上のコードを付き合わせて確認する際に利用するとよいでしょう。

図1.17 Colaboratoryの設定画面

05

最後に、本書のサンプルコードが記載されたノートブックをダウンロードしておきます。これは、次のGitHubリポジトリーで公開されているもので、次の手順でGoogleドライブに保存することができます。

- Colab Notebooks for JAX/Flax/Optax ML Book
  https://github.com/enakai00/colab_jaxbook

まず、新規のノートブックを開いて、コード用のセルで次のコマンドを実行します。

```
from google.colab import drive
drive.mount('/content/gdrive')
```

これは、GoogleドライブのフォルダーをColaboratoryの実行環境にマウントする
もので、これにより、ノートブックからGoogleドライブにアクセスできるようになり
ます。図1.18のポップアップが表示されるので、「Googleドライブに接続」をクリック
すると、Googleドライブのアカウントを選択するポップアップが表示されます。
Colaboratoryで使用しているものと同じアカウントを選択して、確認のポップアップ
で「許可」をクリックすると、マウントが行われます。フォルダーのマウントに成功す
ると、ノートブック上のコマンド出力に「Mounted at /content/gdrive」というメッ
セージが表示されます[*8]。

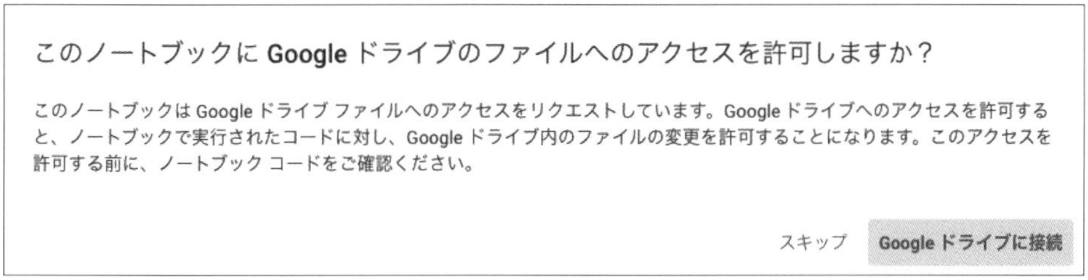

このノートブックに Google ドライブのファイルへのアクセスを許可しますか？

このノートブックは Google ドライブ ファイルへのアクセスをリクエストしています。Google ドライブへのアクセスを許可する
と、ノートブックで実行されたコードに対し、Google ドライブ内のファイルの変更を許可することになります。このアクセスを
許可する前に、ノートブック コードをご確認ください。

スキップ   **Google ドライブに接続**

図1.18 ドライブのマウントを確認するポップアップ

続いて、コード用のセルを追加して、次のコマンドを実行します。1行目の%%bash
は、Pythonではなく、Shellコマンドを実行するためのマジックコマンドです。

```
%%bash
cd '/content/gdrive/My Drive/Colab Notebooks'
git clone https://github.com/enakai00/colab_jaxbook.git
```

これにより、GitHubリポジトリーの内容がGoogleドライブの中にクローンされて、
サンプルコードのノートブックが保存されます。Googleドライブを開いて、「マイドラ
イブ」→「Colab Notebooks」→「colab_jaxbook」の順にフォルダーを開くと、
「Chapter01」〜「Chapter05」というフォルダーがあります。これらの中に、各章で
利用するノートブックが入っています。この後、本章では、「Chapter01」の中にある、
次のノートブックを使用します。

---

*8 すでにマウントされている場合は、「Drive already mounted at /content/gdrive;...」というメッセージが
表示されます。

- 1. Gradient calculation with JAX.ipynb
- 2. Least squares method with native JAX functions.ipynb
- 3. Least squares method with Flax and Optax.ipynb

フォルダー、あるいは、ファイルが見つからない場合は、Googleドライブのページをリロードしてみてください。

1.2.2 JAXによる勾配ベクトルの計算例

ここでは、実行環境の動作確認をかねて、1つ目のノートブック「1. Gradient calculation with JAX.ipynb」を開いて実行してみます。図1.19のように、Googleドライブで該当のファイルを右クリックして、メニューから「アプリで開く」→「Google Colaboratory」を選択します。

図1.19 Googleドライブからノートブックを開く方法

ノートブックを開くと、冒頭部分に図1.20のメッセージが記載されています。これは、Colaboratoryのランタイム（実行環境）に関する説明です。Colaboratoryでは、ランタイムとして、GPUやTPUが接続された環境を利用することができますが、本書で使用するノートブックは、それぞれ、CPUだけ（GPUやTPUを接続しない）、もしくは、GPUを接続した環境での利用が想定されています。冒頭部分のメッセージはどちらを使用するべきかを説明したもので、「CPU (no GPU) runtime」はCPUだけの環境、「GPU runtime」はGPUを接続した環境を使用することを表します。

図1.20 Colaboratoryのランタイムに関する説明

　それぞれのノートブックには、冒頭部分の説明に対応したランタイム（この例では
CPUのみの環境）が事前に設定されていますが、実際の設定を確認する、もしくは、設
定を変更する場合は、「ランタイム」メニューから「ランタイムのタイプを変更」を選択
します。図1.21のように、「ハードウェアアクセラレータ」のプルダウンメニューから、
「None(CPUのみ)/GPU/TPU」を選択することができます。

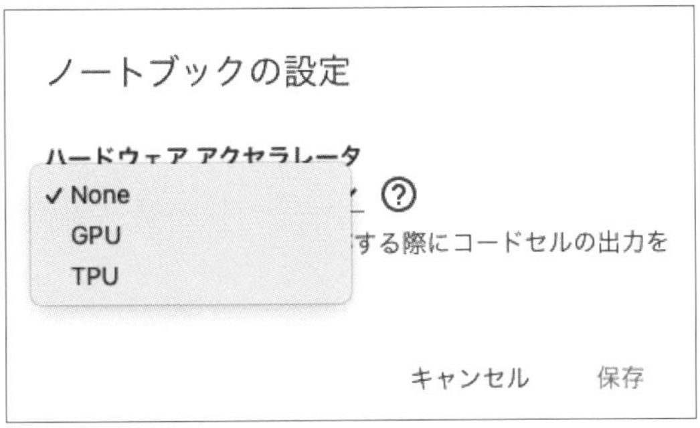

図1.21 ハードウェアアクセラレータの選択

　なお、本書のノートブックは、最初に開いた際に、コードの実行結果がすでに表示さ
れた状態になっています。新規にノートブックを実行する際は、「編集」メニューから
「出力をすべて消去」を選択するとよいでしょう。これにより、画面上にある既存の実行
結果が消去されます。また、ノートブック上のコードは、セルごとに対話的に実行を進
めていきますが、「1.2.1 実行環境の準備」の手順 **04** で説明したように、これまでの実
行結果（変数の値や生成したオブジェクトなど）は、内部的に保存されます。このため、
誤った順序でセルを実行すると、変数の値やオブジェクトの内部状態が想定外の状態に
なり、エラーが発生したり、意図した結果が得られないことがあります。このような場
合は、ランタイムを再起動して現在の実行状態をリセットした後に、最初のセルから
コードを実行し直すとよいでしょう。ランタイムを再起動するには、「ランタイム」メ
ニューから「ランタイムを再起動」を選択します。

　また、ひとりのユーザーが同時に利用できるランタイムの数（セッション数）には上
限があり、複数のノートブックをランタイムに接続した状態にしていると、新しいノー
トブックを開いてランタイムに接続する際に、図1.22のポップアップが表示されるこ

とがあります。このような場合は、「セッションの管理」をクリックすると、実行中の
ノートブックの一覧が表示されるので、ここから不要なノートブックのセッションを終
了します。特に、GPUを接続したランタイムは使用時間にも制限があるため、GPU対
応のランタイムを長時間接続したままにしていると、図1.23のポップアップが表示さ
れて、その後の一定期間、GPU対応のランタイムが使用できなくなることがあります[*9]。
**GPU対応のランタイムについては、使用が終わったら、「ランタイム」メニューの「ラ
ンタイムを接続解除して削除」を選択して、接続を解除しておくようにしましょう。**

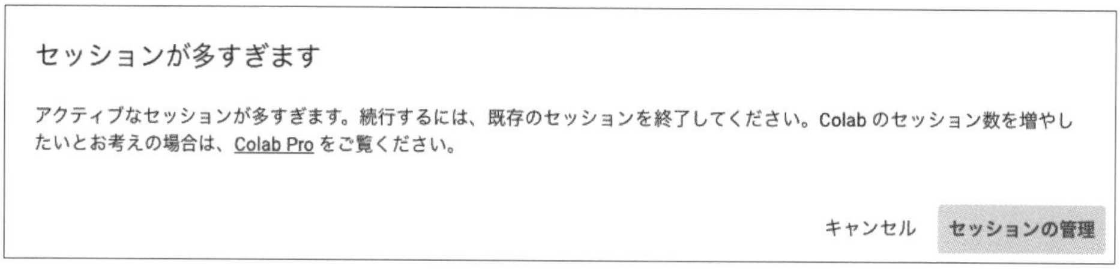

図1.22 セッション数の上限に達した時のポップアップ

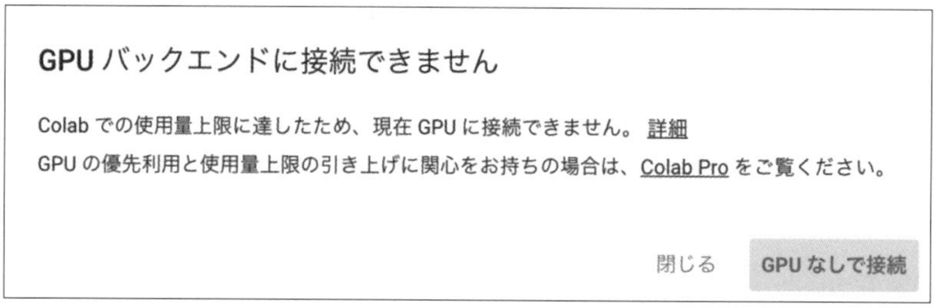

図1.23 GPUの使用時間制限に達した時のポップアップ

---

*9 経験的には、12時間~24時間が経過すると、再度、利用可能になります。本書のノートブックについては、
GPUの環境を前提としたノートブックであっても、CPUのみの環境で実行することもできます。ただし、実
行にかかる時間は非常に長くなる場合があります。

Colaboratoryのランタイムのスペック

Colaboratoryのランタイムで「GPU」を選択する際に、「このPCに、GPUなんて搭載されていたっけ？」と思った方はいませんか？ Colaboratoryは、Googleのデータセンターで稼働するマシンを使用するクラウド型のサービスですので、コードの実行に手元のPCのリソースを使用するわけではありません。Colaboratoryで利用できるマシンのスペックについては公式には定められておらず、予告なしに変更される可能性がありますが、実際の構成については、ノートブック上で次のコマンドを実行すればわかります。本書執筆時点では、GPUについては、Tesla T4が接続されていることが確認できました。

```
%%bash
echo "[CPU]"; lscpu
echo; echo "[Memory]"; free -h
echo; echo "[Disk]"; df -h /
echo; echo "[GPU]"; nvidia-smi
```

ちなみに、GPU（Graphics Processing Unit）は、その名の通り、デジタル画像処理のために開発された演算装置で、画像を構成する多数のピクセルについて、比較的単純な計算処理を並列に高速実行することができます。JAXでは、このGPUを用いて、画像データの代わりに、ニューラルネットワークを構成する多数のノードの計算処理を高速に実行します。

また、2016年5月に米Google社は、一般的なGPUではなく、独自の演算装置を設計・開発して、社内で利用していることを公表しました[a]。TPU（Tensor Processing Unit）と名付けられていますが、JAXからも利用することができます。写真は、囲碁の世界チャンピオンと対戦した際に用いられた、第一世代のTPUを搭載したラックですが、側面に貼られた碁盤のイラストが印象的です。

なお、Colaboratoryは、GPUやTPUを接続した環境を無償で利用できる便利なサービスですが、本文でも触れたようにGPUの利用には時間制限があります。図1.23のメッセージにある、有償版のColab Proにアップグレードすると、より長時間の利用が可能になります[b]。

※a　https://cloud.google.com/blog/products/gcp/google-supercharges-machine-learning-tasks-with-custom-chip
※b　https://colab.research.google.com/signup

　それでは、ノートブック「1. Gradient calculation with JAX.ipynb」のコードをセルごとに実行しながら、それぞれの処理の内容を解説していきます。このノートブックでは、JAXの微分計算機能を用いて2変数関数の勾配ベクトルを計算する例を示しており、「1.1.2 勾配降下法によるパラメーターの最適化」で紹介した、図1.8、図1.9のグラフを表示します。ここでは特に、JAXのJIT（Just In Time Compilation）機能を理解することが目標の1つになります。

01

　はじめに、Colaboratoryの環境にJAX/Flax/Optaxのライブラリーをインストールします。

[GCJ-01] ライブラリーのインストール

```
1: %%bash
2: curl -sLO https://raw.githubusercontent.com/enakai00/colab_jaxbook/main/ ↵
requirements.txt
3: pip install -qr requirements.txt
4: pip list | grep -E '(jax|flax|optax)'
--------------------------------------------------------------------
flax                     0.6.1
jax                      0.3.25
jaxlib                   0.3.25+cuda11.cudnn805
optax                    0.1.3
```

　ここでは、Shellコマンドを実行するマジックコマンド%%bashを利用して、pipコマンドによるインストール処理を実施しています。2行目で、インストール対象のライブラリーを記載したファイルをGitHubからダウンロードした後、3行目でインストールを実行します。4行目では、インストールされたライブラリーのバージョンを確認しています[*10]。

　続いて、コードの実行に必要なモジュールをインポートします。

[GCJ-02] モジュールのインポート

```
1: import numpy as np
2: import matplotlib.pyplot as plt
3: from mpl_toolkits.mplot3d import Axes3D
4:
5: import jax
6: from jax import numpy as jnp
7:
8: plt.rcParams.update({'font.size': 12})
```

　1〜3行目は、NumPy、および、Matplotlibとその補助ツール（Axes3D）をインポートしています。NumPyは、Pythonの数値計算ライブラリーで、arrayオブジェクトと呼ばれる、Pythonの多次元リストに対するラッパーオブジェクトを提供します。arrayオブジェクトを用いることで、行列計算などの数値計算処理が簡単にできます。ただし、GPUでの実行には対応しておらず、GPUで高速に計算したい場合は、後述のJAXを利用します。1行目では、npという別名を付けてインポートしています。Matplotlibは、数値データのビジュアライゼーションを行うライブラリーで、さまざまなグラフを描画するために使用します。Axes3Dは、Matplotlibで3次元のグラフを描くための補助ツールです。

　5〜6行目では、JAX、および、JAXが提供するnumpyモジュールをインポートしています。JAXが提供するnumpyモジュールというのは、NumPyとほぼ同じ方法で利用できる、GPUでの実行に対応した数値計算ライブラリーです。ここでは、本物のNumPyと区別するために、jnpという別名を付けてインポートしています。最後の8行目は、Matplotlibでグラフを描く際のフォントサイズを12ポイントに設定しています。

---

*10　インストールされるライブラリーのバージョンやライブラリーのインストールに必要なコマンドは、今後のバージョンアップによって変わる可能性があります。GitHubからダウンロードできるノートブックには、最新のコマンドを記載していますので、実際にダウンロードしたノートブックに記載のコマンドを実行してください。インストールされたライブラリーのバージョン確認結果は、これ以降は紙面上では割愛します。

次に、グラフを表示するための補助関数plot3d()を定義します。

[GCJ-03] グラフ表示のための補助関数を定義

```
1: def plot3d(x_range, y_range, z_function, grad_function):
2:     xs = np.linspace(x_range[0], x_range[1], 100)
3:     ys = np.linspace(y_range[0], y_range[1], 100)
... (以下省略) ...
```

この部分は、MatplotlibとAxes3Dによるグラフ描画の標準的なコードですので、詳細な説明は割愛しますが、以下の引数を指定して実行すると、2変数関数$h(x_1, x_2)$の立体的なグラフと対応する勾配ベクトルの様子を描画します。

- x_range：x軸方向の描画範囲
- y_range：y軸方向の描画範囲
- z_function：2変数関数$h(x_1, x_2)$
- grad_function：勾配ベクトル$\nabla h(x_1, x_2)$

ここで、勾配ベクトル$\nabla h(x_1, x_2)$は座標(x_1, x_2)の2変数関数になっている点に注意してください。勾配ベクトルは、次のように、それぞれの変数で微分した関数を縦に並べた縦ベクトルとして定義されていました。

$$\nabla h(x_1, x_2) = \begin{pmatrix} \dfrac{\partial h}{\partial x_1}(x_1, x_2) \\[2ex] \dfrac{\partial h}{\partial x_2}(x_1, x_2) \end{pmatrix} \tag{1.26}$$

この後すぐに具体例を示しますが、grad_functionには、(x_1, x_2)の値を渡すと、勾配ベクトル$\nabla h(x_1, x_2)$の2成分$\left(\dfrac{\partial h}{\partial x_1}(x_1, x_2), \dfrac{\partial h}{\partial x_2}(x_1, x_2) \right)$をPythonのタプル形式で返す関数を与えます。

03

2変数関数 $h(x_1, x_2) = \frac{1}{4}(x_1^2 + x_2^2)$ を定義した上で、JAXの微分計算機能を用いて、勾配ベクトル $\nabla h(x_1, x_2)$ の関数を作ります。

[GCJ-04] 勾配ベクトルの関数を作成

```
1: @jax.jit
2: def h(x1, x2):
3:     z = (1/4) * (x1**2 + x2**2)
4:     return z
5:
6: nabla_h = jax.grad(h, (0, 1))
7: nabla_h_precompiled = jax.jit(nabla_h)
8:
9: nabla_h_precompiled(1.0, 1.0)
--------------------------------------------------------------------------
WARNING:jax._src.lib.xla_bridge:No GPU/TPU found, falling back to CPU. ⏎
(Set TF_CPP_MIN_LOG_LEVEL=0 and rerun for more info.)
(DeviceArray(0.5, dtype=float32, weak_type=True),
 DeviceArray(0.5, dtype=float32, weak_type=True))
```

いくつか見慣れない記号が登場しており、実行結果の1行目には警告が表示されていますが、まずは、コード部分の2〜6行目の内容に注目してください。2〜4行目は、関数 $h(x_1, x_2)$ を通常のPythonの関数h(x1, x2)として定義しています。そして、6行目では、JAXが提供する関数jax.grad()を用いて、さきほど定義した関数h(x1, x2)から、対応する勾配ベクトルの関数nabla_h(x1, x2)を作ります。jax.grad()は、最初の引数に与えられた関数の微分を求めるもので、2番目の引数で微分する変数を指定します。今の場合、2番目の引数に(0, 1)を指定しているので、関数h(x1, x2)に対して、「0番目の引数」であるx1と「1番目の引数」であるx2による微分をそれぞれ計算します [*11]。数学的に言うと、$\frac{\partial h}{\partial x_1}(x_1, x_2)$ と $\frac{\partial h}{\partial x_2}(x_1, x_2)$ をそれぞれ計算することになり、これで勾配ベクトル $\nabla h(x_1, x_2)$ が得られます。

---

*11　微分する変数は、0から数えた順番で指定します。日本語で言う1番目、2番目…と数字が1つずれるので注意してください。

関数jax.grad()を適用するという、たった1行のコードで微分計算が終わりましたが、これがJAXの強みのひとつです。ここで用意した関数h(x1, x2)とnabla_h(x1, x2)をさきほどの補助関数plot3d()に与えるとそれぞれのグラフを描くことができます。ただしここでは、計算速度を向上するために、もう一手間を加えています。まず、1行目の@jax.jitという記号ですが、これは、この直後の行で定義している関数h(x1, x2)に、JAXの事前コンパイル機能を適用するという指定です。事前コンパイル機能を簡単に説明すると、次のようになります。

　まず、Pythonは、インタープリター形式のプログラミング言語ですので、コードを実行する際は、コードが呼び出す機能ごとに事前に用意されたバイナリーコードが実行されます。特に、JAXが提供する関数は、CPUやGPUなど、その環境で利用可能な計算リソースにあわせた最適なバイナリーコードが呼び出されます。これにより、GPUが接続された環境では、GPUによる計算処理が自動で行われます。しかしながら、事前に用意されたバイナリーコードだけでは最適化に限界があります。Pythonで定義された関数を実行する際に、関数全体をまとめてバイナリーコードに変換すれば、より高速に実行することができます。これが事前コンパイル機能の役割です（図1.24）。

　今の場合、関数h(x1, x2)を実行する際は、関数全体を事前に最適化されたバイナリー形式に変換しておき、これを実行することで、計算結果を高速に得ることができます。GPUが接続された環境であれば、すべての計算処理がGPU上でまとめて実行されます。指定した関数全体をバイナリーコードに変換する事前コンパイル処理は、その関数を最初に実行したタイミングで行われます。そのため、新しく定義した関数を最初に実行する際は、事前コンパイル処理にすこし時間がかかりますが、2回目以降の実行については、コンパイル済みのバイナリーコードを再利用するので高速な実行が可能になります。JAXの事前コンパイル機能は、JIT（Just In Time Compilation）機能とも呼ばれますが、英語の「Just in time」には、「ギリギリセーフで間に合う」という意味があります。最初の実行時に、その場であわててコンパイルする様子が思い浮かぶ名前です。

Pythonで定義した関数

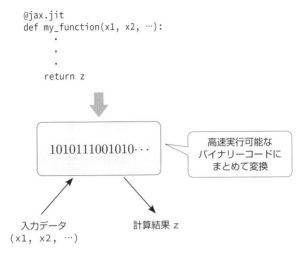

```
@jax.jit
def my_function(x1, x2, …):
     ・
     ・
     ・
    return z
```

10101110010101010···

高速実行可能な
バイナリーコードに
まとめて変換

入力データ
(x1, x2, …)

計算結果 z

図1.24 JAXの事前コンパイル機能

　ただし、JAXの事前コンパイル機能を利用するには、対象となる関数にいくつかの制約があります。基本的には、GPU上で実行可能な「計算処理」のみを含む必要があります。画面に文字を表示するなど、計算と関係ない処理を含めた場合、このような処理は正しく実行されません [*12]。また、関数内で取り扱う数値は、JAXのDeviceArrayオブジェクトにする必要があります。これは、NumPyのarrayオブジェクトのJAX版にあたるもので、Pythonの多次元リストにJAX固有の機能を追加したものと考えるとよいでしょう。この後のさまざまな例で出てくるように、手順 **01** の **[GCJ-02]** でインポートしたjnpモジュールを使って、DeviceArrayオブジェクトを生成・変換することができます。たとえば、関数jnp.asarray()を用いると、通常の多次元リストをDeviceArrayオブジェクトに変換することができます。次は、2つの2次元リストをDeviceArrayオブジェクトに変換して、行列としての和と積を計算する例になります。

```
1: a = jnp.asarray([[1, 2], [3, 4]])
2: b = jnp.asarray([[5, 6], [7, 8]])
3: c = a + b               # 行列としての和を計算
4: d = jnp.matmul(a, b)    # 行列としての積を計算
```

*12　計算と関係ない処理は、多くの場合、初回の実行時のみ実行されて、事前コンパイル済みのバイナリーを再
　　利用する2回目以降は実行されなくなります。

事前コンパイルされた関数h(x1, x2)を外部から呼び出す際は、引数(x1, x2)に与えた数値は、関数内で自動的にDeviceArrayオブジェクトに変換されるので、通常のスカラー値やNumPyのarrayオブジェクトを用いて関数を呼び出す事ができます [*13]。もちろん、自動変換に頼らずに、あらかじめDeviceArrayオブジェクトに変換した値を渡しても構いません。この他には、関数内部で実行するループの回数を指定する整数値や、計算内容を切り替えるためのブール値を引数として渡すといった、少し特殊な使い方をする場合があります。このような場合の対処方法については、「5.1.2 JAX/Flax/Optaxによる多層CNNの実装」であらためて解説します。

　[GCJ-04] のコードの解説に戻りましょう。7行目の関数jax.jit()は、変数nabla_hに保存された関数に対して、事前コンパイルの指定を行った新しい関数を生成します。得られた結果を新しい変数nabla_h_precompiledに保存していますので、こちらを呼び出すと、事前コンパイルによる高速化が適用されます。自分で定義した関数に事前コンパイルを適用する際は、1行目の@jax.jitの指定を行い、変数に保存された関数に事前コンパイルを適用する際は、7行目の関数jax.jit()を使用するという使い分けになります。

　最後の9行目では、動作確認のために、事前コンパイルされた関数を用いて、点(1.0, 1.0)における勾配ベクトルの値を計算しています。出力結果を見ると、0.5という数字が2つ見えますので、この点における勾配ベクトルの値は$\nabla h(1.0, 1.0) = (0.5, 0.5)^{\mathrm{T}}$ということになります。ここで、それぞれの数値がDeviceArrayオブジェクトに包まれている点に注意してください。さきほど説明したように、事前コンパイルされた関数では、数値計算の処理は、すべて、DeviceArrayオブジェクトを用いて行われます。そのため、計算結果についてもDeviceArrayオブジェクト形式の数値として返ってきます。

　特に、GPUが接続された環境では、DeviceArrayオブジェクトの内容はGPUのメモリー内に保存されており、DeviceArrayオブジェクトに関する計算処理は、GPUだけで完結するようになっています。CPUでの計算が必要な処理を実行する際は、自動的にNumPyのarrayオブジェクトに変換して、通常のメモリー上に値が転送されるようになっていますが、関数jax.device_get()で明示的に通常のメモリー上にコピーすることもできます。この場合もコピーした結果は、NumPyのarrayオブジェクトになります。次の実行例を参考にしてください。

---

*13　関数内での計算の種類によっては、通常のリストは使用できない場合があります。多次元リスト形式のデータを使用する場合は、NumPyのarrayオブジェクト、もしくは、DeviceArrayオブジェクトを用いて呼び出すのがよいでしょう。

```
1: z = nabla_h_precompiled(1.0, 1.0)    # z は DeviceArray オブジェクト
2: jax.device_get(z)                      # NumPy の array オブジェクトに変換
--------------------------------------------------------------------------------
(array(0.5, dtype=float32), array(0.5, dtype=float32))
```

今回は、CPUのみの環境なので、**[GCJ-04]** の出力には「WARNING:jax._src.lib.xla_bridge:No GPU/TPU found...」という警告が表示されており、DeviceArrayオブジェクトに関する計算もCPU上で行われます。ただし、この場合もコードの書き方は変わりありません。JAXでは、GPUの有無に関わらず、同じコードが利用できます。CPUのみの環境であれば、DeviceArrayオブジェクトを最初に使用したタイミングで必ずこの警告が表示されますが、特に問題はありません。

04

最後に、事前コンパイルした関数を用いて、$h(x_1, x_2)$と$\nabla h(x_1, x_2)$のグラフを描きます。

[GCJ-05] グラフの描画

```
1: plot3d((-5, 5), (-5, 5), h, nabla_h_precompiled)
```

これを実行すると「1.1.2 勾配降下法によるパラメーターの最適化」の図1.8のグラフが表示されます。勾配ベクトル$\nabla h(x_1, x_2)$は、(x_1, x_2)平面上の各点に、関数$h(x_1, x_2)$が増加する方向のベクトルを与えるものですので、各点におけるベクトルを矢印として表示しています。

05

ここでは、さきほどと同じ処理をまた別の関数$h(x_1, x_2) = 2\sin x_1 \cdot \sin x_2$に対して実行します。

[GCJ-06] 関数を作成

```
1: @jax.jit
2: def h(x1, x2):
3:     z = 2 * jnp.sin(x1) * jnp.sin(x2)
4:     return z
5:
```

```
6: nabla_h = jax.jit(jax.grad(h, (0, 1)))
7: plot3d((-np.pi, np.pi), (-np.pi, np.pi), h, nabla_h)
```

　1〜4行目は、関数$h(x_1, x_2)$をPythonの関数として実装して、事前コンパイルの指定を行っています。ここで、3行目のjnp.sin(x1)、および、jnp.sin(x2)の部分に注目します。通常のNumPyを使った実装であれば、NumPyが提供する三角関数np.sin()を使用するところですが、ここでは、JAXが提供するjnp.sin()を使用しています。さきほど、事前コンパイル機能を適用する関数の条件として、計算に使用する数値は、すべて、JAXのDeviceArrayオブジェクトを使用する必要があると説明しました。NumPyが提供する関数は、計算結果がNumPyのarrayオブジェクトで返るために、この条件を満たすことができません。一方、JAXが提供する関数であれば、計算結果がDeviceArrayオブジェクトになるので、問題なく使用できます。これが、jnp.sin()を使用する理由です。

　6行目では、関数jax.grad()で勾配ベクトルを返す関数を作って、関数jax.jit()で事前コンパイル機能を適用しています。最後に、7行目では、得られた関数を補助関数plot3d()に渡してグラフを表示します。ここでは、「1.1.2 勾配降下法によるパラメーターの最適化」の図1.9のグラフが表示されます。

　なお、7行目でグラフの描画範囲を$(-\pi, \pi)$に指定するために、(-np.pi, np.pi)という値を渡しています。np.piはNumPyが提供する定数値$3.1415\cdots$なので、NumPyのarrayオブジェクトになります。これをjnp.piに変更すれば、JAXのDeviceArrayオブジェクトに変わりますが、今の場合、この部分はどちらでも構いません。関数plot3d()は、事前コンパイル機能が適用されていない通常の関数ですので、DeviceArrayオブジェクトによる計算処理は必須ではありません。関数内部で計算を進める際に、arrayオブジェクトとDeviceArrayオブジェクトは、必要に応じて、自動的に変換されます。DeviceArrayオブジェクトを受け取る関数にarrayオブジェクトを渡した場合は、自動的にDeviceArrayオブジェクトに変換されますし、CPUでの計算が必要な際は、GPUのメモリー内にあるDeviceArrayオブジェクトは、通常のメモリーに転送されて、arrayオブジェクトに変換されます。

　ただし、arrayオブジェクトとDeviceArrayオブジェクトの変換には、一定の処理時間がかかりますので、パフォーマンスチューニングの一環として、これらの変換がなるべく少なくなるように工夫するという場合はあります。ちなみに、「関数plot3d()に事前コンパイル機能を適用したらどうだろうか？」と考える方がいるかもしれませんが、残念ながら、これはできません。前述のように、事前コンパイル機能を適用する関

数は、画面に文字を表示するなど、計算と関係ない処理を含めることはできません(*14)。plot3d()は、グラフを描画する処理を行っているので、この条件にあわないことになります。

06

　最後に、関数jax.grad()の使い方について、ひとつ補足しておきます。ノートブックにはないコードですが、次の実行例を見てください。

```
 1: @jax.jit
 2: def h(w):
 3:     x1, x2 = w[0], w[1]
 4:     z = (1/4) * (x1**2 + x2**2)
 5:     return z
 6:
 7: nabla_h = jax.grad(h)    # jax.grad(h, 0) と同じ意味
 8: nabla_h_precompiled = jax.jit(nabla_h)
 9:
10: w = [1.0, 1.0]
11: nabla_h_precompiled(w)
```

```
(DeviceArray(0.5, dtype=float32, weak_type=True),
 DeviceArray(0.5, dtype=float32, weak_type=True))
```

　手順 03 の **[GCJ-04]**、および、手順 05 の **[GCJ-06]** で定義した関数h(x1, x2)は、2つの入力値をx1とx2の2つの引数で受け取りましたが、この例のように、リストを用いて1つの引数wで受け取ることもできます。このような場合は、jax.grad()の第2引数に0を指定して、最初の引数に対する微分を実行すれば、リストwの各要素での微分が計算されて、さきほどと同じ勾配ベクトルが得られます(*15)。jax.grad()の第2引数はデフォルト値が0なので、この場合、7行目にあるように第2引数を省略することができます。

---

*14　関数型言語の知識がある方には、「副作用を伴う処理は実行できない」と言うとわかりやすいかもしれません。

*15　数学的に言うと、ベクトルwを引数とする関数$h(w)$に対して、引数wによる勾配ベクトル$\nabla_w h(w)$を計算している形になります。

1.2.3 JAXによる勾配降下法の実装例

　JAXの微分計算機能で勾配ベクトルが計算できることがわかりましたので、これを利用して、独自の勾配降下法を実装してみます。ここでは、「1-1 最小二乗法で学ぶ機械学習の基礎」で説明した、平均気温を予測する最小二乗法の例を題材とします。「1.1.2 勾配降下法によるパラメーターの最適化」で説明した流れが、具体的なコードでどのように実現されるのか、順を追って理解していきましょう。ノートブック「2. Least squares method with native JAX functions.ipynb」のコードをセルごとに実行しながら、実装内容を解説していきます。

- -

01

　はじめに、Colaboratoryの環境にJAX/Flax/Optaxのライブラリーをインストールします。

[LSJ-01] ライブラリーのインストール

```
1: %%bash
2: curl -sLO https://raw.githubusercontent.com/enakai00/colab_jaxbook/main/↵
requirements.txt
3: pip install -qr requirements.txt
4: pip list | grep -E '(jax|flax|optax)'
```

　続いて、コードの実行に必要なモジュールをインポートします。

[LSJ-02] モジュールのインポート

```
1: import numpy as np
2: import matplotlib.pyplot as plt
3:
4: import jax
5: from jax import random, numpy as jnp
6:
7: plt.rcParams.update({'font.size': 12})
```

　ここでは、「1.2.2 JAXによる勾配ベクトルの計算例」の手順 **01** の **[GCJ-02]** で説明した、Matplotlib、NumPy、JAXの基本的なモジュールに加えて、乱数の発生に必

要となる、JAXのrandomモジュールをインポートしています。この後、パラメーター
の初期値を乱数で設定するために使用します。

02

　次に、正解ラベルとなる、1月から12月の平均気温の観測データを用意します。
「1.1.2 勾配降下法によるパラメーターの最適化」の（1.10）に示した、縦ベクトル**t**に
相当するデータです。

[LSJ-03] 観測データの用意

```
1: train_t = jnp.asarray([5.2, 5.7, 8.6, 14.9, 18.2, 20.4,
2:                        25.5, 26.4, 22.8, 17.5, 11.1, 6.6])
3: train_t = train_t.reshape([12, 1])
4: train_t
```

```
WARNING:jax._src.lib.xla_bridge:No GPU/TPU found, falling back to CPU. ⏎
(Set TF_CPP_MIN_LOG_LEVEL=0 and rerun for more info.)
DeviceArray([[ 5.2],
             [ 5.7],
             [ 8.6],
             [14.9],
             [18.2],
             [20.4],
             [25.5],
             [26.4],
             [22.8],
             [17.5],
             [11.1],
             [ 6.6]], dtype=float32)
```

　1〜2行目で変数train_tに1次元リストの形式でデータを格納して、3行目で[12, 1]
サイズの2次元リスト形式に変換した後、4行目でその内容を表示しています。この際、
1〜2行目では、関数jnp.asarray()を用いて、JAXのDeviceArrayオブジェクトと
してデータを用意しています。GPUが接続された環境であれば、この数値データは
GPUのメモリ内に保存されて、GPUによる計算処理の対象となります。今回は、
CPUのみの環境なので、「WARNING:jax._src.lib.xla_bridge:No GPU/TPU found…」
という警告が表示されていますが、前項の手順 03 （[GCJ-04] の解説）で説明したよ

うに、CPUを用いた場合でも同じコードをそのまま利用できます[*16]。

　jnp.asarray()は、一般に、PythonのリストやNumPyのarrayオブジェクトを
DeviceArrayオブジェクトに変換することができます。また、最後の出力結果からわか
るように、[12，1]サイズの2次元リスト形式に変換することで、$\mathbf{t}$に対応した、縦ベ
クトル形式のデータになっています。

- -

03

　続いて、予測モデルに対する入力データを「1.1.2　勾配降下法によるパラメーターの
最適化」の（1.10）に示した、計画行列$\mathbf{X}$の形で用意します。

[LSJ-04] 入力データの用意

```
1: train_x = jnp.asarray([[month**n for n in range(0, 5)]
2:                         for month in range(1, 13)])
3: train_x
```

```
DeviceArray([[   1,    1,    1,     1,     1],
             [   1,    2,    4,     8,    16],
             [   1,    3,    9,    27,    81],
             [   1,    4,   16,    64,   256],
             [   1,    5,   25,   125,   625],
             [   1,    6,   36,   216,  1296],
             [   1,    7,   49,   343,  2401],
             [   1,    8,   64,   512,  4096],
             [   1,    9,   81,   729,  6561],
             [   1,   10,  100,  1000, 10000],
             [   1,   11,  121,  1331, 14641],
             [   1,   12,  144,  1728, 20736]], dtype=int32)
```

　1〜2行目で変数train_xにデータを格納して、3行目でその内容を表示しています。
こちらも、正解ラベルと同様に、DeviceArrayオブジェクトとして用意しています。参
考のために（1.10）の内容を再掲すると、次のようになります。

[*16]　コードの出力に含まれる「WARNING:jax._src.lib.xla_bridge:No GPU/TPU found...」という警告は、
　　　これ以降は紙面上では割愛します。

$$w = \begin{pmatrix} w_0 \\ w_1 \\ \vdots \\ w_4 \end{pmatrix}, \ t = \begin{pmatrix} t_1 \\ t_2 \\ \vdots \\ t_{12} \end{pmatrix}, \ X = \begin{pmatrix} 1^0 & 1^1 & 1^2 & 1^3 & 1^4 \\ 2^0 & 2^1 & 2^2 & 2^3 & 2^4 \\ \vdots & \vdots & \vdots & \vdots & \vdots \\ 12^0 & 12^1 & 12^2 & 12^3 & 12^4 \end{pmatrix} \quad (1.27)$$

変数train_xの内容が、行列Xの内容にちょうど一致しています。

04

次は、勾配降下法で最適化する対象となるパラメーターを用意します。勾配降下法を適用する場合、パラメーターの初期値は適当な乱数で初期化しておきます。

[LSJ-05] パラメーターを用意

```
1: key, key1 = random.split(random.PRNGKey(0))
2: w = random.normal(key1, [5, 1])
3: w
```

```
DeviceArray([[-1.4581939],
             [-2.047044 ],
             [ 2.0473392],
             [ 1.1684095],
             [-0.9758364]], dtype=float32)
```

1～2行目で変数wに乱数で初期化したパラメーターの値を格納して、3行目でその内容を表示しています。これは、(1.27) の縦ベクトルwに相当します。

ここで、JAXでの乱数の取り扱いについて補足しておきます。一般に、プログラミング言語で使用する乱数は、本当の意味での乱数ではなく、一定の計算式により、一見するとランダムに見える数値を次々に生成する疑似乱数になります。この計算式は乱数の「種 (シード)」となる値を内部に持っており、この値を元にして次の数値を作ります。図1.25のように、新しい数値を作るごとに一定のルールでシードの値を変化させることで、毎回、異なる (一見するとランダムに見える) 数値を作り続けます。したがって、シードの値を特定の値に初期化すれば、次の例のように、同じ乱数の列を作ることもできます。

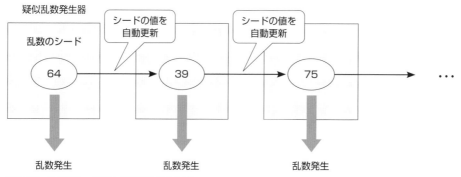

図1.25 乱数のシードによる疑似乱数の生成

```
1: np.random.seed(64)
2: print(np.random.normal(size=[5]))
3: np.random.seed(64)
4: print(np.random.normal(size=[5]))
--------------------------------------------------------------------------------
[ 1.10032294 -1.98262742 -1.15024951  2.19291636 -1.90143503]
[ 1.10032294 -1.98262742 -1.15024951  2.19291636 -1.90143503]
```

　ここでは、NumPyのrandomモジュールを用いて、5個の乱数を発生する処理を2回
繰り返しています（2行目と4行目）。それぞれの直前で乱数のシードを同じ値に設定し
ているため（1行目と3行目）、得られた5個の値は完全に一致しています。一般に、機械
学習モデルの学習処理に関わるコードでは、さまざまな箇所で乱数を使用しますが、乱
数のシードを明示的に設定しておけば、同じコードを繰り返し実行した際に、毎回、同
一の乱数を発生させることができます。これにより、乱数で生成するトレーニングデー
タを同一のものに保ち、また、乱数で生成するパラメーターの初期値を毎回、同じ値に
することができます（p.059のコラム「乱数のシードを管理する理由」も参照）。

　JAXでは、この考え方を一歩進めて、新しい乱数を発生するごとに乱数のシードを自
動で更新するのではなく、ユーザー自身が明示的にシードを変化させる方法を取り入れ
ています。具体的には、既存のシードを分割して、複数の新しいシードを生み出す関数
random.split()が用意されています。乱数を発生させる際は、random.split()
で新しいシードを用意して、乱数を発生させる関数にこのシードを明示的に入力しま
す。使い方のイメージとしては、図1.26のようになります。

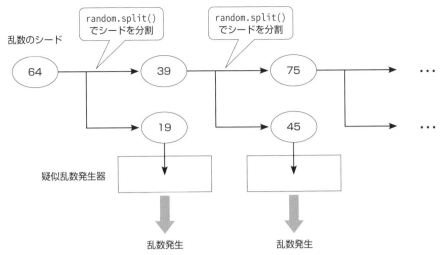

図1.26 JAXでの乱数のシードの使い方

　[LSJ-05] の例で説明すると、まず、1行目で、事前に用意された特定のシード値 random.PRNGKey(0)を分割して、2つのシードを生成しています。これらは、それぞれ、変数keyと変数key1に保存されます。そして、2行目では、関数random.normal()を用いて正規分布（平均0、分散1）に従う乱数を発生しています。第1引数に乱数のシードを明示的に渡して、第2引数でリストのサイズを指定すると、このサイズに応じた個数の乱数を発生して、乱数が保存されたリスト（正確には、DeviceArrayオブジェクト）を返します。ここでは、さきほど生成したシードの1つ（変数key1に保存した値）を用いて、[5, 1]サイズのリストに対応した、5個の乱数を発生しています。

　もうひとつのシード（変数keyに保存した値）は、次に乱数が必要になったタイミングで使用します。次のように、ここから新しいシードを2つ生成して、その一方を乱数の発生に使います。

```
1: key, key1 = random.split(key)    # 既存のシードを分割して新しいシードを2つ生成
2: w = random.normal(key1, [5])     # 一方のシードを使用して乱数を発生
```

　1行目でrandom.split()に渡したシードの値はこの後は不要になるので、変数keyには、新しく生成したシードの1つを上書きで保存しています。このように、新たに乱数が必要になる度に次の手続きを繰り返すことで、乱数の発生に使用するシードの値を明示的に管理します。

- 変数keyに保存したシードを分割して、変数keyと変数key1に保存する
- 変数key1に保存したシードを乱数を発生する関数の第1引数に指定する

　一見すると面倒に見えますが、これにより乱数のシードを使用するタイミングがすべてわかるようになります。乱数のシードを自動的に変化させる従来の方法では、想定外の部分で乱数が使用されるなどして、「毎回、必ず同じ乱数を発生させる」ことが意外と難しいことがあります。このような問題を解決するための仕組みになります。

　なお、関数random.split()が生成する新しいシードは、引数に入力するシードの値によって完全に決まります。**[LSJ-05]** に戻って考えると、1行目では、事前に用意された特定のシード値random.PRNGKey(0)を入力しているので、ここから生成されるシードは、毎回、同じ値になります。その結果、2行目で発生する乱数の値も、毎回、同じになります。さらに、この後のコードで、**[JAXでの乱数発生の手続き]** に従って変数keyに保存したシードを使用していけば、コードを実行する度に、毎回、同じシードの列が得られることになります。図1.26で言うと、最初に用意するシードの値（この例では「64」）を固定しておけば、その後に続くシードの列は、毎回、同じものになります。これによって、実行ごとに同一の乱数が再現されることになります。

　別の見方をすると、上述の手続きに従って新たな乱数を発生する際に、関数random.split()に、同一のシードを再入力し続けると、毎回、同じシードが生成されてしまいます。特別な理由がない限りは、関数random.split()に入力したシードは、必ず破棄して、後続のコードでは再利用しないようにします。また、関数random.split()は、デフォルトでは2つの新しいシードを生成しますが、次の例のように、3つ以上のシードをまとめて生成することもできます。

```
1: key, key1, key2 = random.split(key, 3)     # 新しいシードを3つ生成
2: w1 = random.normal(key1, [5])               # key1 に保存したシードを使用
3: w2 = random.normal(key2, [5])               # key2 に保存したシードを使用
```

　この場合も、この次に乱数を発生する際は、1行目で変数keyに保存したシードを分割して使用します。

　乱数の説明が少し長くなりましたが、これで、（1.27）に示した3つの要素$\mathbf{w}, \mathbf{t}, \mathbf{X}$が用意できました。この後は、いよいよ、モデルの予測値と正解ラベルから計算される誤差関数$E(\mathbf{w})$を定義して、勾配ベクトル$\nabla E(\mathbf{w})$を計算していきます。

乱数のシードを管理する理由

　本文では、乱数のシードを管理することで、毎回、トレーニングデータ、および、パラメーターの初期値を同一に設定することを説明しました。それでは、なぜこのような設定が必要なのでしょうか？　まず、トレーニングデータについては、実行ごとにデータの内容が変わるとモデルの性能を比較することが難しくなります。機械学習のモデルを作成する際は、さまざまなチューニングの効果を検証していきますが、トレーニングデータが変われば、当然ながら、学習結果も変わります。モデルの性能向上がチューニングの効果によるものか、データの変化によるものかが区別できないと困ります。したがって、乱数でデータを発生させる場合であっても、毎回、同じトレーニングデータを使用することが基本となります。

　この他には、「モデルの再現性」という観点もあります。ある研究者が新しい機械学習モデルを発表して、その実装をオープンソースとして公開した際に、他の研究者が同じモデルを自分でも試して、発表どおりの結果が得られることを検証する場合があります。この際、トレーニングデータとして同じものを使用しなければ、正しく検証を行うことはできません。パラメーターの初期値を同一にするのも同じ理由です。同一のトレーニングデータを用いて、同一の初期値から出発すれば、学習に使用するアルゴリズムの動作が同じである限り、理論上は、最後の学習結果は同じになると期待できます。

　ただし、GPUを用いて学習処理を行う場合は、その限りではありません。GPUの内部で複数コアによる並列処理が行われるため、コアごとの計算結果を集約するタイミングによって（近似計算として許される範囲で）結果が異なる処理もあります。したがって、機械学習モデルに関する結果を発表／検証する際は、客観的な結果をできるだけ厳密に示すために、複数回の実行結果を平均するなどの工夫が必要になります。

05

　誤差関数を計算するには、モデルによる予測値が必要ですので、まずは、予測値を計算する関数を用意します。

[LSJ-06] 予測値を計算する関数を作成

```
1: @jax.jit
2: def predict(w, x):
3:     y = jnp.matmul(x, w)
4:     return y
```

ここでは、「1.1.2 勾配降下法によるパラメーターの最適化」の（1.11）に示した、次の計算式をコードで実装しています。

$$\mathbf{y} = \mathbf{Xw}$$

(1.28)

関数predict(w, x)の引数wとxに、先に用意したパラメーターwと入力データtrain_xを渡すと、（1.28）の行列計算を行って、その結果を返します。今の場合、1月から12月、それぞれの月に対する予測値がDeviceArrayオブジェクトとして、まとめて得られます。関数jnp.matmul()は、NumPyの関数np.matmul()のJAX版で、行列としての掛け算を行います。また、1行目で@jax.jitを指定しているので、事前コンパイル機能が適用されます。この次に定義する誤差関数も同様ですが、DeviceArrayオブジェクトを用いて純粋な計算処理を行う関数については、事前コンパイル機能を適用することで、実行速度を向上することができます。

これで、誤差関数を実装する準備ができました。

- -

06

誤差関数は、「1.1.2 勾配降下法によるパラメーターの最適化」の（1.4）で、次のように定義しました。

$$E = \frac{1}{2} \sum_{n=1}^{12} (y_n - t_n)^2$$

(1.29)

ここでは、これを少し修正した形で、次のように実装します。

[LSJ-07] 誤差関数を作成

```
1: @jax.jit
2: def loss_fn(w, train_x, train_t):
3:     y = predict(w, train_x)
4:     loss = jnp.mean((y - train_t)**2)
5:     return loss
```

関数loss_fn(w, train_x, train_t)の引数w、train_x、train_tには、それぞれ、手順 02 ～手順 04 の [LSJ-03]、[LSJ-04]、[LSJ-05] で用意した値を渡します。3行目では、手順 05 の [LSJ-06] で用意した関数predict()を用いて、1月から12月、それぞれの月に対する予測値を取得して、変数yに保存します。

　この段階で、変数yと変数train_tには、予測値と実際の観測値が、それぞれ、縦ベクトル（[12, 1]サイズのリスト形式）で保存されています。4行目の(y - train_t)**2の部分では、これらのベクトルとしての差を求めて、それぞれの要素を個別に2乗しています。数学的に言うと、次のような縦ベクトルが得られます。

$$
\begin{pmatrix}
(y_1 - t_1)^2 \\
(y_2 - t_2)^2 \\
\vdots \\
(y_{12} - t_{12})^2
\end{pmatrix}
\tag{1.30}
$$

　この縦ベクトルの各要素を足し上げて2で割れば、（1.29）の二乗誤差が得られますが、4行目では、関数jnp.mean()によって各要素の平均値を計算しています。数学的には、次の計算をしていることになり、これは、平均二乗誤差と呼ばれる値になります[*17]。

$$
E = \frac{1}{12} \sum_{n=1}^{12} (y_n - t_n)^2
\tag{1.31}
$$

　（1.29）と（1.31）は、全体にかかる定数値が異なる（1/2、もしくは、1/12）だけですので、（1.29）を最小にするという条件と（1.31）を最小にするという条件は同等になります。一般に、（1.29）で定義される二乗誤差は、データ数が増えると全体の値がどんどん大きくなるという問題があります。そのため、実際の数値計算では、多くの場合、平均値を用いた平均二乗誤差を使用します。

- -

07

　次は、誤差関数に対する勾配ベクトルを求めます。

[LSJ-08] 勾配ベクトルを計算

```
1: grad_loss = jax.jit(jax.grad(loss_fn))
```

　ここでは、「1.2.2 JAXによる勾配ベクトルの計算例」の手順 **03** の **[GCJ-04]** で説明した関数jax.grad()をさきほど定義した誤差関数loss_fn(w, train_x, train_t)に適用しています。関数jax.grad()は、第2引数を省略した場合は、対象

---

*17　ここではデータ数が12個なので、全体を12で割っています。一般には、データ数Nで全体を割る形になります。

となる関数の第1引数についての微分を計算しました。これにより、変数wによる微分が行われて、「1.1.2 勾配降下法によるパラメーターの最適化」の (1.25) に示した、次の勾配ベクトルに相当する関数が得られます。

$$\nabla E(\mathbf{w}) = \begin{pmatrix} \dfrac{\partial E}{\partial w_0}(\mathbf{w}) \\ \vdots \\ \dfrac{\partial E}{\partial w_4}(\mathbf{w}) \end{pmatrix} \tag{1.32}$$

　また、ここでは、得られた関数に対して、関数jax.jit()を適用することで、事前コンパイル機能を適用しています。これで勾配ベクトルが計算できたので、勾配降下法を実行できます。

08

　勾配降下法は、現在のパラメーターの値 $\mathbf{w}$ を用いて、その点における誤差関数の勾配ベクトル $\nabla E(\mathbf{w})$ を計算した上で、次のようにパラメーターを修正するという手続きでした。

$$\mathbf{w}^{\text{new}} = \mathbf{w} - \epsilon \nabla E(\mathbf{w}) \tag{1.33}$$

　この際、学習率 ϵ の値によってパラメーターの修正量をうまく調整する必要があります。Adam Optimizerなど、学習率の値を自動的に調整するアルゴリズムもありますが、ここでは、一定の学習率で修正を繰り返す、素朴な勾配降下法を実装します。

[LSJ-09] 勾配降下法を実装

```
1: %%time
2: learning_rate = 1e-8 * 1.4
3: for step in range(1, 5000001):
4:     grads = grad_loss(w, train_x, train_t)
5:     w = w - learning_rate * grads
6:     if step % 500000 == 0:
7:         loss_val = loss_fn(w, train_x, train_t)
8:         print ('Step: {}, Loss: {:0.4f}'.format(step, loss_val),
9:                 flush=True)
```

```
Step: 500000, Loss: 12.6795
Step: 1000000, Loss: 10.2526
Step: 1500000, Loss: 8.2854
Step: 2000000, Loss: 6.9154
Step: 2500000, Loss: 6.6278
Step: 3000000, Loss: 6.3830
Step: 3500000, Loss: 6.3830
Step: 4000000, Loss: 6.3830
Step: 4500000, Loss: 6.3830
Step: 5000000, Loss: 6.3830
CPU times: user 1min 24s, sys: 109 ms, total: 1min 24s
Wall time: 1min 27s
```

　ここでは、3〜9行目のforループで、(1.33)の修正を5,000,000回繰り返しています。4行目で勾配ベクトルの値を取得して、その値を用いて、5行目でパラメーターの値を修正しています。学習率ϵの値は2行目で定義しており、$\epsilon = 1.4 \times 10^{-8}$という値を使用します。6〜9行目の部分では、500,000回の修正を行うごとに、その時点での誤差関数の値を計算して画面に表示します。出力結果を見ると、ステップが進むごとに誤差関数の値が減少しており、学習が進んでいることが確認できます。また、1行目の%%timeは、このセルの実行時間を計測して表示するマジックコマンドです。実行時間が長くなるセルは、参考のために実行時間を記録しておくとよいでしょう。出力の最後にある「Wall time:...」が実際の実行時間を表します。

　これで勾配降下法による学習ができたわけですが、学習率の値が非常に小さい点が気になった方がいるかもしれません。実はこの問題は、学習の初期におけるパラメーターの変化が、学習率の値に対して非常に敏感で、学習率の値を大きくするとすぐにパラメーターが発散して、JAXが取り扱える値の範囲を超えてしまいます[*18]。このため、何度か試行錯誤を行って、パラメーターが発散しないぎりぎりの値を見つけ出した結果が、$\epsilon = 1.4 \times 10^{-8}$という値になります。また、学習率が小さいために、パラメーターを修正するループの回数はかなり大きくする必要があります。これらは、学習率の値を自動調整しない素朴な勾配降下法の問題点と言えます。

　なお、この例の5,000,000回という繰り返し回数は、誤差関数の値の変化を見ながら試行錯誤で決めたものです[*19]。一般には、パラメーター修正のループを打ち切るタイ

---

*18　パラメーターが発散すると、画面に表示される誤差関数の値が「inf」や「nan」になります。「1.1.2 勾配降下法によるパラメーターの最適化」の図1.11も参照。

*19　3,000,000回以降は誤差関数の値が変化していませんが、念のために5,000,000回まで実行しています。

ミングは、テストデータに対する予測精度を見て決定します。この点については、
「2.1.3 テストセットを用いた検証」であらためて説明します。

　この時点でのパラメーターの値を確認すると、次の結果が得られます。

[LSJ-10] パラメーターの値を確認

```
1: w
--------------------------------------------------------------------------------
DeviceArray([[-1.4652629 ],
             [-1.6966996 ],
             [ 2.2171433 ],
             [-0.25951618],
             [ 0.00752223]], dtype=float32)
```

10

　最後に、得られたパラメーターの値を用いて、結果をグラフに表示します

[LSJ-11] グラフを描画

```
1: xs = np.linspace(1, 12, 100)
2: inputs = jnp.asarray([[month**n for n in range(0, 5)]
3:                      for month in xs])
4: ys = predict(w, inputs)
... (以下省略) ...
```

　このコードを実行すると、図1.27のグラフが表示されます。Matplotlibを用いたグラフ描画の詳細は割愛しますが、ここでは、予想結果を表す曲線を描くデータの取得方法を説明しておきます。このコードでは、4行目にあるように、手順 05 の [LSJ-06] で定義した関数predict(w, x)を用いて予測値を取得しています。この関数は、xの部分に（1.27）の計画行列の形式でデータを入力すると、（1.28）で計算される y の値を返すものでした。

　今の場合は、なめらかな曲線を描くために、$x = 1, 2, \cdots, 12$という整数値だけではなく、$x = 1 \sim 12$の範囲に含まれるさまざまな実数値に対して計算する必要があります。そこで、1行目で$x = 1 \sim 12$の範囲を等分割した100個の実数値を生成して、2～3行目でこれらに対する計画行列を作成しています。100個の実数値に対する計画行列ですので、100行ある行列になります。これを学習済みのパラメーターwとあわせて関数

predict(w, x)に入力することで、x軸上の100個の位置に対する計算値（y軸の値）が得られます。これらをなめらかに繋ぐと、図1.27のグラフになります。

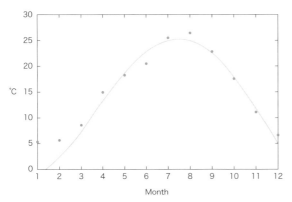

図1.27　独自実装の勾配降下法による学習結果

　この結果をよく観察すると、グラフの左端のあたりでは、予測値が観測データから大きく外れていることに気が付きます。この学習結果には、まだ改善の余地があるようです。しかしながら、最初に設定した学習率のままでパラメーターの修正を繰り返しても、これ以上は変化しません。次項では、Optaxが提供するAdam Optimizerを用いて学習を行いますが、これは、学習率の値を自動調整する機能を持ったアルゴリズムになります。これにより、学習結果が改善されることを期待しながら、次項では、JAXにFlaxとOptaxを組み合わせた、より実践的なコードの書き方を学びます。

1.2.4 JAX/Flax/Optaxによる最小二乗法の実装例

　ここでは、JAXにFlaxとOptaxを組み合わせて機械学習モデルを構築・学習する際の標準的な手順を説明します。前項と同じ、平均気温を予測する最小二乗法の例を題材とするので、前項で説明したJAXだけを用いた実装と比較しながら理解するとよいでしょう。ノートブック「3. Least squares method with Flax and Optax.ipynb」のコードをセルごとに実行しながら、実装内容を解説していきます。

はじめに、Colaboratoryの環境にJAX/Flax/Optaxのライブラリーをインストールします。

[LSF-01] ライブラリーのインストール

```
 1: %%bash
 2: curl -sLO https://raw.githubusercontent.com/enakai00/colab_jaxbook/main/⏎
requirements.txt
 3: pip install -qr requirements.txt
 4: pip list | grep -E '(jax|flax|optax)'
```

続いて、コードの実行に必要なモジュールをインポートします。

[LSF-02] モジュールのインポート

```
 1: import numpy as np
 2: import matplotlib.pyplot as plt
 3: from pandas import DataFrame
 4:
 5: import jax, optax
 6: from jax import random, numpy as jnp
 7: from flax import linen as nn
 8: from flax.training import train_state
 9:
10: plt.rcParams.update({'font.size': 12})
```

3行目でPandasのDataFrameモジュールをインポートしていますが、これは、学習処理が終わった後、Pythonのリストに保存された誤差関数の変化をグラフ表示する際に使用します。また、5〜8行目でJAX/Flax/Optaxに関連したモジュールをインポートしています。それぞれのモジュールの役割はこの後の手順で説明していきますが、大きくは、次のような役割を提供します。

- 5行目のoptaxパッケージ：誤差関数で利用する計算式や勾配降下法のアルゴリズムを提供
- 7行目のlinenモジュール（nnという別名でインポート）：ニューラルネットワークを構成する関数を提供

- 8行目のtrain_stateモジュール：学習中のモデルの状態をまとめて管理する機能を提供

「1.1.2 勾配降下法によるパラメーターの最適化」の図1.12（**JAX/Flax/Optaxの役割分担**）も参考にしてください。

02

　正解ラベルとなる、1月から12月の平均気温の観測データを用意します。「1.1.2 勾配降下法によるパラメーターの最適化」の（1.10）に示した、縦ベクトル**t**に相当するデータです。

[LSF-03] 観測データを用意

```
1: train_t = jnp.asarray([5.2, 5.7, 8.6, 14.9, 18.2, 20.4,
2:                         25.5, 26.4, 22.8, 17.5, 11.1, 6.6])
3: train_t = train_t.reshape([12, 1])
4: train_t
```

```
DeviceArray([[ 5.2],
             [ 5.7],
             [ 8.6],
             [14.9],
             [18.2],
             [20.4],
             [25.5],
             [26.4],
             [22.8],
             [17.5],
             [11.1],
             [ 6.6]], dtype=float32)
```

　この部分は、前項「1.2.3 JAXによる勾配降下法の実装例」の手順 02 の **[LSJ-03]** と同じ内容です。

続いて、予測モデルに対する入力データを計画行列の形で用意します。

[LSF-04] 入力データを用意

```
1: train_x = jnp.asarray([[month**n for n in range(1, 5)]
2:                         for month in range(1, 13)])
3: train_x
--------------------------------------------------------------------------------
DeviceArray([[    1,      1,      1,      1],
             [    2,      4,      8,     16],
             [    3,      9,     27,     81],
             [    4,     16,     64,    256],
             [    5,     25,    125,    625],
             [    6,     36,    216,   1296],
             [    7,     49,    343,   2401],
             [    8,     64,    512,   4096],
             [    9,     81,    729,   6561],
             [   10,    100,   1000,  10000],
             [   11,    121,   1331,  14641],
             [   12,    144,   1728,  20736]], dtype=int32)
```

この部分は、一見すると、前項の手順 **03** の **[LSJ-04]** と同じ内容に見えますが、変数train_xに保存される内容が少し異なります。もともとの計画行列$\mathbf{X}$は、月を表す数値$x = 1, 2, \cdots, 12$を0乗〜4乗した値を並べた形になっていましたが、ここでは、1乗から4乗した値を並べた形になっており、次の行列$\mathbf{X}$に相当するデータを用意しています。

$$\mathbf{X} = \begin{pmatrix} 1^1 & 1^2 & 1^3 & 1^4 \\ 2^1 & 2^2 & 2^3 & 2^4 \\ \vdots & \vdots & \vdots & \vdots \\ 12^1 & 12^2 & 12^3 & 12^4 \end{pmatrix} \qquad (1.34)$$

0乗の項が無いのは、次の理由によります。「1.1.2 勾配降下法によるパラメーターの最適化」で説明した（1.10）〜（1.12）の計算の流れを思い出すと、1列目にあった、0乗、すなわち、定数1の項は、（1.12）で予測気温を計算する際に、定数項w_0（もとの4次多項式（1.5）で言うと定数項b）を作るためのもので、いわば、計算上のテクニックとして入れてありました。一方、この後すぐに説明するように、Flaxのlinenモジュー

ルでは、このようなテクニックは使わずとも、ニューラルネットワークを構成する関数
の定数項は自動的に用意されます。そのため、定数項を除いた、係数 w_1, w_2, w_3, w_4 に
対する入力値だけを用意しています。なお、機械学習のモデルに含まれるパラメーター
において、b のような定数項をバイアス項、データ値と掛け合わされる w_1, w_2, w_3, w_4 な
どの係数をウェイトと呼ぶことがあります。

04

　次は、機械学習のモデル、すなわち、平均気温の予測値を計算する多項式を定義しま
す。前項の 05 の **[LSJ-06]** にあたる部分ですが、Flaxを用いた場合は、次のような
コードに置き換わります。

[LSF-05] 予測値を計算する式を用意

```
1: class TemperatureModel(nn.Module):
2:     @nn.compact
3:     def __call__(self, x):
4:         y = nn.Dense(features=1)(x)
5:         return y
```

　Flaxで機械学習モデルを定義する際は、nn.Moduleクラスを継承した、新しいクラ
スを用意します。ここでは、1行目にあるように、TemperatureModelという名前の
クラスを用意しています。3〜5行目にあるように、__call__()メソッドで、予測値
を計算する関数を定義します。一般には、Flaxが提供するさまざまなパーツを組み合わ
せて、複数のレイヤーを持つニューラルネットワークを構成しますが、ここでは、関数
nn.Dense()だけからなるシンプルな計算式になっています。

　nn.Dense()は、複数のノードを含んだ全結合層と呼ばれるレイヤーを定義するも
ので、featuresオプションでこのレイヤーに含まれるノード数を指定します。今の場
合は、ノードが1つだけのレイヤーになります。そして、全結合層におけるノードは、入
力データの1次関数を表します。図1.28のように、(x_1, x_2, x_3, x_4) の4つの数値を入力し
た場合は、次の計算式による計算結果が出力されます[*20]。

$$y = w_1 x_1 + w_2 x_2 + w_3 x_3 + w_4 x_4 + b \tag{1.35}$$

---

*20　ニューラルネットワークのノードについては、「1-3 ニューラルネットワークの役割」であらためて解説し
　　ます。ここでは、(1.35) の計算をする関数と考えておけば十分です。

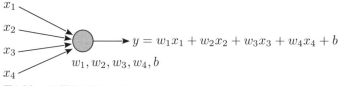

図1.28 1次関数を表すノード

　ここでは、4つの係数(w_1, w_2, w_3, w_4)と定数項bが学習対象のパラメーターになります。(x_1, x_2, x_3, x_4)として、手順 **03** の **[LSF-04]** で用意したtrain_xの1つの行を入力すれば、4次多項式（1.5）が再現されることになります。この後で見るように、train_x全体をまとめて入力した場合は、各行に対する計算結果がまとめて得られます。2行目の@nn.compactは、ここで定義した関数が学習対象のモデルであることを示すもので、予測処理を行う際に、パラメーターの値を外部から入力できるようになります（以下のコラム「Flaxにおけるモデルとパラメーターの分離」も参照）。

　ここで定義したクラスをTemperatureModel()として呼び出すと、このモデルを表すオブジェクトが得られます。得られたオブジェクトのメソッドによって、パラメーターの初期値を生成したり、あるいは、実際の予測処理を行います。

Flaxにおけるモデルとパラメーターの分離

　本文中の **[LSF-05]** の解説では、__call__()メソッドに対して@nn.compactを指定することで、予測処理を行う際にパラメーターの値を外部から入力できるようになると説明しました。TensorFlow/Kerasの場合、モデルに含まれるパラメーターの値は、モデルを表すオブジェクトそのものに含まれており、別途、外部から入力する必要はありません。一方、Flaxでは、モデルを表すオブジェクトは、モデルに含まれる計算式を表すだけで、具体的なパラメーターの値は保持していません。そのため、モデルを使って予測値を計算する際は、別途、パラメーターの値を外部から入力する必要があります。学習によってパラメーターの値を更新する際も、モデルオブジェクト内部のパラメーター値を書き換えるのでなく、モデルオブジェクトとは別の変数に保存したパラメーター値を更新していきます。

　モデルとパラメーターが分離されているのは不便と感じるかも知れませんが、これには、次のようなメリットがあります。まず、モデルのオブジェクトにパラメーター値が含まれている場合、学習済みのオブジェクトはそのままの形で大切に保管する必要があります。誤ってオブジェクトを破棄すると、学習済みのパラメーターの値も一緒に失われてしまいます。一方、Flaxの場合、パラメーター値は別の変数に保存されているので、モデルオブジェクトそのものは不変で、学習前のオブジェクトと学習済みのオブジェク

トを区別する必要がありません。必要な際は、いつでも新しいオブジェクトを生成して利用することができます。実際、この後のコードでは、TemperatureModel() で生成したオブジェクトをどこかの変数に保存して再利用するのではなく、必要になるごとに新しいオブジェクトを生成して利用しています。アプリケーションの設計に詳しい方には、「Flaxのモデルオブジェクトはステートレスである」と言うとわかりやすいかもしれません。

　もちろん、Flaxの場合も、パラメーター値そのものは大切に保管する必要があります。しかしながら、Flaxでは、パラメーター値は、複雑な構造を持ったモデルオブジェクトの内部ではなく、単純なディクショナリー形式の数値データとして与えられるので、取り扱いが簡単です。本書でもいくつかの例が出てきますが、パラメーターの一部を手動で書き換えたり、パラメーターの一部を取り出して別のモデルで再利用するなども簡単にできます。あるいは、学習後にモデルの構造を書き換えたとしても、必要とするパラメーターの構成が変わらなければ、既存のパラメーター値をそのままの形で再利用できます。

05

　モデルが定義できたら、このモデルに与えるパラメーターの初期値を用意します。これには、モデルオブジェクトTemperatureModel()のinit()メソッドを使用しますが、この際、次のコードのように、乱数のシードと入力データのサンプルを入力します。

[LSF-06] パラメーターの初期値を用意

```
1: key, key1 = random.split(random.PRNGKey(0))
2: variables = TemperatureModel().init(key1, train_x)
3: variables
```

```
FrozenDict({
    params: {
        Dense_0: {
            kernel: DeviceArray([[-0.70585155],
                        [-0.29513752],
                        [ 0.52288806],
                        [-0.06666087]], dtype=float32),
            bias: DeviceArray([0.], dtype=float32),
        },
```

```
        },
    })
```

　乱数のシードは、パラメーターを乱数で初期化するために使用します。1行目で2つの
シードを生成して、その1つを2行目でinit()メソッドの第1引数に与えています。こ
れは、前項「1.2.3 JAXによる勾配降下法の実装例」の手順 04 で解説した、JAXでの乱
数の取り扱いに方法に従った流れです。第2引数には、入力データのサンプルとして、手
順 03 の**[LSF-04]**で用意したtrain_xを与えています。入力データのサンプルは、モ
デルに含まれるパラメーターの数を決定するために使われます。さきほどの図1.28で
は、(x_1, x_2, x_3, x_4)の4つの数値を入力した場合は、4つの係数(w_1, w_2, w_3, w_4)と定数
項bを持つ1次関数になると説明しましたが、言い換えれば、入力するデータの構成に
よって、対応するパラメーターの数が変わることになります。Flaxでは、モデルを定義
する段階では、入力データの構成は特に指定せずに、パラメーターの初期値を用意する
タイミングで、入力データのサンプルを与えることで、入力データの構成を指定する仕
組みになっています。

　使用するサンプルデータは、入力データの形式がわかればよく、データの値は何でも
構いません。今の場合、train_xの代わりに、jnp.zeros([1, 4])として、0が並
んだ[1, 4]サイズ(1行4列)のDeviceArrayオブジェクトを入力しても、同じ結果が
得られます。1次関数に対して4つの数字が入力されるという点が重要なので、入力デー
タの行数は1行でも構いません。

　2行目では、用意されたパラメーターの値を変数 variables に保存して、3行目で
その内容を表示しています。出力結果を見ると、複数の階層に分かれたツリー形式の
ディクショナリーになっています。今の場合、基本的な構造は次のとおりです。

- variables['params']：モデルのパラメーター値を含むディクショナリー
- variables['params']['Dense_0']：モデルに含まれる nn.Dense()のパ
  ラメーター
- variables['params']['Dense_0']['kernel']：係数(w_1, w_2, w_3, w_4)の
  値
- variables['params']['Dense_0']['bias']：定数項bの値

　一般に、Flaxが提供するモジュールは、学習対象のパラメーター以外にも、バッチ正
規化で使用する統計値などの数値データを必要とする場合があります。そのような場合
は、variables['batch_stats']など、'params'以外のキーの下に該当のデー

タが用意されます。今回のモデルでは、variables['params']に含まれるパラメーター値のみを使用します。

　[LSF-06] の出力からわかるように、パラメーター値を含むディクショナリーは、通常のPythonのディクショナリーではなく、FrozenDictオブジェクトになっています。これは、Flaxが提供するオブジェクトで、値の変更ができない代わりに、高速に値を取り出すことができます。FrozenDictオブジェクトと通常のディクショナリーを相互変換する方法については、「4.1.2 JAX/Flax/Optaxによる畳み込みフィルターの適用」の手順 **04**（**OCF-08**の解説部分）で説明しています。

　これでパラメーターの初期値が用意できたので、この段階で、モデルを使った予測を行うこともできます。パラメーターの値は乱数で初期化した状態なので、予測の内容はデタラメですが、あえて実施するなら次のようになります。

```
1: TemperatureModel().apply(variables, train_x)
--------------------------------------------------------------------------------
DeviceArray([[-5.4476190e-01],
             [ 5.2427733e-01],
             [ 3.9446552e+00],
             [ 8.8540459e+00],
             [ 1.2790266e+01],
             [ 1.1691271e+01],
             [-1.0485100e-01],
             [-2.9859863e+01],
             [-8.6435387e+01],
             [-1.8029294e+02],
             [-3.2349387e+02],
             [-5.2969928e+02]], dtype=float32)
```

　変数variablesには、パラメーター値を含めて、モデルが必要とする数値データが保存されており、これをモデルオブジェクトTemperatureModel()のapply()メソッドに、予測対象のデータtrain_xとあわせて入力します。出力結果を見ると、手順 **02** の **[LSF-03]** で用意した正解ラベルと同じ形式（[12, 1]サイズのリスト形式）で予測結果が得られています。

　少し細かい点ですが、予測結果が1次元リストではなく、このような2次元リストになっている理由に注意してください。一般に、ニューラルネットワークを構成する各パーツは、多次元リストの形式で入出力データを取り扱います。今回の場合、特定の月に対する予測結果は単一の数値になりますが、これはスカラー値ではなく、要素が1つ

だけの1次元リストとして出力されます。上記の例では、1月の平均気温の予測値の出力は、[-5.4476190e-01]となります。そのため、12ヶ月分の予測結果を（入力に用いた計画行列と同様に）縦に積み重ねた結果として、上記のような[12，1]サイズのリスト形式になります。

06

続いて、モデルの学習状態を管理するためのTrainStateオブジェクトを作成します。

[LSF-07] モデルの学習状態を管理する**TrainState**オブジェクトを用意

```
1: state = train_state.TrainState.create(
2:     apply_fn=TemperatureModel().apply,
3:     params=variables['params'],
4:     tx=optax.adam(learning_rate=0.001))
```

これは、この後の学習処理で使用する情報をまとめたオブジェクトで、ここでは、2〜4行目のオプション指定により、次の情報を格納しています。

- apply_fn：モデルの予測処理を行うメソッド
- params：モデルのパラメーター値
- tx：勾配降下法で使用するアルゴリズム

apply_fnには、モデルの予測処理を行うメソッドを登録します。ここでは、さきほど使用したメソッドTemperatureModel().apply()を指定しています。paramsには、モデルのパラメーター値を保存します。手順 **05** の **[LSF-06]** で用意した変数variablesのvariables['params']部分にパラメーター値がディクショナリー形式で保存されていましたので、これを指定します。変数variablesそのものではなく、variables['params']を指定する点に注意してください。

そして、txには、勾配降下法で使用するアルゴリズムを指定します。ここでは、Optaxが提供するAdam Optimizerを指定しています。optax.adam()関数でAdam Optimizerのオブジェクトを生成する際に、learning_rateオプションで学習率の初期値を設定します。Adam Optimizerは学習率の値を自動的に調整する機能を持っていますが、初期値は明示的に指定する必要があります。経験的には、0.001や

0.0001程度の値を指定するとうまく学習が進みます[*21]。

　TrainStateオブジェクトに格納した情報は、対応する属性値として取り出すことができます。今の場合、作成したTrainStateオブジェクトは変数stateに保存していますので、たとえば、state.params によって、モデルのパラメーター値を保存したディクショナリーが得られます。

07

　次は、誤差関数を定義します。誤差関数の計算内容は、前項の手順 06 の **[LSJ-07]** と同じですが、Flaxで学習処理を行う際の「定番」の書き方は、次のようになります。

[LSF-08] 誤差関数を定義

```
1: @jax.jit
2: def loss_fn(params, state, inputs, labels):
3:     predicts = state.apply_fn({'params': params}, inputs)
4:     loss = optax.l2_loss(predicts, labels).mean()
5:     return loss
```

関数 loss_fn()の引数には、次の項目を指定します。

- params：モデルのパラメーター値
- state：TrainStateオブジェクト
- inputs：学習に使用する入力データ
- labels：正解ラベルのデータ

　モデルのパラメーター値は、さきほど用意したTrainStateオブジェクトからstate.paramsで得られると説明しました。引数paramsはこの値を受け取ります。また、引数stateは、TrainStateオブジェクトstateそのものを受け取ります。引数inputsと引数labelsは、それぞれ、手順 02 の **[LSF-03]** と手順 03 の **[LSF-04]** で用意した、train_xとtrain_tを受け取ります。これらの受け取った値を使って誤差関数を計算しますが、ここでは、3行目で現在のパラメーター値を用いて予測値を計算して、4行目で予測値と正解ラベルの平均二乗誤差を計算しています。

---

*21　本書のノートブックでは、すべて0.001を指定していますが、あらゆる場合がこれでうまくいくわけではありません。モデルの構造やトレーニングデータの特性に応じたチューニングが必要となる場合もあります。

3行目の書き方が少し特殊に見えるかも知れませんが、手順 05 の **[LSF-06]** の説明の最後に紹介した、TemperatureModel().apply(variables, train_x)というコードと本質的には同じです。まず、state.apply_fnには、モデルの予測値を得るためのメソッドTemperatureModel().apply()が登録されています。また、ディクショナリーvariablesからvariables['params']部分を取り出したものがparamsですので、ディクショナリー {'params': params}は、variablesと同じディクショナリーを再構成したものになります。

4行目の関数optax.l2_loss()は、Optaxが提供する関数で、predictsとlabelsの差の2乗を成分ごとに計算します。mean()メソッドでこれらの平均値を計算しているので、結果的に、前項の手順 06 の **[LSJ-07]** における4行目と同じ計算内容になります。この程度の計算であれば、optax.l2_loss()のような特別な関数を使わなくてもよい気がしますが、この後の章では、バイナリー・クロスエントロピーなど、より複雑な誤差関数が登場します。Optaxが提供する関数を利用することで、このような誤差関数もシンプルに実装できます。

ここで、関数loss_fn()の最初の引数が学習対象のパラメーターになっている点に注意してください。同じ情報は、次の引数で受け取るTrainStateオブジェクトにも、state.paramsとして含まれているので、同じ情報を2重に受け取る無駄な処理にも見えます。しかしながら、誤差関数を定義する目的は、これを学習対象のパラメーターで微分して、勾配ベクトルを計算することにあります。JAXの関数jax.grad()（もしくは、この後すぐに使用する関数jax.value_and_grad()）は、特定の引数（デフォルトでは最初の引数）に対する微分を計算しますので、微分の対象となるパラメーターだけを最初の引数で独立に受け取る必要があるのです。

今の場合、微分の対象となるパラメーター、すなわち、引数paramsで受け取る値はstate.paramsであり、この中身は、手順 05 の **[LSF-06]** で見たように、複数の階層に分かれたツリー形式のディクショナリーになっています。このような場合、JAXの機能で微分計算をすると、state.paramsと同じ形式のディクショナリーに、各パラメーターによる偏微分の値を格納したデータが返ります。そうすると、勾配降下法によるパラメーター値の修正の手続きが面倒になりそうな気もしますが、そこは問題ありません。勾配降下法のアルゴリズムによるパラメーター値の修正は、この後すぐに説明するように、TrainStateオブジェクトが提供する機能を用いて簡単に実行できます。

08

　これでいよいよ、勾配ベクトルを計算して、勾配降下法を実行する準備ができましたが、焦らずにじっくり行きましょう。まずは、勾配降下法によるパラメーターの修正を1回だけ実施する関数を定義します。

[LSF-09] パラメーターの修正を1回だけ行う関数を定義

```
1: @jax.jit
2: def train_step(state, inputs, labels):
3:     loss, grads = jax.value_and_grad(loss_fn)(
4:         state.params, state, inputs, labels)
5:     new_state = state.apply_gradients(grads=grads)
6:     return new_state, loss
```

　この関数train_step()は、3つの引数(state, inputs, labels)で、Train Stateオブジェクト、学習データ（今の場合はtrain_x）、正解ラベル（今の場合はtrain_t）を受け取って、勾配降下法によるパラメーターの修正を1回だけ行い、修正後のパラメーター値を含む新しいTrainStateオブジェクト（new_state）と、パラメーター値を修正する直前の誤差関数の値（loss）を返します。この処理は何度も繰り返し実行されるので、独立した関数にして、1行目の@jax.jitの指定により事前コンパイル機能を適用しています。これにより、学習処理の実行速度を向上しようというわけです。

　関数の中身を見ていきます。3行目の関数jax.value_and_grad()は、JAXが提供する関数で、誤差関数の値と勾配ベクトルの値を同時に計算します。具体的には、引数に与えられた誤差関数の勾配ベクトルを計算した上で、「誤差関数の値と勾配ベクトルの値をセットで返す」という新しい関数を作ります。このようにして得られた新しい関数jax.value_and_grad(loss_fn)()に、さらに必要な引数を与えることで、誤差関数の値と勾配ベクトルの値が同時に得られます。関数 jax.value_and_grad(loss_fn)()に与える引数は、誤差関数loss_fn()に与えるべき引数と同じものを使用します。3〜4行目では、これらの処理をまとめて行い、得られた結果（誤差関数の値と勾配ベクトルの値）を変数lossとgradsにそれぞれ保存しています。この書き方がわかりにくいという場合は、次のように分けて書いても構いません。

```
3:     f = jax.value_and_grad(loss_fn)
4:     loss, grads = f(state.params, state, inputs, labels)
```

5行目は、TrainStateオブジェクトが提供する機能を用いて、勾配降下法によるパラメーター値の修正を行います。`state.apply_gradients()`メソッドは、`grads`オプションで受け取った勾配ベクトルの値を用いて、`state.tx`に格納されたアルゴリズムにより、`state.params`に格納されたパラメーター値の修正を行った後、修正後のパラメーター値を含んだTrainStateオブジェクトを返します。変数`state`に保存されたTrainStateオブジェクトを修正するのではなく、修正後のパラメーター値を含む新しいTrainStateオブジェクトを返す点に注意してください。

　今回の場合、`state.tx`にはAdam Optimizer（`optax.adam()`）が格納されていますが、これは学習の進行に応じて学習率を変化させるため、現在の学習率の値などの情報を内部に保持しています。`state.apply_gradients()`が返す新しいTrainStateオブジェクトでは、学習対象のパラメーター値に加えて、これらの情報も更新されています。一般に、学習途中のモデルを復元して学習処理を再開する場合、学習対象のパラメーター値だけではなく、学習アルゴリズムが使用する内部情報なども復元する必要がありますが、TrainStateオブジェクトには、そのために必要な情報がすべて含まれています。「4.3.1 単層CNNによる手書き文字の分類」の手順 **02** （**[MDF-14]** ～ **[MDF-16]** の解説部分）では、TrainStateオブジェクトの内容をチェックポイントファイルとしてディスクに保存する方法も説明しています。

　最後に6行目で、新しいTrainStateオブジェクトと、さきほど計算した誤差関数の値を返します。

09

　この後は、関数`train_step()`を繰り返し実行して、学習処理を進めます。

[LSF-10] 学習処理

```
1: %%time
2: loss_history = []
3: for step in range(1, 100001):
4:     state, loss_val = train_step(state, train_x, train_t)
5:     loss_history.append(jax.device_get(loss_val).tolist())
6:     if step % 10000 == 0:
7:         print ('Step: {}, Loss: {:0.4f}'.format(step, loss_val),
8:                 flush=True)
------------------------------------------------------------------------
Step: 10000, Loss: 2.3245
Step: 20000, Loss: 1.4010
```

```
Step: 30000, Loss: 1.3200

Step: 40000, Loss: 1.3073

Step: 50000, Loss: 1.2041

Step: 60000, Loss: 1.1638

Step: 70000, Loss: 1.1051

Step: 80000, Loss: 1.0609

Step: 90000, Loss: 1.0201

Step: 100000, Loss: 0.9823

CPU times: user 6.65 s, sys: 46.8 ms, total: 6.7 s

Wall time: 7.16 s
```

　ここでは、4行目の処理が最も重要なパートになります。TrainStateオブジェクトを保存した変数stateと、学習に必要なデータ（train_xとtrain_t）を用いて、さきほど定義した関数train_step()を実行して、新しいTrainStateオブジェクトを受け取り、これを変数stateに上書きで保存しています。train_step()を実行しても、既存のTrainStateオブジェクトが修正されるわけではないので、新しいTrainStateオブジェクトを変数stateに上書きする必要がある点に注意してください。

　関数 train_step()からは、その時点での誤差関数の値も返りますが、こちらは、後から参照できるように、リストloss_historyに追記していきます。4行目で受け取ったloss_valには、DeviceArrayオブジェクトの形で誤差関数の値が保存されていますが、5行目では、関数jax.device_get()でNumPyのarrayオブジェクトに変換して、さらに、tolist()メソッドで通常のスカラー値に変換しています。変数loss_valの内容をそのままloss_historyに追記すると、DeviceArrayオブジェクトを要素とするリストになり、この後のグラフ描画の処理に問題が発生するため、通常のスカラー値のリストにしています。

　3行目のforループで、この処理を100,000回繰り返します。6〜8行目では、10,000回繰り返すごとに、その時点での誤差関数の値を画面に表示しています。出力結果を見ると、誤差関数の値が減少して、うまく学習が進んでいることがわかります。前項の手順 08 の [LSJ-09] の出力結果と比較すると、こちらの方が、誤差関数の値はより小さくなっており、学習結果も改善されていると期待ができそうです。

　次のコードでは、リストloss_historyに保存した誤差関数の変化をグラフに表示しています。

```
1: df = DataFrame({'Loss': loss_history})
2: df.index.name = 'Steps'
3: _ = df.plot(figsize=(6, 4), xlim=(0, 100))
4:
5: df = DataFrame({'Loss': loss_history})
6: df.index.name = 'Steps'
7: _ = df.plot(figsize=(6, 4), ylim=(0, 8))
```

　ここでは、リストの内容をPandasのデータフレームに変換した後、データフレームの機能を用いてグラフを表示しています。これを実行すると、図1.29の2つのグラフが表示されます。左のグラフは、100ステップ目（繰り返し回数が100回目）までの部分を表示しており、学習の初期において、誤差関数の値が急激に減少していることがわかります。一方、右のグラフは、表示する縦軸の値の範囲を制限することで、急激に減少した後の変化を拡大表示しています。これを見ると、急激に減少した後は、上下に振動しながら、それでも全体としては減少する傾向にあることがわかります。これは、勾配降下法で学習した際の、誤差関数の値の典型的な変化を表します。

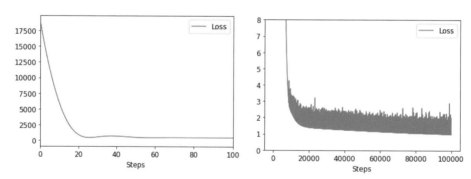

図1.29 学習中の誤差関数の変化

10

　これで学習処理が終わったので、この時点のパラメーターの値を確認して、実際の予測結果をグラフに表示してみましょう。現在のパラメーター値は、TrainStateオブジェクトstateに格納されており、次のように確認できます。

［LSF-12］パラメーター値の確認

```
1: state.params
--------------------------------------------------------------------------------
FrozenDict({
    Dense_0: {
        bias: DeviceArray([2.9621983], dtype=float32),
        kernel: DeviceArray([[-0.7491121 ],
                    [ 1.5364609 ],
                    [-0.17362942],
                    [ 0.00433857]], dtype=float32),
    },
})
```

　また、グラフを表示するコードは、次のようになります。

［LSF-13］ グラフを描画

```
1: xs = np.linspace(1, 12, 100)
2: inputs = jnp.asarray([[month**n for n in range(1, 5)]
3:                     for month in xs])
4: ys = state.apply_fn({'params': state.params}, inputs)
... (以下省略) ...
```

　この部分は、前項の手順 **10** の **[LSJ-11]** とほぼ同じですが、4行目で予測値を計算するところだけが異なります。ここでは、手順 **07** の **[LSF-08]** の3行目と同様に、TrainStateオブジェクトstateに格納されたメソッドstate.apply_fn()を利用しています。このメソッドの中身はTemperatureModel().apply()ですので、こちらを用いても同じ結果になります。しかしながら、学習済みのパラメーター値を含めて、TrainStateオブジェクトに情報がまとめられていますので、この例のように、TrainStateオブジェクトを統一的に使用する方がわかりやすくてよいでしょう。

このコードを実行すると、図1.30のグラフが表示されます。前項の図1.27と比較すると、グラフの左端を含めて、実際の観測値の近くを通る曲線になっており、学習率を固定した素朴な勾配降下法よりも学習結果が改善したことがわかります。

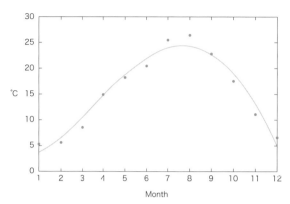

図1.30 Adam Optimizerによる学習結果

以上が、JAX/Flax/Optaxを用いた学習処理の流れになります。この後の章では、より実践的な内容として、学習データをバッチに分割する手順や、テスト用のデータと予測精度を比較する処理などを加えていきますが、あくまでも、ここで説明した手順がそのための基礎となります。ノートブックの内容をもう一度振り返り、全体の処理の流れを頭の中で整理しておいてください。また、コードの中で補助的に利用した、NumPy、Matplotlib、Pandasなどのライブラリーは、数値計算やグラフの描画など、統計解析全般で使用されるツールです。これらの利用方法については、次の資料も参考にしてください。

- 機械学習概論：データ分析ライブラリー編
  https://speakerdeck.com/enakai00/data-analysis-libraries

1-3 ニューラルネットワークの役割

　ここまでの説明で、機械学習の基本的な考え方、そして、JAX/Flax/Optaxを用いたコードの書き方の基礎がわかりました。いよいよ本書の主題である、畳み込みニューラルネットワークの説明に入りたいところですが、その前に、一般的なニューラルネットワークの役割、そして、ニューラルネットワークを利用した「ディープラーニング」の特徴を整理しておきます。ここでも、具体例を用いて説明を進めますが、さきほどと違う例題として、データの分類問題を考えます。

1.3.1 分類問題とニューラルネットワーク

　ここで用いる例題は、次のようなものです。いま、あるウィルスに感染しているかどうかを判定する簡易的な予備検査があり、検査結果は、2種類の数値で与えられるものとします。この2つの数値を元にしてウィルスに感染している確率を求めた後に、確率がある程度高い患者は精密検査に回すという想定です。

　図1.31は、これまでに予備検査を受けた患者の検査結果と、実際にウィルスに感染していたかどうかを示すグラフ（散布図）になります。この予備検査の精度を調査するために、すべての患者に対して、予備検査と精密検査の両方を行って得られたデータだと考えてください。このデータを元にして、予備検査の結果から、ウィルスに感染している確率を計算する数式を求めることが、あなたに与えられた課題です。

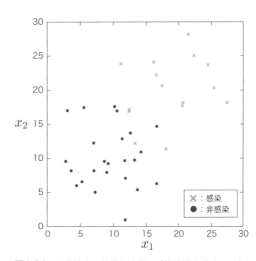

図1.31　予備検査の結果と実際の感染状況を示すデータ

この例であれば、図1.32（上図）のように、直線で大きく2つに分類できそうなことがわかります。直線の右上の領域は感染している確率が高く、左下の領域は感染している確率が低いと考えられます。そこで、まず、この境界を示す直線を次のように数式で表してみます。

$$w_1 x_1 + w_2 x_2 + b = 0 \qquad (1.36)$$

平面上の直線というと、$y = ax + b$という形が有名ですが、ここでは、x_1とx_2を対称に扱うためにこのような形式を用いています。この後の説明のために、左辺の関数を$f(x_1, x_2)$とします。

$$f(x_1, x_2) = w_1 x_1 + w_2 x_2 + b \qquad (1.37)$$

(x_1, x_2)平面上のそれぞれの点に対して$f(x_1, x_2)$の値が決まりますが、これがちょうど0になるのが、境界線上の点にあたります。この形式の利点として、$f(x_1, x_2) = 0$が境界となる他に、境界から離れるにしたがって、$f(x_1, x_2)$の値が$\pm\infty$に向かって増加（減少）していくという性質があります。つまり、$f(x_1, x_2)$の値の大小関係が、ウィルス感染確率の大小関係に自然に対応します。

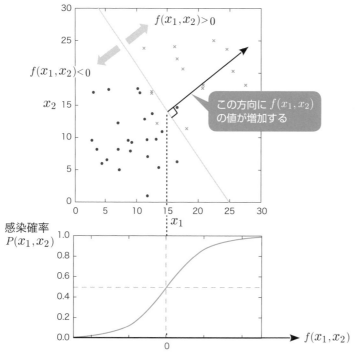

図1.32 直線による分類と感染確率への変換

ただし、$f(x_1, x_2)$の値そのものが確率になるわけではありません。確率は、0から1の範囲の値をとりますので、$f(x_1, x_2)$の値を確率値に変換する必要があります。具体的には、図1.32（下図）のように、0から1に向かってなめらかに値が変化する関数を用意して、これを用いて変換します。この関数を$\sigma(x)$とした場合、xの部分に$f(x_1, x_2)$の値を代入したものが、点(x_1, x_2)の患者がウィルスに感染している確率$P(x_1, x_2)$になります。

$$P(x_1, x_2) = \sigma(f(x_1, x_2)) = \sigma(w_1 x_1 + w_2 x_2 + b) \qquad (1.38)$$

一般に、$\sigma(x)$のように、0から1になめらかに値が変化する関数をシグモイド関数と呼びます。具体的な関数の形にはいくつかのバリエーションがありますが、JAX/Flax/Optaxを含めて、機械学習ライブラリーの多くは、次の関数をシグモイド関数として定義しています。

$$\sigma(x) = \frac{1}{1 + e^{-x}} \qquad (1.39)$$

図1.32の下側は、（1.38）の関係をグラフに表したものになります。ここまでの作業は、ちょうど、「機械学習の3ステップ」におけるステップ①に相当します。この後は、（1.38）に含まれるパラメーターw_1, w_2, bの良し悪しを判断する誤差関数を用意して（ステップ②）、それを最小化するようにパラメーターを決定する（ステップ③）という流れになります。

具体的な計算については、後ほど「第2章 分類アルゴリズムの基礎」で詳しく解説しますが、ここでは、あえて、このモデルの問題点を指摘しておきます。それは、「与えられたデータが直線で分類できる」という前提条件です。たとえば、与えられたデータが図1.33のような場合を考えてみましょう。これらは、どう考えても、単純な直線で分類できるものでありません。図に示したように、折れ曲がった直線（曲線）を用いて分類する必要があります。右の例では、さらに、複数の境界線が必要になります。

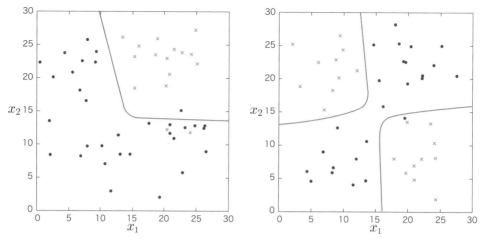

図1.33 より複雑なデータ配置の例

　それでは、このようなデータを適切に分類するには、どのような方法を用いればよい
のでしょうか？ 単純に考えると、(1.37) に示した $f(x_1, x_2)$ をより複雑な数式に置き
換えて、折れ曲がった直線や曲線を表現できるようにするアイデアが思い浮かびます。
しかしながら、具体的にどのような数式を用いればよいかは、それほど簡単にはわかり
ません。特に、現実の機械学習で利用するデータは、図1.33のように平面に描けるほど
単純なものではありません。

　たとえば、この例において、検査結果の数値が2種類ではなく、全部で20種類あった
とします。この場合、データの様子を図に表すには、20次元空間のグラフが必要になり
ます。実際にこれを図示することはできませんし、頭の中で想像するのも簡単ではあり
ません。目に見えないデータを適切に分類する曲線の数式を考え出すというのは、相当
に困難です。機械学習においては、このような「目に見えないデータの特性を手探りで
探し出す」という困難に対処する必要があるのです。

　「そういう隠れたデータの特性を自動的に見つけ出すのが機械学習じゃなかったの?!」
──そんな声が聞こえてきそうですが、残念ながら現在の機械学習というのは、基本的
にはデータのモデル、すなわち、ステップ①で用意する数式自体は、人間が考える必要
があります。ただし、そのような中でも、なるべく柔軟性が高く、さまざまなデータに
対応できる「数式」を考えだすという努力が続けられてきました。ニューラルネット
ワークは、そのような数式のひとつの形と考えることができます。

　ニューラルネットワークを「数式」と言われてもピンと来ない場合は、「関数」、ある
いは、プログラムコードにおける「サブルーチン」と考えても構いません。(1.37) は、
(x_1, x_2) という値のペアを入力すると、$f(x_1, x_2)$ という1つの値が出てくる関数になっ

ており、この値の大小によって、感染確率が大きくなったり小さくなったりするというものです。機械学習のモデルにおいては、入力データに対して、そのデータの特徴を表す値が出てくる関数を用意することがその本質となります。

そこで、（1.37）のように、単純な1つの数式で結果を出すのではなく、複数の数式を組み合わせた関数を作ることを考えます。これが、ニューラルネットワークです。ニューラルネットワークは、ディープラーニングの中核となる仕組みですので、順を追って丁寧に説明していきましょう。

まず、図1.34は世界で最もシンプルなニューラルネットワークです。——と言っても、これは、（1.38）の数式をニューラルネットワーク風に描いただけのものです。左から(x_1, x_2)という値のペアを入力すると、内部で$f(x_1, x_2)$の値が計算されて、それをシグモイド関数$\sigma(x)$で0〜1の値に変換したものが変数zとして出力されます。これは、ニューラルネットワークを構成する最小のユニットとなるもので、ノードと呼ばれます。

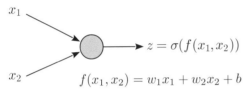

$$x_1$$
$$z = \sigma(f(x_1, x_2))$$
$$x_2$$
$$f(x_1, x_2) = w_1 x_1 + w_2 x_2 + b$$

図1.34 単一のノードからなるニューラルネットワーク

そして、このようなノードを多層に重ねることで、より複雑なニューラルネットワークが作られます。図1.35は、1層の隠れ層を持つニューラルネットワークの例です。世界で2番目にシンプルなニューラルネットワークと言ってもよいでしょう。1層目（隠れ層）の2つのノードには、$f_1(x_1, x_2)$と$f_2(x_1, x_2)$という1次関数が与えられていますが、それぞれの係数の値は異なっています。これらをシグモイド関数$\sigma(x)$で変換した値のペア(z_1, z_2)をさらに2層目（出力層）のノードに入力して、最終的な出力値zが得られるという流れになります[*22]。

---

*22　ここでは、隠れ層のノードからの出力をシグモイド関数$\sigma(x)$で取り出していますが、この部分はシグモイド関数に限る必要はありません。一般には、$x = 0$を境に値が増加する何らかの「活性化関数」を使用します。活性化関数の選択については、「3.1.1 単層ニューラルネットワークによる二項分類器」で触れています。

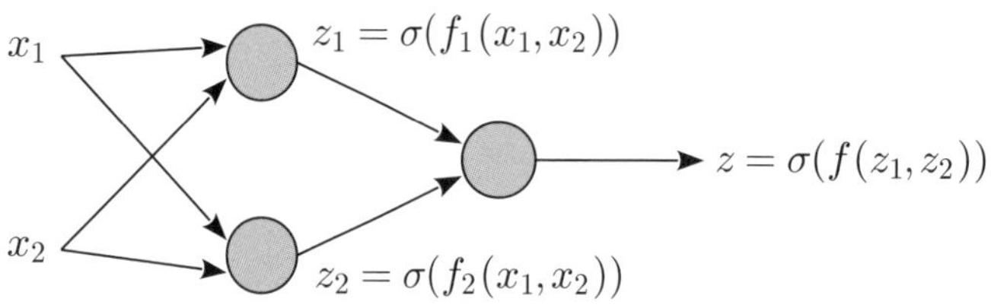

x_1

$z_1 = \sigma(f_1(x_1, x_2))$

x_2

$z_2 = \sigma(f_2(x_1, x_2))$

$z = \sigma(f(z_1, z_2))$

$$f_1(x_1, x_2) = w_{11}x_1 + w_{12}x_2 + b_1$$
$$f_2(x_1, x_2) = w_{21}x_1 + w_{22}x_2 + b_2$$
$$f(z_1, z_2) = w_1 z_1 + w_2 z_2 + b$$

図1.35 1層の隠れ層を持つニューラルネットワーク

　このニューラルネットワークには、$w_{11}, w_{12}, b_1, w_{21}, w_{22}, b_2, w_1, w_2, b$という全部で9個のパラメーターが含まれています。これらの値を調整することで、単なる直線ではない、より複雑な境界線が表現できるものと期待できます。最後のzの値が感染確率Pを表すという想定ですので、$z = 0.5$となる部分が境界線に相当します。

　実際、これらのパラメーターの値をうまく調整して、$z = 0.5$となる部分を描くと、図1.36の結果を得ることができます。これは、各(x_1, x_2)におけるzの値を色の濃淡で示したもので、右上の領域が$z > 0.5$、すなわち、感染確率が50%以上の部分に対応します。図1.33の左の例であれば、このニューラルネットワークでうまく分類できそうです。

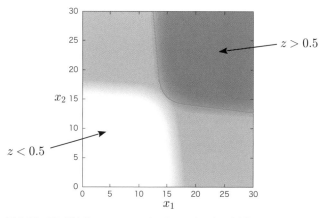

図1.36 隠れ層を持つニューラルネットワークによる分割例

　しかしながら、図1.33の右の例については、これでもまだ対応できません。次の手段としては、ノードの数を増やした、さらに複雑なニューラルネットワークを用いることになります。この時、ノードの増やし方には、いくつかのパターンがあります。1つは、

層の数を増やしてニューラルネットワークを多層化する方法で、もうひとつは、1つの層に含まれるノードを増やすという方法です。あるいは、これらを組み合わせて、図1.37のようなニューラルネットワークを構成することも可能です。

1層内のノード数を増やす

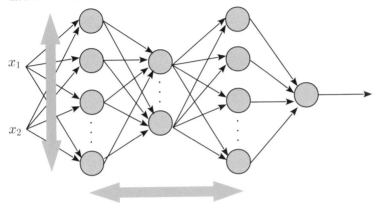

ノードの層を増やす

図1.37 より複雑な多層ニューラルネットワークの例

　ただし、ここで、ニューラルネットワークの難しさが生まれます。原理的にはノードの数を増やしていけば、どれほど複雑な境界線でも描くことができます[*23]。しかしながら、やみくもにノードを増やしていくと、パラメーターの数が膨大になって、パラメーターを最適化するステップ③の計算が困難になります。これは、現実的な時間内で計算が終わらないというコンピューターの性能上の問題に加えて、そもそも、最適な値を計算するアルゴリズムそのものが作れないという場合もあり得ます。

　機械学習におけるニューラルネットワークの挑戦は、与えられた問題に対して、実際に計算が可能で、かつ、データの特性にあったニューラルネットワークを構成するという点にあります。結局のところ、「目に見えないデータの特性を手探りで探し出す」という困難は、ニューラルネットワークにおいても無くなるわけではなかったのです。そして、さまざまな研究者がこのような困難に挑戦を続けるなかで登場したのがディープラーニングと呼ばれる、特別な形のニューラルネットワークを用いた手法です。

---

*23　数学的には、1層だけのニューラルネットワークであっても、ノードの数を増やしていけば、(一部の特異なものを除いて)どれほど複雑な関数でも表現できることが知られています。

1.3.2 ディープラーニングの特徴

　ディープラーニングは、深層学習と翻訳されることもあり、なにやら深遠な理論のような気もしますが、基本的にはさきほどの図1.37のような多層ニューラルネットワークを用いた機械学習モデルにすぎません。ただし、単純に層を増やして複雑化するのではなく、解くべき問題に応じて、それぞれのノードに特別な役割を与えたり、ノード間の接続を工夫したりというということが行われます。やみくもにノードを増やして複雑化するのではなく、「個々のノードの役割を考えながら、何らかの意図を持ってデザインしたニューラルネットワーク」と考えることができます。

　たとえば、図1.35のニューラルネットワークでは、それぞれのノードは、単純な1次関数とシグモイド関数の組み合わせになっていました。仮に、最初の入力が単なる数値のペア (x_1, x_2) ではなく、画像データだとしたら、どのような工夫が可能でしょうか？図1.2に示したCNN（畳み込みニューラルネットワーク）では、1層目のノードには、1次関数ではなく、畳み込みフィルターと呼ばれる関数を適用しています。

　畳み込みフィルターというのは、ディープラーニングのための特別なものというわけではなく、Photoshopなどの画像処理ソフトウェアでも用いられる、画像フィルターの一種です。写真画像から物体の輪郭を取り出して、線画風に変換するフィルターで遊んだことがある方も多いでしょう。これにより、画像に描かれている物体の特徴をより的確に捉えることが可能になります。

　あるいは、その後ろにあるプーリング層と呼ばれる部分では、画像の解像度を落とす処理を行います。これは、画像の詳細をあえて消し去ることで、描かれている物体の本質的な特徴のみを抽出しようという発想に基づきます。このような「前処理」をほどこされたデータを後段のノードがさらに分析して、これが何の画像なのかを判定するというわけです。

　そのほかには、テキスト文書から情報を抽出するための専用のモデルや、「5.3.3 DCGANによる画像生成モデル」で紹介する、画像を生成するための専用のモデルなども考案されています。さらには、これらのモデルをパーツとして組み合わせることにより、「テキスト文書の指示に従って画像を書き換える」など、複数タイプのデータを組み合わせた処理も実現されています。

　図1.38は、公開論文「Text as Neural Operator: Image Manipulation by Text Instruction [*24]」に掲載されているものですが、左の画像に加えて、「remove bottom-

---

*24　https://arxiv.org/abs/2008.04556

center large yellow sphere（中央下部の大きな黄色い球を取り除く）」というテキスト文書を入力すると、指示通りに修正された右の画像が得られます。一見すると魔法のような処理ですが、論文の中では、図1.39の仕組みが紹介されています [*25]。詳細な説明はここでは割愛しますが、入力データの種類に応じて特定の処理を行うブロックを用意しておき、これらを組み合わせることで、工場の流れ作業のように目的の処理を実現しています。

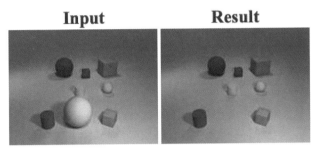

図1.38　テキスト文書と画像を組み合わせて処理する例

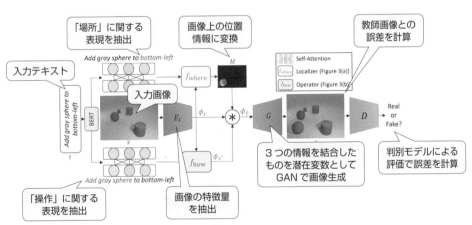

図1.39　複数タイプのデータを処理するモデルの例

　これらの例からもわかるように、ディープラーニングの背後には、与えられたデータがどのように処理されるのかを考えながら、最適なネットワークを組み上げていくという膨大な試行錯誤が隠されています。また、これはあくまでも、「機械学習の3ステップ」

---

*25　図1.39の吹き出し部分は、筆者が追加しました。

のステップ①だということも思い出す必要があります。どれほどよくできたモデルでも、実際の計算ができなければ実用にはなりません。その後のステップに進むためには、それぞれのネットワークに対して、効率的にパラメーターを最適化するアルゴリズムの研究も必要となります。

　これらはまさに、最先端の研究者が、日々、新たな結果を生み出している世界であり、本書のような入門書にまとめるのは困難です。本書のゴールは、画像分類処理という特定の問題に対してうまくいくことが実証されている、CNNというモデルの中身を理解することにあります。CNNにおけるそれぞれのノードには特別な役割がありますので、各層のノードの仕組みを順を追って丁寧に解説していきます。

　今後、ディープラーニングの世界におけるニューラルネットワークの構成パターン、あるいは、その利用例は相当な勢いで広がるものと予想されます。まずは、CNNの仕組みを根本から理解することで、これからのディープラーニングの発展を追いかける準備をしておきましょう。

第1章のまとめ

　本章では、「最小二乗法による平均気温の予測」を例題として、機械学習の基礎となる考え方を説明しました。また、JAX/Flax/Optaxの基本的な使い方を学ぶために、Colaboratoryによる実行環境を用意した上で、実際に機械学習モデルの学習処理を行うコードを実装しました。そして最後に、本書のメインテーマとなる「ニューラルネットワーク」の役割を解説しました。

　なお、本章で実装した機械学習モデルは、平均気温の具体的な「数値」を予測するもので、一般に回帰モデルと呼ばれるものですが、次章以降では、与えられたデータの「種類」を判別する分類モデルを学んでいきます。ただし、分類モデルの場合も、機械学習モデルを用意した上で、誤差関数を定義して、勾配降下法による学習処理を実行するという「機械学習モデルの3ステップ」は変わりありません。

Chapter 02
分類アルゴリズムの基礎

第2章のはじめに

第1章の冒頭では、本書で取り扱うCNNの全体像を示しました。図2.1は、同じ図を再掲したものです。ここに含まれるさまざまなパーツの役割を理解することで、CNN、あるいは、より一般に、ディープラーニングの仕組みを根本から理解することが本書の目標です。

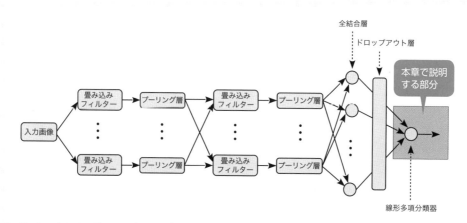

図2.1　CNNの全体像と本章で説明する部分

この際、興味深いことに、図2.1のニューラルネットワークは、右から左へと順に理解することができます。なぜなら、このニューラルネットワークは、右から左へと拡張しながら構成していけるからです。たとえば、一番右にある線形多項分類器は、世界で最もシンプルなニューラルネットワークとも言えます。本章で説明するように、これだけでも手書き文字の分類が行えます。ただし、認識の精度はそれほど高くありません。そこで、次のステップとして、その前段に全結合層を追加します。これにより、少しだけ認識精度が向上します。

このようにして、前段に新しい仕組みを追加していくことで、より認識精度の高いニューラルネットワークとして成長させることができます。この際に、それぞれのステップで追加する仕組みを順番に解説していこうというのが本書のねらいです。本章では、最初のステップとして、図2.1の一番右にある線形多項分類器の役割を解説します。

Chapter 2-1 ロジスティック回帰による二項分類器

　線形多項分類器の説明に入る前に、より簡単な例として、「1.3.1 分類問題とニューラルネットワーク」で紹介した「ウィルスの感染確率」を計算するモデルを取り上げます。これは、与えられたデータを「ウィルスに感染している/していない」の2種類に分類することがゴールで、一般に二項分類器と呼ばれるモデルになります。ただし、単純に2種類に分類するのではなく、確率を用いて計算を進めます。このような確率を用いた計算は、ディープラーニングに限らず、あらゆる機械学習モデルの基礎となるものです。これまでに何度も登場した、次の「機械学習の3ステップ」にそって、段階的に理解していきましょう。

① 与えられたデータを元にして、未知のデータを予測する数式を考える
② 数式に含まれるパラメーターの良し悪しを判断する誤差関数を用意する
③ 誤差関数を最小にするようにパラメーターの値を決定する

2.1.1 確率を用いた誤差の評価

　本節で取り組む問題を再確認するために、第1章の図を再掲しておきます。分析対象のデータは、図2.2のとおりです。あるウィルスの感染を調べる予備検査の結果がx_1とx_2の2種類の数値で示されており、それぞれの結果に対して、実際に感染していたかどうかを示す正解ラベルが与えられています。これを元にして、新たな検査結果(x_1, x_2)が与えられた際に、この患者が実際に感染しているかどうかを判定することが目標です。ただし、単純に2種類に分類するのではなく、まずは、この患者がウィルスに感染している確率$P(x_1, x_2)$を予測する数式を作ります。具体的には、図2.3のように、(x_1, x_2)平面を直線で分割して、直線上の点は確率$P = 0.5$と仮定します。そして、図2.3の下にあるように、直線から離れるにしたがって、$P = 0$、もしくは、$P = 1$に向かってなめらかに変化するものと考えます。

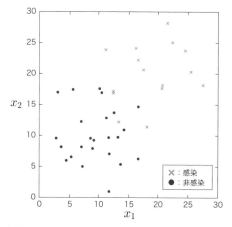

図2.2　予備検査の結果と実際の感染状況を示すデータ

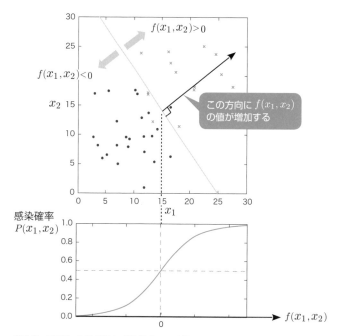

図2.3　直線による分類と感染確率への変換

　このように、確率を用いて予測することには、どのようなメリットがあるのでしょうか？　ここでは特に、パラメーターの良し悪しを評価する誤差関数が自然に定義できるという点を取り上げます。まず、「1.3.1 分類問題とニューラルネットワーク」で説明したように、(x_1, x_2) 平面を分割する直線は、次式で与えられます。

$$f(x_1, x_2) = w_1 x_1 + w_2 x_2 + b = 0 \qquad (2.1)$$

さらに、$f(x_1, x_2)$の値は、境界線から離れるにしたがって、$\pm\infty$に向かって変化するので、これをシグモイド関数に代入することで、0〜1の確率値に変換することができました。シグモイド関数$\sigma(x)$は、図2.3の下にあるように、0から1に向かってなめらかに変化する関数です。

以上により、(x_1, x_2)という検査結果に対して、ウィルスに感染している確率は次式で計算されることになります。

$$P(x_1, x_2) = \sigma(f(x_1, x_2)) = \sigma(w_1 x_1 + w_2 x_2 + b) \qquad (2.2)$$

これは、「機械学習の3ステップ」におけるステップ①にあたります。この式には、未知のパラメーターw_1, w_2, bが含まれているので、パラメーターの値の良し悪しを判定する基準を用意して（ステップ②）、最適な値を決定する（ステップ③）必要がありますが、ここで、確率の考え方をうまく利用することができます。仮に、パラメーターw_1, w_2, bの値が具体的に決まっているものとすると、これから得られる確率を用いて、最初に与えられたデータをあらためて予測し直すことができます。この際に、正しく予測できる確率がなるべく高くなるように、パラメーターをチューニングするのです。

「確率を用いて予測する」という部分がわかりにくいかも知れませんが、具体的には、次のような手続きを考えます。まず、与えられたデータは全部でN個あるものとして、n番目のデータを(x_{1n}, x_{2n})とします。また、このデータが実際に感染していたかどうか、つまり、予測の「正解」を表す値を$t_n = 0, 1$とします。感染している場合が$t_n = 1$で、感染していない場合が$t_n = 0$になります。

そして、現在のモデルによれば、n番目のデータが感染している確率は$P(x_{1n}, x_{2n})$で与えられるので、この確率に応じて、「感染している」と予測します。たとえば、ちょうど$P(x_{1n}, x_{2n}) = 0.5$であれば、コインを投げて表が出たら「感染している」と予測します。より一般には、0〜1の範囲で浮動小数点の乱数を発生して、その値が$P(x_{1n}, x_{2n})$以下であれば、「感染している」と予測します。これにより、n番目のデータに対して、確率$P(x_{1n}, x_{2n})$で「感染している」と予測することになります。――「乱数で予測するとは、なんて適当なことをするんだ」と思うかもしれませんが、まずは、そういう方法で予測したとして、この予測が「N個のデータすべてに正解する確率P」を考えてみます。この確率Pが高いほど、パラメーターの値は、与えられたデータに対して、より最適化されていると考えることができます。

それでは、全問正解する確率Pを実際に計算してみましょう。高校生の確率統計の問

題と思って、丁寧に場合分けすれば、次のように計算することができます。はじめに、ある1つのデータに対して正解する確率を考えます。これがn番目のデータだとすると、さきほどの方法では、これを「感染している」と予測する確率は$P(x_{1n}, x_{2n})$になります。したがって、$t_n = 1$、つまり、実際に感染しているデータの場合、正解する確率は、これと同じで、$P(x_{1n}, x_{2n})$になります。

一方、$t_n = 0$、つまり、実際には感染していないデータの場合、「感染していない」と正しく予測する確率はいくらでしょうか？ これは、「1-(感染していると予測する確率)」で計算できるので、正解する確率は、$1 - P(x_{1n}, x_{2n})$になります。つまり、n番目のデータを正しく予測する確率をP_nとして、次が成り立ちます。

$$P_n = \begin{cases} P(x_{1n}, x_{2n}) & t_n = 1 \text{ の時} \\ 1 - P(x_{1n}, x_{2n}) & t_n = 0 \text{ の時} \end{cases} \tag{2.3}$$

さきほどは「高校生の確率統計の問題」と言いましたが、このような場合分けを含む書き方ではこの後の計算が煩雑になるので、ここでは、大学生の知識（?）を使って、これを1つの数式にまとめます。若干強引ですが、次のように表現することができます。

$$P_n = \{P(x_{1n}, x_{2n})\}^{t_n} \{1 - P(x_{1n}, x_{2n})\}^{1-t_n} \tag{2.4}$$

任意のxに対して、$x^0 = 1$、$x^1 = x$となることを思い出して、$t_n = 1$の場合と$t_n = 0$の場合を分けて考えると、確かに（2.3）に一致することがわかります。これで、n番目のデータを正しく予測する確率P_nが計算できましたので、これより、すべてのデータに正解する確率は次で計算されます。

$$P = P_1 \times P_2 \times \cdots \times P_N = \prod_{n=1}^{N} P_n \tag{2.5}$$

ここでは、すべてのデータに正解する確率は、個々のデータに正解する確率の積になることを用いています。あるいは、（2.4）を代入して、次のように書くこともできます。

$$P = \prod_{n=1}^{N} \{P(x_{1n}, x_{2n})\}^{t_n} \{1 - P(x_{1n}, x_{2n})\}^{1-t_n} \tag{2.6}$$

さきほど説明したように、この確率Pが、パラメーターw_1, w_2, bを評価する基準になります。w_1, w_2, bの値を変えていくと、（2.2）を通して、全問正解する確率（2.6）も

変化するわけですが、この確率がなるべく高くなるようにパラメーターをチューニングします。このように、「与えられたデータを正しく予測する確率を最大化する」という方針でパラメーターを調整する手法を統計学の世界では、**最尤推定法**と呼びます [*1]。

　これで、パラメーターの良し悪しを判断する基準、すなわち、「機械学習の3ステップ」におけるステップ②が用意できました。ただし、(2.6) のような掛け算を大量に含む数式は、コンピューターの数値計算には適しません。掛け算に含まれる個々の値は、すべて0〜1の範囲の値なので、これらを大量に掛け算すると全体としてとても小さな値になるために、アンダーフローが発生して、計算精度が落ちる可能性があります。このような問題を避けるために、一般には、次式で誤差関数を定義して、これを最小化するようにパラメーターの最適化を実施します。

$$E = -\log P \tag{2.7}$$

　対数関数 $y = \log x$ は、図2.4のように単調増加する関数ですので、P を最大にすることと、(2.7) の E を最小にすることは同値になります [*2]。さらに、対数関数に対して、一般に次の公式が成り立ちます。

$$\log ab = \log a + \log b,\ \log a^n = n \log a \tag{2.8}$$

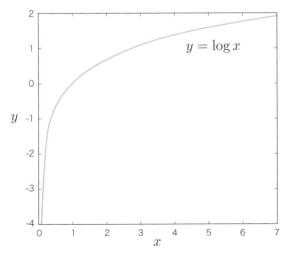

図2.4 対数関数のグラフ

---

*1　最尤推定法は、一般には、「与えられたデータが得られる確率」を最大化するものと説明されます。落ち着いて考えると、これは、ここで用いた「与えられたデータを正しく予測する確率」と同じものだとわかります。

*2　本書では、$\log x$ は自然対数を表すものとします。

（2.6）を（2.7）に代入して、（2.8）を適用すると、誤差関数Eは、次のように式変形されます。

$$E = -\log \prod_{n=1}^{N} \{P(x_{1n}, x_{2n})\}^{t_n} \{1 - P(x_{1n}, x_{2n})\}^{1-t_n}$$

$$= -\sum_{n=1}^{N} [t_n \log P(x_{1n}, x_{2n}) + (1 - t_n) \log \{1 - P(x_{1n}, x_{2n})\}] \qquad (2.9)$$

図2.4を見るとわかるように、xの値が0に近くなると、$-\log x$の値は、逆にとても大きくなります。これにより、前述のアンダーフローの問題が回避できることになります。また、（2.9）で計算される値は、統計学で言うところのバイナリー・クロスエントロピーに一致することが知られています。一般的なディープラーニングのテキストでは、理論的な説明なしに、「クロスエントロピーを最小化するように学習する」とだけ説明されることもありますが、その背後には、最尤推定法の考え方が隠されているのです。

これですべての準備が整いました。この後は、「1.2.4 JAX/Flax/Optaxによる最小二乗法の実装例」と同じ流れにより、ステップ①で用意したモデル（2.2）をFlaxのlinenモジュールを使って実装した上で、ステップ②で用意した誤差関数（2.9）を用いて勾配降下法のアルゴリズムを適用します。これにより、（2.9）を最小にするパラメーターw_1, w_2, bを見つけ出すことができます。

2.1.2 JAX/Flax/Optaxによるロジスティック回帰の実装

前項で説明した分類モデルは、一般に、ロジスティック回帰と呼ばれます[*3]。（2.2）の数式は、「1.3.1 分類問題とニューラルネットワーク」の図1.34（**単一のノードからなるニューラルネットワーク**）と同じものになっており、Flaxのlinenモジュールを使えば、単一のノードとして簡単に実装できます。ここでは、フォルダー「Chapter02」の中にある、次のノートブックを用いて、具体的な実装を説明していきます。

- 1. Logistic regression model.ipynb

---

*3 歴史的な理由から「回帰」という名称がついていますが、一般に言う「回帰モデル」ではありませんので注意してください。

はじめに、Colaboratoryの環境にJAX/Fla/Optaxのライブラリーをインストールします。

[LRM-01] ライブラリーのインストール

```
 1: %%bash
 2: curl -sLO https://raw.githubusercontent.com/enakai00/colab_jaxbook/main/↵
requirements.txt
 3: pip install -qr requirements.txt
 4: pip list | grep -E '(jax|flax|optax)'
```

続いて、コードの実行に必要なモジュールをインポートします。

[LRM-02] モジュールのインポート

```
 1: import numpy as np
 2: import matplotlib.pyplot as plt
 3: from pandas import DataFrame
 4:
 5: import jax, optax
 6: from jax import random, numpy as jnp
 7: from flax import linen as nn
 8: from flax.training import train_state
 9:
10: plt.rcParams.update({'font.size': 12})
```

ここまでは、「1.2.4 JAX/Flax/Optaxによる最小二乗法の実装例」の手順 **01**（**[LSF-01]**、および、**[LSF-02]**）と同じ内容です。

- -

02

次は、学習に使用するトレーニングデータを乱数で生成します。

[LRM-03] トレーニングデータの生成

```
 1: key, key1, key2, key3 = random.split(random.PRNGKey(0), 4)
 2:
 3: n0, mu0, variance0 = 20, [10, 11], 20
```

```
 4: data0 = random.multivariate_normal(
 5:     key1, jnp.asarray(mu0), jnp.eye(2)*variance0 ,jnp.asarray([n0]))
 6: data0 = jnp.hstack([data0, jnp.zeros([n0, 1])])
 7:
 8: n1, mu1, variance1 = 15, [18, 20], 22
 9: data1 = random.multivariate_normal(
10:     key2, jnp.asarray(mu1), jnp.eye(2)*variance1 ,jnp.asarray([n1]))
11: data1 = jnp.hstack([data1, jnp.ones([n1, 1])])
12:
13: data = random.permutation(key3, jnp.vstack([data0, data1]))
14:
15: train_x, train_t = jnp.split(data, [2], axis=1)
```

　事前に用意された特定のシード値random.PRNGKey(0)を分割して、得られたシードを用いて乱数を発生するという、これまでに説明したJAXにおける乱数の取り扱い手続きに従っています。1行目では、この後で使用するシードを3つ（key1〜key3）用意していますが、それぞれ、$t = 0$のデータの生成（3〜6行目）、$t = 1$のデータの生成（8〜11行目）、そして、これらをランダムな順序に入れ替える（13行目）という処理に使用しています。この手続きにより、毎回、同じ乱数のシードが使用されて、同一のトレーニングデータが得られます。全部で35個のデータを生成しています。

　最後に、得られたデータを入力データ(x_1, x_2)と対応する正解ラベルtの値に分割して、変数train_xと変数train_tに保存します（15行目）。実際の中身を確認すると、次のようになります。

[LRM-04] 入力データの確認

```
 1: train_x[:10]
--------------------------------------------------------------------------------
DeviceArray([[16.01956  , 24.724857 ],
             [16.187202 , 19.359642 ],
             [ 9.809063 ,  5.0806694],
             [ 3.0660596,  4.5652065],
             [ 9.432011 , 19.016624 ],
             [ 6.4253054, 16.873808 ],
             [16.608196 , 19.436    ],
             [11.022198 , 14.349034 ],
             [ 5.7192607, 18.221735 ],
             [13.060467 , 12.594545 ]], dtype=float32)
```

[LRM-05] 正解ラベルの確認

```
1: train_t[:10]
--------------------------------------------------------------------------------
DeviceArray([[1.],
             [0.],
             [0.],
             [0.],
             [0.],
             [0.],
             [0.],
             [1.],
             [0.],
             [0.]], dtype=float32)
```

　それぞれ、先頭から10個分のデータを表示しており、`train_x`は1行に1つのデータ
が保存された、計画行列の形式になっています。`train_t`も同様に、1行に1つの正解
ラベルが保存されています。「1.2.4 JAX/Flax/Optaxによる最小二乗法の実装例」の手
順 **05** （**[LSF-06]** の解説部分）の最後に説明したように、個々のデータに対するモデル
の予測値は、要素が1つだけの1次元リストとして出力されるので、対応する正解ラベル
も要素が1つだけの1次元リスト（[0]、もしくは、[1]）にしてあります。

03

　続いて、機械学習モデルを実装します。ここでは、あるデータ(x_1, x_2)がウィルスに
感染している（正解ラベルが$t = 1$である）確率$P(x_1, x_2)$を計算するモデル`Logistic`
`RegressionModel`を用意します。

[LRM-06] ウィルス感染の確率を計算するモデルの作成

```
1: class LogisticRegressionModel(nn.Module):
2:     @nn.compact
3:     def __call__(self, x, get_logits=False):
4:         x = nn.Dense(features=1)(x)
5:         if get_logits:
6:             return x
7:         x = nn.sigmoid(x)
8:         return x
```

「1.2.4 JAX/Flax/Optaxによる最小二乗法の実装例」の手順 **04** の **[LSF-05]** で説明したように、4行目の関数nn.Dense(features=1)は、入力データの1次関数を用意します。今の場合は、2つの実数値(x_1, x_2)を受け取って、1次関数$w_1x_1 + w_2x_2 + b$を計算します。この結果を7行目のシグモイド関数nn.sigmoid()に入力することで、次の確率Pが得られます。

$$P(x_1, x_2) = \sigma(w_1x_1 + w_2x_2 + b) \tag{2.10}$$

これは、前項の（2.2）で定義した確率$P(x_1, x_2)$と同じものになります。モデルの構造としては、「1.3.1 分類問題とニューラルネットワーク」の図1.34（**単一のノードからなるニューラルネットワーク**）と同じものになります。念のために、同じ図を再掲しておきます（図2.5）。この例のシグモイド関数のように、1次関数の直後に適用する関数を活性化関数と呼びます。一般に、ニューラルネットワークのノードは、「1次関数+活性化関数」という組み合わせに対応します。

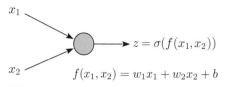

図2.5 単一のノードからなるニューラルネットワーク

　ここで、5〜6行目の処理について補足しておきます。このモデルは、入力データ(x_1, x_2)に加えて、get_logitsオプションでブール値を受け取ります。デフォルトではget_logits=Falseになっており、get_logitsオプションを指定しない場合、5〜6行目はスキップされます。一方、get_logits=Trueを指定した場合は、5〜6行目の処理によって、シグモイド関数を適用する前の1次関数の出力値を返します。一般に、シグモイド関数で確率に変換する前の1次関数の値をロジットと呼びますが、get_logitsオプションで、確率値の代わりに、ロジットの値が得られるようにしてあります。

　ロジットの値は、誤差関数を計算する際に必要になります。その理由については、この後の手順 **05** で説明します。

04

モデルが定義できたので、このモデルに与えるパラメーターの初期値を生成します。

[LRM-07] パラメーターの初期値の生成

```
1: key, key1 = random.split(key)
2: variables = LogisticRegressionModel().init(key1, train_x)
3: variables
--------------------------------------------------------------------------------
FrozenDict({
    params: {
        Dense_0: {
            kernel: DeviceArray([[-0.46314612],
                                 [-0.82383525]], dtype=float32),
            bias: DeviceArray([0.], dtype=float32),
        },
    },
})
```

　この部分は、「1.2.4 JAX/Flax/Optaxによる最小二乗法の実装例」の手順 **05** の**[LSF-06]** と同様です。なお、このコードの1行目では、random.split(key)によって、手順 **02** の **[LRM-03]** の1行目で得られたシードkeyから、次に使用するシードkey1を生成しています。これは、JAXにおける乱数の取り扱い方法に従った手順ですが、少し議論の余地があります。この実装の場合、データを生成する **[LRM-03]** の実装が変更されて、その結果、ここで使用するkeyの内容が変わったとすると、ここでパラメーターの初期値に設定される値も変わります。

　データの生成とモデルの学習は独立した処理だと考えると、このような影響はない方がよいと考える立場もあるでしょう。そのような場合、ここでは、random.split(random.PRNGKey(0))として、事前に用意された特定のシード値から新たなシードの列を開始するという方法もあります（図2.6）。ただし、本書のコードではそこまでの議論には踏み込まず、1つのノートブックの中では1つのシードの列を使用するというシンプルな実装にしています。

データの生成に使用するシードの列

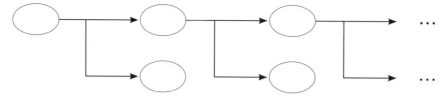

モデルの学習に使用するシードの列

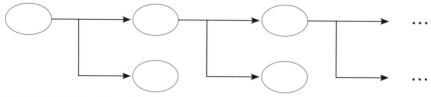

図2.6　独立した処理ごとにシードの列を分ける方法

　続けて、モデルの学習状態を管理するためのTrainStateオブジェクトを作成します。

[LRM-08] モデルの学習状態を管理する**TrainState**オブジェクトの作成

```
1: state = train_state.TrainState.create(
2:     apply_fn=LogisticRegressionModel().apply,
3:     params=variables['params'],
4:     tx=optax.adam(learning_rate=0.001))
```

　この部分は、「1.2.4 JAX/Flax/Optaxによる最小二乗法の実装例」の手順 **06** の
[LSF-07] と同様です。

05

　次は、誤差関数を定義します。

[LRM-09] 誤差関数を定義

```
1: @jax.jit
2: def loss_fn(params, state, inputs, labels):
3:     logits = state.apply_fn({'params': params}, inputs, get_logits=True)
4:     loss = optax.sigmoid_binary_cross_entropy(logits, labels).mean()
5:     acc = jnp.mean(jnp.sign(logits) == jnp.sign(labels-0.5))
6:     return loss, acc
```

基本的な構造は、「1.2.4 JAX/Flax/Optaxによる最小二乗法の実装例」の手順 **07** で説明した **[LSF-08]** と同じですが、誤差関数を計算する際にロジットの値を用いる点と、誤差関数の値に加えて、正解率（Accuracy）を計算している点が異なります。

まず、この問題における誤差関数は、「2.1.1 確率を用いた誤差の評価」の（2.9）にある、次のバイナリー・クロスエントロピーになります。

$$E = -\sum_{n=1}^{N} \left[t_n \log P(x_{1n}, x_{2n}) + (1 - t_n) \log \left\{ 1 - P(x_{1n}, x_{2n}) \right\} \right] \qquad (2.11)$$

この計算式からわかるように、それぞれのデータに対する確率値 $P(x_{1n}, x_{2n})$ と正解ラベル t_n を用いて計算することができます。Optaxは、このバイナリー・クロスエントロピーを計算するための関数optax.sigmoid_binary_cross_entropy()を提供していますが、実は、この関数は、確率値ではなく、ロジットの値を受け取るように作られています。

そこで、3行目でモデルの予測値を取得する際に、get_logits=True を指定してロジットの値を受け取り、4行目で正解ラベルlabelsとあわせて関数 optax.sigmoid_binary_cross_entropy()に入力しています。これは、個々のデータに対して、（2.11）に含まれる和Σの各項の値を含んだリスト（正確には、Device Arrayオブジェクト）を返すので、mean()メソッドで平均値を計算することで誤差関数の値としています。（2.11）と同じものを計算するのであれば、平均値ではなく、合計値を計算するべきですが、「1.2.3 JAXによる勾配降下法の実装例」の手順 **06**（**[LSJ-07]** の4行目）で、二乗誤差の代わりに平均二乗誤差を用いたのと同じ理由で、平均値を利用しています。確率値の代わりにロジットを受け渡す理由については、p.108のコラム「バイナリー・クロスエントロピーの計算方法」を参照してください。

正解率の計算は、5行目にあります。3行目で、それぞれのデータに対するロジットの値を取得していますが、これが正の値であれば、このデータは $t = 1$ に分類されます。一方、ロジットの値が負であれば、$t = 0$ に分類されます。したがって、ロジットの符号と $t - 0.5$ の符号が一致していれば、この分類は正しいと判断できます。5行目では、この判断結果の平均値をとることで、データ全体に対する正解率を求めています。判断結果の値はTrueかFalseのブール値ですが、平均値を計算する際は1と0の数値として取り扱われるので、これによって、Trueの個数の割合、すなわち、正解率が計算できます。ロジットの値と分類結果の関係については、「2.1.1 確率を用いた誤差の評価」の図2.3を見直してください。ロジットの値が正であれば、シグモイド関数で変換した確率値は0.5以上になり、$t = 1$ のデータに分類されます。同様に、ロジットの値が負であ

れば、確率値は0.5未満になり、$t = 0$のデータに分類されます[*4]。

　最後に、6行目で誤差関数の値と正解率の値を返します。この際、誤差関数の値loss を先頭にする必要があるので注意してください。次のように、誤って誤差関数の値を後ろにすると、この後で使用する関数 jax.value_and_grad() が、誤差関数の勾配ベクトルを正しく計算できなくなります。

```
6:     return acc, loss    # 誤った順序で値を返す例
```

バイナリー・クロスエントロピーの計算方法

　「2.1.1 確率を用いた誤差の評価」では、すべてのデータに正解する確率（2.6）は値が非常に小さくなるため、計算精度が落ちる可能性があると説明しました。この問題を避けるために、対数を取ったバイナリー・クロスエントロピー（2.11）を使用するわけですが、細かいことを言うと、個々のデータの確率値$P(x_{1n}, x_{2n})$そのものが非常に小さい値をとる場合、この値を計算した時点で計算精度が落ちてしまう可能性があります。そこで、（2.11）の和Σに含まれる項を次のように式変形します。

$$
\begin{aligned}
&-[t \log P + (1 - t) \log(1 - P)] \\
&= -t \log\left(\frac{1}{1 + e^{-x}}\right) - (1 - t) \log\left(1 - \frac{1}{1 + e^{-x}}\right) \\
&= -t \log\left\{\left(1 + e^{-x}\right)^{-1}\right\} - (1 - t) \log\left\{\left(1 + e^{x}\right)^{-1}\right\} \\
&= t \log(1 + e^{-x}) + (1 - t) \log(1 + e^{x})
\end{aligned}
\tag{2.12}
$$

　ここで、xは入力データ(x_1, x_2)から計算されるロジットの値（1次関数$w_1 x_1 + w_2 x_2 + b$の値）で、1行目から2行目の式変形では、シグモイド関数の定義から得られる次の関係を用いています。

$$
P = \sigma(x) = \frac{1}{1 + e^{-x}}
\tag{2.13}
$$

[*4] ロジスティック回帰では、モデルからは確率値が得られますが、最終的な分類はしきい値を設けて判断する必要があります。通常は、$P = 0.5$をしきい値としてデータの種類$t = 0, 1$を判別します。なお、ロジットの値がぴったり0の場合、5行目のjnp.sign(logits)は0になるので、$t - 0.5$の符号（± 1）と一致しなくなりますが、浮動小数点の計算値がぴったり0になることはほぼ起こり得ないので、これは問題ありません。

関数optax.sigmoid_binary_cross_entropy()では、この計算にもとづいて、ロジットの値xから（2.12）を直接に計算することで、計算精度を保つように実装しています。

それでは、（2.12）であれば、なぜ計算精度を保つことができるのでしょうか？（2.12）には、e^{-x}、および、e^xという項が含まれており、これらが非常に小さい値（0に近い値）を取ると、計算誤差が発生する可能性がありますが、これは大丈夫なのでしょうか？

まず、誤差関数の性質として重要なのは、「予測が誤っている際に、誤差関数の値が大きくなる」という点です。予測が誤っているにもかかわらず、（計算誤差によって）誤差関数の値が小さくなってしまうと、正しい予測をするようにパラメーターを修正することができなくなります。そこで、予測が誤っている際に、（2.12）の値がどうなるかを見てみましょう。正解ラベルが$t = 1$のデータの場合、予測が誤っているというのは、予測した確率値Pが小さいということで、これは、ロジットの値xで言えば、xが小さな値（絶対値が大きな負の値）になるということです。この場合、（2.12）の第1項はかならず大きな値になります。第2項は、$1 - t = 0$で値を持たないので計算には関係ありません。一方、$t = 0$のデータの場合、予測が誤っていればxは大きな値になり、第2項はかならず大きな値になります。この場合、第1項は計算には関係ありません。

このようにして、ロジットからバイナリー・クロスエントロピーを計算することで、誤差関数としての重要な性質を保った計算ができるというわけです。上記は、Optaxが提供する関数optax.sigmoid_binary_cross_entropy()での実装になりますが、このような計算式の実装は、機械学習ライブラリーによって、それぞれに異なる工夫がなされています。

06

これで誤差関数が定義できたので、勾配降下法によるパラメーターの修正が実行できます。まずは、パラメーターの修正を1回だけ実施する関数train_step()を定義します。

[LRM-10] パラメーターの修正を1回だけ行う関数を定義

```
1: @jax.jit
2: def train_step(state, inputs, labels):
3:     (loss, acc), grads = jax.value_and_grad(loss_fn, has_aux=True)(
4:         state.params, state, inputs, labels)
```

```
5:    new_state = state.apply_gradients(grads=grads)
6:    return new_state, loss, acc
```

この関数の構造は、「1.2.4 JAX/Flax/Optaxによる最小二乗法の実装例」の手順 **08** で説明した **[LSF-09]** とほぼ同じです。さきほど定義した誤差関数loss_fn()が、誤差関数の値に加えて正解率の値も返すので、これを処理する部分が少し異なります。

3行目の関数jax.value_and_grad()では、誤差関数の値と勾配ベクトルの値を取得していますが、ここでは、has_aux=Trueというオプションを指定しています。これは、対象となる誤差関数が、誤差関数の値に加えて、そのほかの情報を返す場合に必要になります。誤差関数が返す複数の情報は、3行目の先頭部分にあるように、タプルで受け取ります。

その後は、5行目で勾配降下法のアルゴリズムを適用して、パラメーターの値を修正します。修正後のパラメーター値を含む新しいTrainStateオブジェクトを受け取り、最後の6行目で、そのほかの情報とあわせて返します。

07

この後は、関数train_step()を繰り返し実行して、学習処理を進めます。

[LRM-11] 学習処理

```
%%time
 1: loss_history, acc_history = [], []
 2: for step in range(1, 10001):
 3:     state, loss, acc = train_step(state, train_x, train_t)
 4:     loss_history.append(jax.device_get(loss).tolist())
 5:     acc_history.append(jax.device_get(acc).tolist())
 6:     if step % 1000 == 0:
 7:         print ('Step: {}, Loss: {:.4f}, Accuracy {:.4f}'.format(
 8:             step, loss, acc), flush=True)
--------------------------------------------------------------------------
Step: 1000, Loss: 0.8459, Accuracy 0.4000
Step: 2000, Loss: 0.6615, Accuracy 0.5714
Step: 3000, Loss: 0.5728, Accuracy 0.8286
Step: 4000, Loss: 0.4996, Accuracy 0.8857
Step: 5000, Loss: 0.4410, Accuracy 0.8857
Step: 6000, Loss: 0.3953, Accuracy 0.8857
Step: 7000, Loss: 0.3603, Accuracy 0.8857
```

```
Step: 8000, Loss: 0.3336, Accuracy 0.8857
Step: 9000, Loss: 0.3134, Accuracy 0.8857
Step: 10000, Loss: 0.2982, Accuracy 0.8857
CPU times: user 1.62 s, sys: 22.4 ms, total: 1.64 s
Wall time: 1.67 s
```

この部分は、「1.2.4 JAX/Flax/Optaxによる最小二乗法の実装例」の手順 **09** で説明した **[LSF-10]** とほぼ同じです。ここでは、関数 `train_step()` によるパラメーターの修正を10,000回繰り返しており、1,000回ごとに、その時点の誤差関数の値と正解率の値を表示しています。また、これらの変化をリスト `loss_history`、および、`acc_history` に保存しています。

次のコードでは、これらのリストに保存した値をグラフに表示しています。

[LRM-12] グラフを描画

```
1: df = DataFrame({'Accuracy': acc_history})
2: df.index.name = 'Steps'
3: _ = df.plot(figsize=(6, 4))
4:
5: df = DataFrame({'Loss': loss_history})
6: df.index.name = 'Steps'
7: _ = df.plot(figsize=(6, 4))
```

これを実行すると、図2.7のグラフが表示されます。左は正解率の変化で、最終的に90％に近い正解率を達成しています。右は誤差関数の変化で、学習の初期に急激に減少する、典型的な変化を示しています。

ちなみに、正解率の変化がなめらかでない点が気になるかも知れませんが、これは、よく考えると当然のことです。今回の場合、トレーニングデータは全部で35個しかありませんので、正解率の値は、$1/35, 2/35, 3/35, \cdots$ という飛び飛びの値しかとれません。これはまた、勾配降下法を適用する誤差関数として、正解率の値は利用できないことを意味します。勾配降下法では、誤差関数を微分して得られる勾配ベクトルを用いてパラメーターの修正を行います。正解率のように離散的な値をとる関数は、偏微分が計算できないので、勾配降下法は適用できません。一方、バイナリー・クロスエントロピーのように、確率を用いて定義した誤差関数は、パラメーターに対する連続関数になるので、うまく勾配降下法を適用することができるのです。

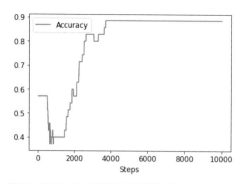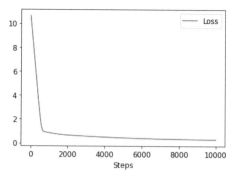

図2.7 学習に伴う正解率と誤差関数の値の変化

08

　これで学習処理が終わったので、得られた結果を図示しておきます。はじめに、学習済みのパラメーターの値を確認します。

［LRM-13］パラメーターの値の確認

```
1: state.params
```

```
FrozenDict({
    Dense_0: {
        bias: DeviceArray([-6.0000896], dtype=float32),
        kernel: DeviceArray([[0.23625354],
                    [0.15926503]], dtype=float32),
    },
})
```

　それぞれのパラメーターの値は、[-6.0000896]のように、要素が1つだけのリスト形式になっているので、これらの値を個別に取り出す場合は、つぎのようにリストで受け取るとよいでしょう。

```
1: [w1], [w2] = state.params['Dense_0']['kernel']
2: [b] = state.params['Dense_0']['bias']
```

　これにより、パラメーターの値が通常のスカラー値として、変数w1、w2、および、bに保存されます。この値を用いれば、1次関数$f(x_1, x_2) = w_1 x_1 + w_2 x_2 + b$が計算でき

るので、$f(x_1, x_2) = 0$で決まる境界線を描くことができます。次のコードでは、●と×の2種類のトレーニングデータに境界線を重ねて描きます。

[LRM-14] 境界線を描画

```
 1: [w1], [w2] = state.params['Dense_0']['kernel']
 2: [b] = state.params['Dense_0']['bias']
...（中略）...
24: locations = [[x1, x2] for x2 in np.linspace(0, 30, 100)
25:                        for x1 in np.linspace(0, 30, 100)]
26: p_vals = state.apply_fn(
27:     {'params': state.params}, np.array(locations)).reshape([100, 100])
28: _ = subplot.imshow(p_vals, origin='lower', extent=(0, 30, 0, 30),
29:                     vmin=0, vmax=1, cmap=plt.cm.gray_r, alpha=0.4)
```

この実行結果は、図2.8のようになります。適切な境界線が得られていることがわかります。また、図の背景には、各点の確率値$P(x_1, x_2)$を色の濃淡で示しています。シグモイド関数に従って、確率値がなめらかに変化する様子が読み取れるでしょう。

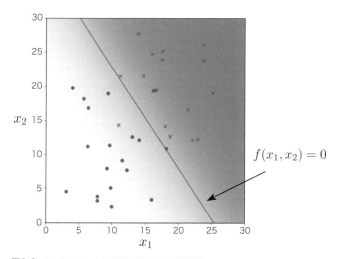

図2.8 ロジスティック回帰で得られた境界線

　なお、上記のコードでは、24〜25行目で、平面上の100×100個の点を表す座標をリストにまとめておき、26〜27行目でこれらに対する確率値をまとめて取得しています。手順 **05** における誤差関数の計算を思い出すと、**[LRM-09]** の3行目では、get_logits=Trueを指定してロジットの値を取得していましたが、ここでは、get_ logitsオプションを指定していないので、デフォルトの動作により、確率値が得られます。機械学習モデルの定義にこのようなオプションを簡単に組み込めるのも、JAX/Flaxの便利な点のひとつです。

2.1.3 テストセットを用いた検証

さきほどのサンプルコードでは、パラメーターの最適化にともなう正解率の変化を確認しました。この例では、最終的に90％に近い正解率を達成しました。しかしながら、実は、機械学習において、トレーニングデータに対する正解率を計算することにはあまり意味がありません。むしろ、学習の結果に対して、誤った理解を与える危険性があります。

なぜなら、機械学習において重要なのは、与えられたデータを正確に予測することではなく、これから先に得られるであろう未知のデータ（すなわち、未来のデータ）に対する予測の精度を向上することだからです。特に、多数のパラメーターを含む複雑なモデルでは、トレーニングデータだけが持つ特徴に対して過度な最適化が行われることがあります。この場合、トレーニングデータに対する正解率は高いにもかかわらず、未知のデータに対する予測精度はあまりよくない結果になります。このような現象を過学習、もしくは、オーバーフィッティングと呼びます。

オーバーフィッティングを避ける方法として、学習のために与えられたすべてのデータを用いるのではなく、一部のデータをテスト用に取り分けておくという方法があります。たとえば、80％のデータで学習処理を進めながら、残りの20％のデータに対する正解率の変化を観察します。学習に使用しないデータに対する正解率は、未知のデータに対する正解率に相当するものと期待するわけです。厳密には、現在手元にあるデータとこれから得られる未来のデータが同じ性質を持っているという保証はありませんが、トレーニングデータそのものの正解率を見るよりは、よい方法だと考えられます。このような手法を用いる場合、学習用のデータを「トレーニングセット」、テスト用のデータを「テストセット」と呼びます。

一般に、学習処理を進めていくと、最初は、トレーニングセットとテストセットの両方に対する正解率が向上していきますが、やがて、トレーニングセットの正解率だけが向上して、テストセットの正解率は向上しなくなります。これは、オーバーフィッティングの発生を示す兆候になります。場合によっては、さらに学習を進めていくと、テストセットに対する正解率が下がりだすこともあります。これはまさに、トレーニングセットのデータだけに特化した最適化が行われて、未知のデータに対する精度はむしろ

悪くなるという状況を表します。

　したがって、勾配降下法によるパラメーターの修正を繰り返す場合は、テストセットに対する正解率を観察しながら、これが向上しなくなった（もしくは、実用上、十分な正解率が得られた）タイミングで処理を打ち切ります。機械学習で得られたモデルの性能は、トレーニングに使用しなかったデータ、すなわち、テストセットで判定することを覚えておいてください。

2-2 ソフトマックス関数と多項分類器

前節では、ロジスティック回帰を用いて(x_1, x_2)平面上のデータを2種類に分類するモデルを作成しました。これは、一般に、二項分類器と呼ばれるモデルになります。一方、本書のゴールである手書き文字の分類においては、与えられたデータをさらに多数の種類に分類する必要があります。具体的には、図2.9に示した「0」〜「9」の手書き数字画像の分類を目指します。この場合、与えられたデータを10種類に分類する必要があります。

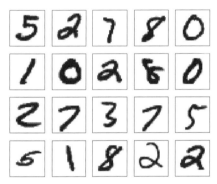

図2.9 手書き数字の画像データ

ここでは、与えられたデータを3種類以上に分類する多項分類器と、分類結果を確率で表現するソフトマックス関数について説明します。

2.2.1 線形多項分類器の仕組み

はじめに、最もシンプルな多項分類器の例として、(x_1, x_2)平面を3つの領域に直線で分割する方法を説明します。その準備として、「2.1.1 確率を用いた誤差の評価」の（2.1）で定義した1次関数$y = f(x_1, x_2)$の図形的な性質を思い出しておきます。これは、$f(x_1, x_2) = 0$で定義される直線が平面の分割線を表すと同時に、分割線から遠ざかるにつれて、$\pm\infty$に値が変化していきます。z軸を加えて、$z = f(x_1, x_2)$のグラフを3次元空間に描くと、図2.10のようになります。平らな板を3次元空間に斜めに配置した状

態です。この板が$z = 0$で決まる平面の上下どちらにあるかで、(x_1, x_2)平面が2つの領域に分割される様子がわかります。

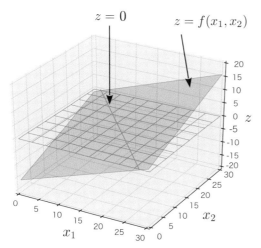

図2.10 1次関数$f(x_1, x_2)$を3次元のグラフに表した様子

この様子を念頭に置きながら、次の3つの1次関数を用意します。

$$f_1(x_1, x_2) = w_{11}x_1 + w_{21}x_2 + b_1 \tag{2.14}$$

$$f_2(x_1, x_2) = w_{12}x_1 + w_{22}x_2 + b_2 \tag{2.15}$$

$$f_3(x_1, x_2) = w_{13}x_1 + w_{23}x_2 + b_3 \tag{2.16}$$

これら3つの1次関数のグラフを3次元空間に描くと、どのようになるか想像できるでしょうか？ 結論から言うと、図2.11（左）のようになります。異なる方向に傾いた3枚の板を3次元空間に配置すると、2枚の板が交わる線が3本できますが、これらは必ずある1点で交わります。この状況を利用すると、「3枚の板のどれが一番上になっているか」で平面を3つの領域に分割することができます。図2.11（右）にある①〜③の領域は、それぞれ$f_1(x_1, x_2), f_2(x_1, x_2), f_3(x_1, x_2)$が一番上の場所に対応します。あえて数学的に表現するなら、次のように領域を定義することもできます。

$$
\begin{aligned}
① &= \{(x_1, x_2) \mid f_1(x_1, x_2) > f_2(x_1, x_2),\ f_1(x_1, x_2) > f_3(x_1, x_2))\} \\
② &= \{(x_1, x_2) \mid f_2(x_1, x_2) > f_1(x_1, x_2),\ f_2(x_1, x_2) > f_3(x_1, x_2))\} \\
③ &= \{(x_1, x_2) \mid f_3(x_1, x_2) > f_1(x_1, x_2),\ f_3(x_1, x_2) > f_2(x_1, x_2))\}
\end{aligned}
\tag{2.17}
$$

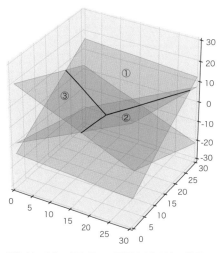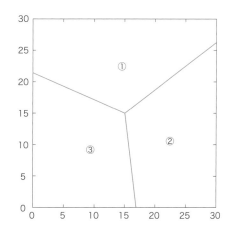

図2.11 3枚の板を用いて平面を3分割する様子

　　ただし、厳密に言うと、図2.12のように3枚の板が1つの直線で交わる場合や、2枚の板が互いに並行になる場合は、(x_1, x_2)は3つの領域には分かれません。この場合、ある特定の1枚の板は他の板の上に来ることはないので、(x_1, x_2)平面は2つの領域に分割されます。あるいは、3枚の板がすべて並行であれば、領域は1つだけになります。

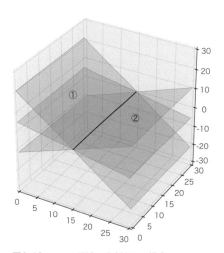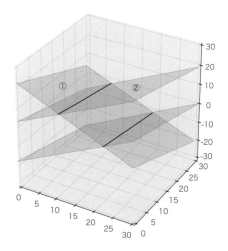

図2.12 2つの領域に分割される場合

　　以上の考察をまとめると、(2.14) ～ (2.16) の3つの1次関数には、9つのパラメーター$(w_{11}, w_{21}, w_{12}, w_{22}, w_{13}, w_{23}, b_1, b_2, b_3)$があり、これらの値を調整することで、$(x_1, x_2)$平面を最大で3つの領域に分割することができます。また、各領域の境界線は、2つの平面が交わってできる直線になります。このようにして、1次関数を用いて直線的

に領域を分割する仕組みを線形多項分類器と言います。線形多項分類器の場合、「1.3.1 分類問題とニューラルネットワーク」の図1.33にあるような複雑な境界線は実現できませんが、この点については、第3章でニューラルネットワークを用いて改善します。ここではまず、このような直線的な分割で、どこまで正確な分類ができるかを試してみましょう。

2.2.2 ソフトマックス関数による確率への変換

「2.1.1 確率を用いた誤差の評価」の図2.3では、1次関数 $f(x_1, x_2)$ で (x_1, x_2) 平面を直線で分割した後に、$f(x_1, x_2)$ の値をシグモイド関数で確率に変換しました。つまり、$f(x_1, x_2)$ の値に応じて、「感染している確率 $P(x_1, x_2)$」を割り当てます。

一方、ここでは、（2.14）〜（2.16）の3つの1次関数で (x_1, x_2) 平面を3つの領域に分割しましたので、これを同様に「確率」に変換することを考えます。今の場合は、次の3つの確率を割り当てることが目標になります。

- $P_1(x_1, x_2)$：(x_1, x_2) が領域①に属する確率
- $P_2(x_1, x_2)$：(x_1, x_2) が領域②に属する確率
- $P_3(x_1, x_2)$：(x_1, x_2) が領域③に属する確率

たとえば、手書き数字を分類する問題であれば、ある画像データについて、「数字の0である確率」「数字の1である確率」…… が個別に計算される状況と考えてください。この時、自然に考えて、これらの確率は次の条件を満たす必要があります。

$$0 \leq P_i(x_1, x_2) \leq 1 \quad (i = 1, 2, 3) \tag{2.18}$$

$$P_1(x_1, x_2) + P_2(x_1, x_2) + P_3(x_1, x_2) = 1 \tag{2.19}$$

$$f_i(x_1, x_2) > f_j(x_1, x_2) \ \Rightarrow \ P_i(x_1, x_2) > P_j(x_1, x_2) \quad (i, j = 1, 2, 3) \tag{2.20}$$

これらの条件を満たす確率は、次のソフトマックス関数で実現することができます。

$$P_i(x_1, x_2) = \frac{e^{f_i(x_1, x_2)}}{e^{f_1(x_1, x_2)} + e^{f_2(x_1, x_2)} + e^{f_3(x_1, x_2)}} \quad (i = 1, 2, 3) \tag{2.21}$$

少し複雑に見えますが、落ち着いて考えると、（2.18）〜（2.20）の条件を確かに満

たすことがわかります。図2.13は、1次元の例を示したもので、x軸上の3つの1次関数 $f_i(x)\,(i=1,2,3)$ の値をソフトマックス関数で確率 $P_i(x)$ に変換した様子を示します。$f_i(x)$ の大小関係が、うまく確率の大小関係に反映されていることがわかります。

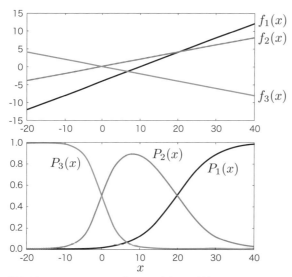

図2.13 ソフトマックス関数による確率への変換

　ちなみに、（2.17）のように、どの $f_i(x)$ が最大になるかで、点 (x_1, x_2) が属する領域を断定的に決定することを**ハードマックス**と呼ぶことがあります。それに対して、（2.21）は、それぞれの $f_i(x)$ の大きさに応じて、それぞれの領域に属する確率を決定することから**ソフトマックス**と呼ばれます。つまり、境界線を境にして、突然（ハードに）領域が変化するのではなく、ロジスティック回帰で得られた図2.8のように、なめらかに（ソフトに）確率が変化していくという考え方です。

　以上の議論は、3次元以上の空間をより多数の領域に分割する場合にも適用できます。あえて一般的な書き方をすると、次のようになります。座標 $(x_1, \cdots, x_M)$ を持つ M 次元空間を K 個の領域に分類する場合、まず、全部で K 個の1次関数を用意します。

$$f_k(x_1, \cdots, x_M) = w_{1k}x_1 + \cdots + w_{Mk}x_M + b_k \quad (k = 1, \cdots, K) \qquad (2.22)$$

　そして、点 $(x_1, \cdots, x_M)$ が k 番目の領域である確率は、ソフトマックス関数を用いて次のように表されます。

$$P_k(x_1, \cdots, x_M) = \frac{e^{f_k(x_1, \cdots, x_M)}}{\displaystyle\sum_{i=1}^{K} e^{f_i(x_1, \cdots, x_M)}} \qquad (2.23)$$

　なお、2次元平面を3つに分類する場合、先の図2.11のように、分割線は1点で交わりましたが、一般の場合には、このようになるとは限りません。たとえば、2次元平面を4つに分類する場合、図2.14のような例が考えられます。これは、3次元空間に配置した4枚の板の上下関係によって決まるものですので、どのように配置されているのかを「心の目」で見て、このように分割される理由を理解してみてください。

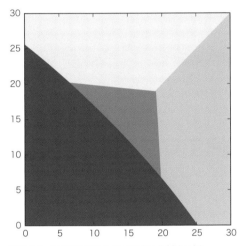

図2.14 2次元平面を4つの領域に分割する例}

前節では、線形多項分類器を用いて、与えられたデータを複数の領域に分割する、もしくは、ある領域に属する確率を求める方法を解説しました。確率を計算する具体的な数式は（2.22）と（2.23）で表されますが、これは、「機械学習の3ステップ」におけるステップ①にあたります。この後は、（2.22）に含まれるパラメーター$(w_{1k}, \cdots, w_{Mk}, b_k)$の良し悪しを評価する誤差関数を用意して（ステップ②）、最適なパラメーターの値を決定する（ステップ③）という手続きが必要です。この際、ステップ②以降については、「2-1 ロジスティック回帰による二項分類器」で説明した最尤推定法が適用できます。ここでは、具体例として、手書き文字の分類問題にこの手法を適用していきます。

2.3.1 MNISTデータセットの利用方法

はじめに、学習に使用するデータセットを説明します。ここでは、MNISTと呼ばれる有名なデータセットを使用します。先に示した図2.9の手書き数字は、このデータセットから取り出したサンプルですが、全体として、トレーニング用の60,000個のデータとテスト用の10,000個のデータが含まれています。

それぞれの手書き数字は、28×28ピクセルのグレースケールの画像データです。ここでは、Kerasのdatasetsモジュールを利用して、MNISTのデータセットをダウンロードした上で、データセットの内容を簡単に確認していきます[*5]。フォルダー「Chapter 02」の中にある、次のノートブックを用いて説明します。

- 2. MNIST dataset sample.ipynb

[*5] Kerasのモジュールは、MNISTのデータセットをダウンロードするためだけに使用します。それ以外の場所で、Kerasの機能を使うことはありません。

はじめに、コードの実行に必要なモジュールをインポートします。

[MDS-01] モジュールのインポート

```
1: import numpy as np
2: import matplotlib.pyplot as plt
3: from tensorflow.keras.datasets import mnist
4:
5: plt.rcParams.update({'font.size': 12})
```

3行目でインポートしているモジュールが、MNISTのデータセットを取得するためのモジュールです。このモジュールを用いて、MNISTのデータセットをダウンロードして、NumPyのarrayオブジェクトに格納します。

[MDS-02] MNISTデータのダウンロード

```
1: (train_images, train_labels), (test_images, test_labels) = ↵
mnist.load_data()
2: train_images = train_images.reshape([-1, 784]).astype('float32') / 255
3: test_images = test_images.reshape([-1, 784]).astype('float32') / 255
4: train_labels = np.eye(10)[train_labels]
5: test_labels = np.eye(10)[test_labels]
```

2〜5行目では、ダウンロードしたデータをこの後の学習処理に適した形に変換しています。2行目と3行目は、2次元のリスト形式の画像データを（各ピクセルの濃度の値を一列に並べた）1次元のフラットなリスト形式に変換して、0〜255の整数値で表された各ピクセルの濃度を0〜1の浮動小数点の値に変換します。4行目と5行目は、正解ラベルの形式をワンホット・エンコーディングに変換します。ワンホット・エンコーディングについては、この後すぐに説明します。

02

トレーニングセットとテストセットのデータは、それぞれ、変数train_imagesと変数test_imagesに計画行列の形で保存されています。具体的には、2次元リスト形式のarrayオブジェクトで、1行が1つの画像データに対応します。例として、トレーニングセットの最初の画像データを表示してみます。

```
1: train_images[0]
-------------------------------------------------------------------------------
array([0.        , 0.        , 0.        , 0.        , 0.        ,
       0.        , 0.        , 0.        , 0.        , 0.        ,
... (中略) ...
       0.        , 0.        , 0.        , 0.        , 0.        ,
       0.        , 0.        , 0.        , 0.        , 0.        ,
       0.        , 0.        , 0.01176471, 0.07058824, 0.07058824,
       0.07058824, 0.49411765, 0.53333336, 0.6862745 , 0.10196079,
       0.6509804 , 1.        , 0.96862745, 0.49803922, 0.        ,
       0.        , 0.        , 0.        , 0.        , 0.        ,
       0.        , 0.        , 0.        , 0.        , 0.        ,
... (中略) ...
       0.        , 0.        , 0.        , 0.        , 0.        ,
       0.        , 0.        , 0.        , 0.        ], dtype=float32)
```

　出力結果は、全部で784個の数字が並んだarrayオブジェクトになっています。すべ
ての数値を一列に並べた、1次元リストの形式である点に注意してください。対応する
正解ラベルのデータは、変数train_labelsと変数test_labelsに保存されてい
ます。さきほどの画像データに対する正解ラベルを表示すると、次のようになります。

[MDS-04] 正解ラベルを表示

```
1: train_labels[0]
-------------------------------------------------------------------------------
array([0., 0., 0., 0., 0., 1., 0., 0., 0., 0.])
```

　この例では、(先頭の要素を0番目として) 前から5番目の要素が1になっており、これ
は、この画像が「5」の数字であることを示します。機械学習に使用するデータセットで
は、一般に、データをいくつかのグループに分類する際に、「k番目の要素のみが1に
なっているリスト」でk番目のグループであることを示します。このような表現方法を
ワンホット・エンコーディングと言います[*6]。

---

*6　手順 01 の [MDS-02] の1行目でダウンロードしたオリジナルデータでは、「0」「1」「2」のように、画像の
　　数字に対応する値で正解ラベルが示されています。

03

最後に、ダウンロードしたデータを実際の画像イメージとして表示してみます。

[MDS-05] 実際の画像イメージを表示

```
1: fig = plt.figure(figsize=(8, 4))
2: for c, (image, label) in enumerate(zip(train_images[:10], ↵
train_labels[:10])):
3:     subplot = fig.add_subplot(2, 5, c+1)
4:     subplot.set_xticks([])
5:     subplot.set_yticks([])
6:     subplot.set_title(np.argmax(label))
7:     subplot.imshow(image.reshape([28, 28]),
8:                    vmin=0, vmax=1, cmap=plt.cm.gray_r)
```

実行結果は、図2.15のようになります。上記のコードでは、先頭の10個分のデータを表示しています。画像の上の数字は、正解ラベルから取得した値を用いて、正解となる数字を示しています。かなり崩した書き方の文字が含まれていることがわかります。これらをラベル通りの数字と判定することが目標となるわけです。

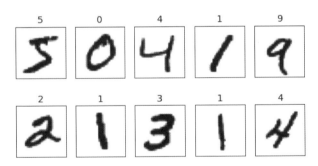

図2.15 MNISTデータセットのサンプル

なお、上記のコードの6行目にある関数np.argmax()は、リストの中から最大値をとる要素のインデックスを返します。ここでは、この関数をワンホット・エンコーディングの正解ラベルに適用することで、正解となる数字の値を取得しています。

2.3.2 画像データの分類アルゴリズム

　それでは、さきほど確認した画像データに対して、線形多項分類器による分類手法を適用していきましょう。「2-2 ソフトマックス関数と多項分類器」では、主に2次元の平面上のデータ(x_1, x_2)を3つの領域に分類する例を説明しました。これが、画像データの分類とどのように関係するか想像できるでしょうか？ ——そのヒントは、さきほど手順 **02** の【MDS-03】で確認したデータ構造にあります。この画像データは、もともとは28×28ピクセルの画像ですが、各ピクセルの濃度の数値を一列に並べてしまえば、28×28＝784個の数値の集まりに過ぎません。数学的に言えば、784次元ベクトル、すなわち、784次元空間の1つの点$(x_1, x_2, \cdots, x_{784})$に対応します。つまり、MNISTの画像データを集めたものは、784次元空間上に配置された多数の点の集合になります。

　この時、同じ数字に対応する画像は、784次元空間上で互いに近い場所に集まっていると期待できないでしょうか？ 仮にこの想像が正しければ、784次元空間を10個の領域に分割することで、それぞれの領域に対応する数字が決まります。新しい画像データが与えられた場合、このデータが784次元空間上のどの領域に属するかによって、どの数字の画像かを予測することができます。784次元空間を絵に示すことはできませんが、イメージとしては、図2.16のような状況になります。

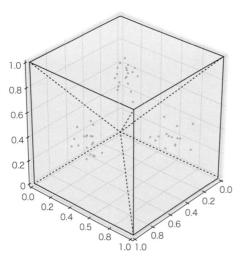

図2.16　784次元空間の画像データを領域に分けるイメージ

　「同じ数字のデータが近くに集まる」という仮説がどこまで正しいかは、実際に試してみないとわかりませんので、まずはこの前提で、画像データの線形多項分類器による分

類モデルを構築します。線形多項分類器の基礎となるのは、前節で説明した（2.22）と（2.23）の関係式です。今の場合、784次元空間を10個の領域に分割するので、$M = 784$, $K = 10$の場合にあたります。

$$f_k(x_1, \cdots, x_{784}) = w_{1k}x_1 + \cdots + w_{784k}x_{784} + b_k \quad (k = 1, \cdots, 10) \quad (2.24)$$

$$P_k(x_1, \cdots, x_{784}) = \frac{e^{f_k(x_1, \cdots, x_{784})}}{\displaystyle\sum_{i=1}^{10} e^{f_i(x_1, \cdots, x_{784})}} \quad (k = 1, \cdots, 10) \quad (2.25)$$

この後で見るように、Flaxのlinenモジュールを用いれば、これらの関係式はニューラルネットワークのノードとして簡単に定義することができます。次に、モデルに含まれるパラメーターを勾配降下法で最適化するには、誤差関数を定義する必要があります。ここでは、最尤推定法の考え方に従います。具体的には、「トレーニングセットのデータに対して、（2.25）で計算される確率を用いてランダムに予測を行ったとして、全問正解する確率を最大化する」という手法です。

たとえば、n番目のデータ $\mathbf{x}_n = (x_1, \cdots, x_{784})$に対しては、確率$P_k(\mathbf{x}_n)$で「これは数字の$k - 1$である」と予測します[*7]。実際のやり方としては、図2.17のような方法があるでしょう。まず、実数値の区間$[0,1]$を$P_1(\mathbf{x}_n) \sim P_{10}(\mathbf{x}_n)$の幅で区切ります。その後、0〜1の範囲の浮動小数点の乱数値を発生して、対応する部分の数字だと予測します。この場合、正解が$k - 1$だとして、正解を予測する確率は$P_k(\mathbf{x}_n)$に一致します。

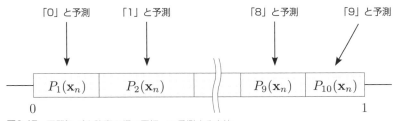

図2.17　区間$[0,1]$を確率の幅で区切って予測する方法

一方、実際の正解はワンホット・エンコーディングの正解ラベルで与えられます。そこで、n番目のデータに対する正解ラベルを次のように表します。

$$\mathbf{t}_n = (t_{1n}, \cdots, t_{10n}) \quad (2.26)$$

[*7]　$P_k(\mathbf{x}_n)$の添字は$k = 1, 2, \cdots$としていますが、対応する数字は「0」「1」 $\cdots$ となり、添字の値と対応する数字が1つずれているので注意してください。

たとえば、「0」が正解であれば、t_{1n}のみが1で、他の要素はすべて0になります。あるいは、「1」が正解であれば、t_{2n}のみが1で、他の要素はすべて0になります。この時、予測が正解する確率は、次のように表わすことができます。

$$P_n = P_1(\mathbf{x}_n)^{t_{1n}} \cdots P_{10}(\mathbf{x}_n)^{t_{10,n}} = \prod_{k=1}^{10} P_k(\mathbf{x}_n)^{t_{kn}} \tag{2.27}$$

すこし回りくどい表現ですが、これは、「2.1.1 確率を用いた誤差の評価」の（2.4）と同じ発想です。すべてのkについて$P_k(\mathbf{x}_n)^{t_{kn}}$を掛けあわせると、$t_{kn} = 1$となる部分、すなわち、実際の正解に対応する$P_k(\mathbf{x}_n)$だけが残ります。これで、特定のデータ$\mathbf{x}_n$に正解する確率$P_n$が計算できましたので、すべてのデータについて掛けあわせることで、全問正解の確率が得られます。ここでは、データ数をNとしています。

$$P = \prod_{n=1}^{N} P_n = \prod_{n=1}^{N} \prod_{k=1}^{10} P_k(\mathbf{x}_n)^{t_{kn}} \tag{2.28}$$

これを最大化するようにパラメーターをチューニングするのが最尤推定法の考え方でした。「2.1.1 確率を用いた誤差の評価」で説明したように、実際に数値計算を実行する際は、次の誤差関数を最小化するようにパラメーターをチューニングします。

$$E = -\log P \tag{2.29}$$

（2.28）を代入して整理すると、対数関数の公式を用いて、次の結果が得られます。

$$E = -\log \prod_{n=1}^{N} \prod_{k=1}^{10} P_k(\mathbf{x}_n)^{t_{kn}} = -\sum_{n=1}^{N} \sum_{k=1}^{10} t_{kn} \log P_k(\mathbf{x}_n) \tag{2.30}$$

これで誤差関数が決まりましたので、実際の学習処理を実施することができます。ロジスティック回帰の誤差関数（2.9）には、バイナリー・クロスエントロピーという名前がついていましたが、こちらは、カテゴリカル・クロスエントロピーと呼ばれます。バイナリー・クロスエントロピーと同様に、Optaxが提供する関数を用いて計算することができます。

2.3.3 JAX/Flax/Optaxによる線形多項分類器の実装

　それでは、これまでに準備した内容をJAX/Flax/Optaxで実装して、実際に手書き文字の分類を行ってみましょう。フォルダー「Chapter02」の中にある、次のノートブックを用いて説明します。

- 3. MNIST softmax estimation.ipynb

　ここでは、新しいテクニックとして、トレーニングデータを複数に分割して使用する、ミニバッチを用いたパラメーター修正が登場します。

- -

01

　はじめに、Colaboratoryの環境にJAX/Flax/Optaxのライブラリーをインストールします。

[MSE-01] ライブラリーのインストール

```
1: %%bash
2: curl -sLO https://raw.githubusercontent.com/enakai00/colab_jaxbook/main/↵
requirements.txt
3: pip install -qr requirements.txt
4: pip list | grep -E '(jax|flax|optax)'
```

　続いて、コードの実行に必要なモジュールをインポートします。

[MSE-02] モジュールのインポート

```
1: import numpy as np
2: import matplotlib.pyplot as plt
3: from pandas import DataFrame
4: from tensorflow.keras.datasets import mnist
5:
6: import jax, optax
7: from jax import random, numpy as jnp
8: from flax import linen as nn
9: from flax.training import train_state
```

```
10:
11: plt.rcParams.update({'font.size': 12})
```

MNISTのデータセットをダウンロードするために、Kerasのdatasetsモジュールをインポートしている以外は、これまでと同じ内容です。さらに、MNISTのデータセットをダウンロードして、NumPyのarrayオブジェクトに格納します。

[MSE-03] MNISTのデータセットをダウンロード

```
 1: (train_images, train_labels), (test_images, test_labels) = ↵
mnist.load_data()
 2: train_images = train_images.reshape([-1, 784]).astype('float32') / 255
 3: test_images = test_images.reshape([-1, 784]).astype('float32') / 255
 4: train_labels = np.eye(10)[train_labels]
 5: test_labels = np.eye(10)[test_labels]
```

この部分は、「2.3.1 MNISTデータセットの利用方法」の手順 **01** の **[MDS-02]** と同じ内容です。

- -

02

ここで、データセットを一定サイズのバッチに分割する関数create_batches()を用意します。

[MSE-04] データセットを分割する関数を用意

```
 1: def create_batches(data, batch_size):
 2:     num_batches, mod = divmod(len(data), batch_size)
 3:     data_batched = np.split(data[:num_batches * batch_size], num_batches)
 4:     if mod: # Last batch is smaller than batch_size
 5:         data_batched.append(data[num_batches * batch_size:])
 6:     data_batched = [jnp.asarray(x) for x in data_batched]
 7:     return data_batched
```

関数create_batches()は、第1引数で与えたデータセットを第2引数で指定したサイズごとに分割します。使用例は、次のようになります。

```
1: data = np.array([1, 2, 3, 4, 5, 6, 7, 8, 9, 10])
2: create_batches(data, 4)
----------------------------------------------------------------------------
[DeviceArray([1, 2, 3, 4], dtype=int32),
 DeviceArray([5, 6, 7, 8], dtype=int32),
 DeviceArray([ 9, 10], dtype=int32)]
```

　ここでは、10個のデータを含んだarrayオブジェクトを4個ずつのデータを含む複数のリストに分割しています[*8]。より正確には、「指定サイズのデータを含むDeviceArrayオブジェクト」をまとめたリストが得られます。この関数は、後ほど、先にダウンロードしたMNISTのデータセットを一定サイズのバッチに分割するために使用します。

03

　続いて、線形多項分類器のモデル、すなわち、前項の（2.24）（2.25）で表される計算式をニューラルネットワークのモデルSoftmaxEstimationModelとして定義します。

[MSE-05] 線形多項分類器のモデルを定義

```
1: class SoftmaxEstimationModel(nn.Module):
2:     @nn.compact
3:     def __call__(self, x, get_logits=False):
4:         x = nn.Dense(features=10)(x)
5:         if get_logits:
6:             return x
7:         x = nn.softmax(x)
8:         return x
```

　「2.1.2 JAX/Flax/Optaxによるロジスティック回帰の実装」の手順 03 の **[LRM-06]** で定義したロジスティック回帰のモデル LogisticRegressionModelと内容がよく似ていますが、違いが2つあります。まず、4行目の関数 nn.Dense()では、featuresオプションに10を指定しているので、これは、10個のノードからなるレイヤーを表します。1つのノードは1つの1次関数を表すので、これでちょうど、（2.24）

---

*8　分割時に端数が発生する場合、この例のように、最後のリストは指定サイズより小さくなります。

に対応する10個の1次関数が得られます。

　そして、7行目では、これらの1次関数からの出力をソフトマックス関数nn.soft
max()に入力します。ロジスティック回帰の場合は、シグモイド関数nn.sigmoid()
でロジットの値を確率値に変換しましたが、ここでは、ソフトマックス関数で10個の確
率値 $P_1, P_2, \cdots, P_{10}$ に変換しています。結果として、このモデルは、1つの入力デー
タ（入力画像）に対して、10個の確率値を含むリストを予測結果として返すことになり
ます。ニューラルネットワークとして図に表すと、図2.18のようになるでしょう。本章
のはじめに示したCNNの全体像（図2.1）では、右端にある線形多項分類器は、単一の
ノードとして表示されていますが、この内部には、図2.18の構造があるものと理解して
ください。

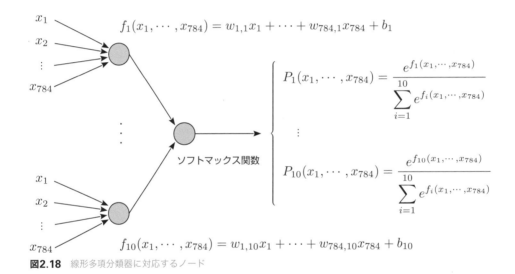

図2.18　線形多項分類器に対応するノード

　5～6行目の処理は、ロジスティック回帰のモデルLogisticRegressionModel
と同様です。予測値を得る際に、オプションget_logits=Trueを指定すると、ソフ
トマックス関数で確率に変換する前の値、すなわち、10個の1次関数の出力値をそのま
ま返します。この値は、ロジスティック回帰の場合と同様にロジットと呼ばれます。ロ
ジットの値は、Optaxが提供する関数optax.softmax_cross_entropy()でカ
テゴリカル・クロスエントロピーの値を計算する際に使用します。

04

モデルが定義できたので、このモデルに与えるパラメーターの初期値を生成します。

[MSE-06] パラメーターの初期値を生成

```
1: key, key1 = random.split(random.PRNGKey(0))
2: variables = SoftmaxEstimationModel().init(key1, train_images[0:1])
3:
4: jax.tree_util.tree_map(lambda x: x.shape, variables['params'])
----------------------------------------------------------------
FrozenDict({
    Dense_0: {
        bias: (10,),
        kernel: (784, 10),
    },
})
```

1～2行目は、これまでと同様の処理になります。2行目でinit()メソッドに与える入力データのサンプルには、トレーニングデータtrain_imagesに含まれる最初の画像データを与えています。少し細かい点になりますが、一般に、モデルに対する入力データは、複数のデータをまとめた「計画行列」の形式になりますので、ここでは、train_images[0:1]として、1つの画像データだけを含むリスト形式（すなわち、1行のデータだけを含む計画行列）にしています。具体的にいうと、画像データは784個の数値を含む1次元リスト形式なので、train_images[0:1]は、[1, 784]サイズの2次元リスト形式のデータになります。これを誤って、train_images[0]とすると、[784]サイズの1次元リスト形式になるので注意してください[*9]。

4行目は、variables['params'] に保存されたパラメーター値について、各パラメーターの形式を確認しています。これまでと同様に、variables['params'] の内容をそのまま画面表示してもよいのですが、今回は、パラメーター数が多くて見にくくなるため、このような工夫をしています。

まず、variables['params']の中身は、「1.2.4 JAX/Flax/Optaxによる最小二乗法の実装例」の手順 **05** （**[LSF-06]** の解説）で説明したように、複数の階層に分かれたツリー形式の構造を持ちます。関数jax.tree_util.tree_map()は、このよう

---

*9　Flaxは、入力データが1つの場合を自動判別して処理するので、ここではtrain_images[0]としても結果的には問題ありません。しかしながら、入力データの形式に不整合があると、思わぬところで問題が発生します。そのため、本書では必ず計画行列の形式で入力するようにしています。

2-3 線形多項分類器による手書き文字の分類　　133

なツリーをスキャンして、末端のデータに対して、同じ関数を適用する処理を行います。最終結果は、元のツリーに対して、末端のデータが関数の適用結果に置き換えられたものになります。今の場合は、「lambda x: x.shape」という関数でリスト形式のデータから、リストのサイズ情報を取り出しています。

　出力結果を見ると、(2.24) の10個の1次関数における、係数の値を含む [784, 10] サイズのリスト形式（「kernel:」の部分）、および、定数項の値を含む [10] サイズのリスト形式（「bias:」の部分）にまとめられていることが読み取れます。具体的には、次のような対応になります。

- variables['params']['Dense 0']['kernel']：係数

$$\begin{pmatrix} w_{1,1} & w_{1,2} & \cdots & w_{1,10} \\ w_{2,1} & w_{2,2} & \cdots & w_{2,10} \\ \vdots & \vdots & \ddots & \vdots \\ w_{784,1} & w_{784,2} & \cdots & w_{784,10} \end{pmatrix}$$

- variables['params']['Dense 0']['bias']：定数項 $(b_1, b_2 \cdots, b_{10})$

続けて、モデルの学習状態を管理するためのTrainStateオブジェクトを作成します。

[MSE-07] モデルの学習状態を管理するTrainStateオブジェクトを作成

```
1: state = train_state.TrainState.create(
2:     apply_fn=SoftmaxEstimationModel().apply,
3:     params=variables['params'],
4:     tx=optax.adam(learning_rate=0.001))
```

この部分は、これまでと同じ内容です。

05

次は、誤差関数を定義します。

[MSE-08] 誤差関数を定義

```
1: @jax.jit
2: def loss_fn(params, state, inputs, labels):
3:     logits = state.apply_fn({'params': params}, inputs, get_logits=True)
4:     loss = optax.softmax_cross_entropy(logits, labels).mean()
5:     acc = jnp.mean(jnp.argmax(logits, -1) == jnp.argmax(labels, -1))
6:     return loss, acc
```

この部分は、「2.1.2 JAX/Flax/Optaxによるロジスティック回帰の実装」の手順 **05** の **[LRM-09]** で定義した誤差関数とほぼ同じ内容ですが、違いが2つあります。

まず、4行目では、Optaxが提供する関数`optax.softmax_cross_entropy()`を用いて、カテゴリカル・クロスエントロピーを計算しています。バイナリー・クロスエントロピーを計算する`optax.sigmoid_binary_cross_entropy()`と同様に、確率に変換する前のロジットの値から計算するように実装されているので、3行目で予測値を取得する際は、オプション`get_logits=True`を指定して、ロジットの値を取得しています。

そして、5行目で正解率を計算する際は、ロジットの値（10個の1次関数からの出力値）とワンホット・エンコーディングで表現された正解ラベルについて、最大値をとる要素のインデックスが一致するかを確認しています。変数`logits`と変数`labels`は、図2.19のように、複数の入力データに対して、ロジットの値を並べた2次元リスト形式のデータ、および、正解ラベルを並べた2次元リスト形式のデータになっています。これらを1行ごとに比較していき、得られた結果を平均することで、正解率を計算します[*10]。ロジットの値の大小関係は、ソフトマックス関数で変換した確率の大小関係に対応している点に注意してください。また、関数`jnp.argmax()`は最大値をとる要素のインデックスを求めるものですが、第2引数に–1を指定することで、図2.19のように行ごとの結果を返します。

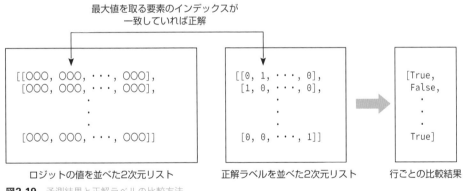

図2.19 予測結果と正解ラベルの比較方法

1行目の`@jax.jit`により、誤差関数`loss_fn()`全体に事前コンパイル機能を適用していますので、関数内での計算は、すべて、DeviceArray形式で行う必要があります。そのため、5行目では、NumPyが提供する`np.mean()`や`np.argmax()`ではなく、

---

*10　比較結果はTrueかFalseのブール値ですが、平均値を計算する際は、1と0の数値として取り扱われます。

JAXが提供する`jnp.mean()`や`jnp.argmax()`を使っている点にも注意してください。

　誤差関数が定義できたので、勾配降下法によるパラメーターの修正が実行できます。勾配降下法によるパラメーターの修正を1回だけ実施する関数`train_step()`を定義します。

［MSE-09］パラメーターの修正を1回だけ行う関数を定義

```
1: @jax.jit
2: def train_step(state, inputs, labels):
3:     (loss, acc), grads = jax.value_and_grad(loss_fn, has_aux=True)(
4:         state.params, state, inputs, labels)
5:     new_state = state.apply_gradients(grads=grads)
6:     return new_state, loss, acc
```

　この関数の内容は、「2.1.2 JAX/Flax/Optaxによるロジスティック回帰の実装」の手順 **06** の **[LRM-10]** と同じです。

- -

06

　これまでの流れに従うなら、次は、関数`train_step()`を繰り返し実行することで、実際の学習処理を進めることになりますが、今回は、ここでもう一手間（二手間？）をかけます。これまでは、勾配ベクトルを計算する際に、計画行列の形式にまとまったトレーニングデータをすべてまとめて入力していました。具体的には、関数`train_step()`の引数`inputs`と`labels`には、`train_x`と`train_t`など、すべてのトレーニングデータと正解ラベルを格納した変数を受け渡しました。

　一方、今の場合、トレーニングデータを格納した変数`train_images`には、60,000枚の画像データが収められており、これを一度に入力すると、計算量が大きくなりすぎたり、計算用のメモリーが不足するなどの問題が発生する可能性があります。そこで、全データを一定のサイズ（たとえば、128個）のバッチに分割して利用します。図2.20のように、128個のデータによるパラメーターの修正を繰り返します。順番にバッチデータを取り出しながら、パラメーターの修正を繰り返していき、最後のバッチデータを使用するところまでを1エポックと言います。その次は、また頭に戻って、再度、1エポック分の処理を行うということを繰り返します。このように、学習データをバッチに分割する方法をミニバッチを用いたパラメーター修正、あるいは、ミニバッチによる学習処理などと呼びます。

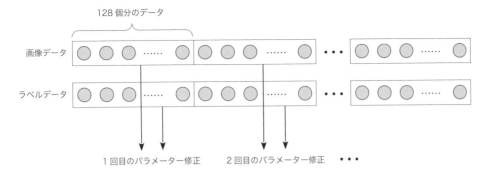

図2.20 ミニバッチを用いたパラメーター修正

ここではまず、1エポック分の処理を行う関数train_epoch()を用意します。

[MSE-10] 1エポック分の処理を行う関数を用意

```
1: def train_epoch(state, input_batched, label_batched, eval):
2:     loss_history, acc_history = [], []
3:     for inputs, labels in zip(input_batched, label_batched):
4:         new_state, loss, acc = train_step(state, inputs, labels)
5:         if not eval:
6:             state = new_state
7:         loss_history.append(jax.device_get(loss).tolist())
8:         acc_history.append(jax.device_get(acc).tolist())
9:     return state, np.mean(loss_history), np.mean(acc_history)
```

引数input_batchedとlabel_batchedは、手順 **02** の **[MSE-04]** で用意した関数create_batches()を用いて、あらかじめ一定サイズのバッチに分割したトレーニングデータと正解ラベル（より正確に言うと、これらのバッチデータを並べたリスト）を受け取ります。3行目のforループでは、ここに含まれるバッチデータを順番に取り出しながら、学習処理を進めます。

4行目で、取り出したバッチデータをtrain_step()に入力して、修正後のパラメーター値を含んだ新しいTrainStateオブジェクトを受け取り、6行目で、変数stateに上書きで保存します。1エポック分の処理が終わると、最後の9行目で、この時点でのTrainStateオブジェクトを返します。そのほかには、関数train_step()が返した誤差関数の値と正解率の値をリストに保存していき（7〜8行目）、最後に1エポック分の

平均値を計算して返します（9行目）[*11]。

　ここで、5行目のif文の役割を説明しておきます。関数 train_epoch() を呼び出す際に、オプション eval=True を指定すると、このif文により、TrainStateオブジェクトの上書き処理をスキップします。これは、パラメーター値の修正は行わずに、誤差関数と正解率の値（1エポック分の平均値）だけを取得したい場合に使用します。逆に、通常の学習処理を行う際は、eval=False を指定します。

　「2.1.3 テストセットを用いた検証」で説明したように、学習処理を行う際は、トレーニングセットで学習を進めながら、テストセットに対する正解率を確認する必要があります。今回は、テストセットのデータも用意されているので、「トレーニングセットで1エポック分の学習を行うごとに、テストセットに対する誤差関数と正解率の値を計算する」という処理を行います。そこで、関数 train_epoch() にテストセットのデータを渡して、オプション eval=True を指定することにより、テストセットに対する誤差関数と正解率の値が取得できるようにしてあります。

07

　そして次は、関数 train_epoch() を繰り返し呼び出すことで、複数エポックにわたる学習処理を行う関数 fit() を用意します。この関数では、全体のエポック数やバッチサイズをオプションで指定できるようにします[*12]。トレーニングデータを指定サイズのバッチに分割する処理は、この関数の中で行います。

[MSE-11] 複数エポックにわたる学習処理を行う関数を用意

```
 1: def fit(state, train_inputs, train_labels, test_inputs, test_labels,
 2:         epochs, batch_size):
 3:
 4:     train_inputs_batched = create_batches(train_inputs, batch_size)
 5:     train_labels_batched = create_batches(train_labels, batch_size)
 6:     test_inputs_batched = create_batches(test_inputs, batch_size)
 7:     test_labels_batched = create_batches(test_labels, batch_size)
 8:
 9:     loss_history_train, acc_history_train = [], []
10:     loss_history_test, acc_history_test = [], []
```

---

*11　関数 loss_fn() の実装を思い出すと、これが返す誤差関数と正解率の値は、バッチデータに対する平均値になっていました。従って、9行目で計算しているのは「平均値の平均値」になりますが、バッチに含まれるデータ数が一定であれば、これはデータ全体の平均値に一致します。

*12　つまり、Kerasの fit() メソッドに相当する関数を自作しています。

```
11:
12:     for epoch in range(1, epochs+1):
13:         # Training
14:         state, loss_train, acc_train = train_epoch(
15:             state, train_inputs_batched, train_labels_batched, eval=False)
16:         loss_history_train.append(loss_train)
17:         acc_history_train.append(acc_train)
18:
19:         # Evaluation
20:         _ , loss_test, acc_test = train_epoch(
21:             state, test_inputs_batched, test_labels_batched, eval=True)
22:         loss_history_test.append(loss_test)
23:         acc_history_test.append(acc_test)
24:
25:         print ('Epoch: {}, Loss: {:.4f}, Accuracy: {:.4f} / '.format(
26:             epoch, loss_train, acc_train), end='', flush=True)
27:         print ('Loss(Test): {:.4f}, Accuracy(Test): {:.4f}'.format(
28:             loss_test, acc_test), flush=True)
29:
30:     history = {'loss_train': loss_history_train,
31:                'acc_train': acc_history_train,
32:                'loss_test': loss_history_test,
33:                'acc_test': acc_history_test}
34:
35:     return state, history
```

引数`train_inputs`、`train_labels`、`test_inputs`、`test_labels`は、手順 **01** の **[MSE-03]** で用意した、MNISTのデータセット（トレーニングセット、および、テストセット）を受け取ります。4〜7行目で、これを引数`batch_size`で指定したサイズのバッチに分割します。手順 **02** の **[MSE-04]** の説明を思い出すと、この時点で、それぞれのバッチデータは、DeviceArrayオブジェクトに変換されている点に注意してください。GPUが接続された環境であれば、これらのバッチデータは、すでにGPUのメモリー内に保存されています。

仮に、バッチデータがDeviceArrayオブジェクトに変換されておらず、NumPyのarrayオブジェクトだったとすると、事前コンパイル機能が適用された関数`train_step()`に入力されるタイミングで、DeviceArrayオブジェクトへの変換が行われます。複数エポックにわたる処理をする場合、同じバッチデータを何度も使用するため、

同じバッチデータに対する変換処理が繰り返されることになります。このような無駄を省いて学習速度を上げるため、学習に使用するデータセットは、事前にDeviceArrayオブジェクトに変換しておき、これを繰り返し使用するように実装しています。

　次に、12行目のforループにより、引数epochsで指定した回数だけ、関数train_epoch()を呼び出します。14〜15行目にあるように、関数train_epoch()が返した新しいTrainStateオブジェクトを変数stateに上書き保存します。ここでは、モデルの学習処理が目的なので、eval=Falseを指定します。一方、20〜21行目は、テストセットに対する誤差関数と正解率の値を求めるために、eval=Trueを指定して、関数train_epoch()を呼び出します。この場合、関数train_epoch()が返すTrainStateオブジェクトは不要なので、ダミー変数「_」で受けて破棄しています。これにより、1エポック分の学習が終わるごとに、テストセットを用いた評価が実行されます。

　そのほかには、トレーニングセットとテストセットのそれぞれについて、各エポックにおける、誤差関数と正解率の平均値をリストに保存していきます（16〜17行目、および、22〜23行目）。また、同じ情報を画面にも表示します（25〜28行目）。指定されたエポック数の処理が終わると、最後の35行目で、その時点でのTrainStateオブジェクトとあわせて、これらのリストを返します。この際、4つのリストを個別に返すのではなく、あらかじめディクショナリーhistoryにまとめるようにしています（30〜33行目）。

08

　これですべての準備が終わりました。この後は、関数fit()を実行すれば、複数エポックにわたる学習処理を自動で行うことができます。ここでは、バッチサイズを128、エポック数を16として実行します。

[MSE-12] 学習処理

```
1: %%time
2: state, history = fit(state,
3:                      train_images, train_labels, test_images, test_labels,
4:                      epochs=16, batch_size=128)
------------------------------------------------------------------------
Epoch: 1, Loss: 0.6755, Accuracy: 0.8390 / Loss(Test): 0.3840, ↵
Accuracy(Test): 0.9004
Epoch: 2, Loss: 0.3670, Accuracy: 0.9008 / Loss(Test): 0.3202, ↵
Accuracy(Test): 0.9125
```

```
Epoch: 3, Loss: 0.3240, Accuracy: 0.9109 / Loss(Test): 0.2970, ↵
Accuracy(Test): 0.9168
Epoch: 4, Loss: 0.3039, Accuracy: 0.9159 / Loss(Test): 0.2852, ↵
Accuracy(Test): 0.9202
Epoch: 5, Loss: 0.2918, Accuracy: 0.9190 / Loss(Test): 0.2782, ↵
Accuracy(Test): 0.9216
Epoch: 6, Loss: 0.2835, Accuracy: 0.9214 / Loss(Test): 0.2736, ↵
Accuracy(Test): 0.9227
Epoch: 7, Loss: 0.2774, Accuracy: 0.9227 / Loss(Test): 0.2704, ↵
Accuracy(Test): 0.9241
Epoch: 8, Loss: 0.2726, Accuracy: 0.9238 / Loss(Test): 0.2681, ↵
Accuracy(Test): 0.9242
Epoch: 9, Loss: 0.2688, Accuracy: 0.9249 / Loss(Test): 0.2665, ↵
Accuracy(Test): 0.9251
Epoch: 10, Loss: 0.2656, Accuracy: 0.9259 / Loss(Test): 0.2652, ↵
Accuracy(Test): 0.9259
Epoch: 11, Loss: 0.2629, Accuracy: 0.9268 / Loss(Test): 0.2642, ↵
Accuracy(Test): 0.9262
Epoch: 12, Loss: 0.2605, Accuracy: 0.9274 / Loss(Test): 0.2634, ↵
Accuracy(Test): 0.9268
Epoch: 13, Loss: 0.2585, Accuracy: 0.9282 / Loss(Test): 0.2628, ↵
Accuracy(Test): 0.9273
Epoch: 14, Loss: 0.2567, Accuracy: 0.9288 / Loss(Test): 0.2624, ↵
Accuracy(Test): 0.9276
Epoch: 15, Loss: 0.2550, Accuracy: 0.9296 / Loss(Test): 0.2621, ↵
Accuracy(Test): 0.9277
Epoch: 16, Loss: 0.2536, Accuracy: 0.9302 / Loss(Test): 0.2618, ↵
Accuracy(Test): 0.9274
CPU times: user 5.86 s, sys: 247 ms, total: 6.1 s
Wall time: 6.19 s
```

　関数fit()は、学習後のTrainStateオブジェクト返すので、2行目にあるように、変数stateの内容を上書きして更新するのを忘れないようにしてください。この後、実際の予測処理を行う際は、変数stateに保存された情報を使用するので、この上書きを忘れると、学習前のモデルによる予測が行われてしまいます。

　画面出力を見ると、最終的に、テストセットに対して約93％の正解率を達成しています。変数historyには、誤差関数と正解率の値の変化が保存されていますので、これをグラフに表示してみます。

[MSE-13] グラフを描画

```
 1: df = DataFrame({'Accuracy (Train)': history['acc_train'],
 2:                  'Accuracy (Test)': history['acc_test']})
 3: df.index.name = 'Epochs'
 4: ax = df.plot(figsize=(6, 4))
 5: ax.set_xticks(df.index)
 6: _ = ax.set_xticklabels(df.index+1)
 7:
 8: df = DataFrame({'Loss (Train)': history['loss_train'],
 9:                  'Loss (Test)': history['loss_test']})
10: df.index.name = 'Epochs'
11: ax = df.plot(figsize=(6, 4))
12: ax.set_xticks(df.index)
13: _ = ax.set_xticklabels(df.index+1)
```

　このコードを実行すると、図2.21のグラフが表示されます。左が正解率の変化で、右が誤差関数の値の変化です。学習の初期は、テストセットに対する正解率の方が高くなっていますが、これは、トレーニングセットとテストセットに対する評価のタイミングのズレによるものです。つまり、各ステップ（エポック）における正解率、および、誤差関数の値は、トレーニングセットについては、そのステップにおける学習中の平均値で、テストセットについては学習が終わった後の値になっているためです。学習が進むと、最終的には、テストセットに対する正解率は、トレーニングセットに対する正解率よりも低くなっています。この後さらに学習を続けたとしても、テストセットに対する正解率はこれ以上は上昇しません。約93％という正解率がこのモデルの限界と思われます。

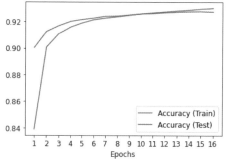
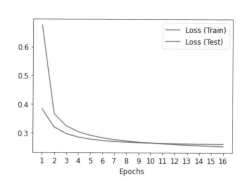

図2.21　学習に伴う正解率と誤差関数の値の変化

最後に、学習済みのモデルによる予測結果を実際の画像で確認してみます。次のコードは、「0」～「9」のそれぞれの文字について、テストセットの中で、予測が正解した文字と不正解だった文字を3個ずつ取り出して表示します。

[MSE-14] 正解した文字と不正解の文字を3文字ずつ取り出す

```
1: predictions = jax.device_get(
2:     state.apply_fn({'params': state.params}, test_images))
... (以下省略) ...
```

1～2行目では、テストセットのすべての画像について、まとめて予測値を取得しています。1画像ごとの予測を繰り返すのではなく、このように、まとめて予測することで高速に予測結果を得ることができます。この後は、それぞれの文字について、正解だったデータと不正解だったデータを選択して画面に表示する処理を行います。

このコードを実行すると、図2.22の結果が得られます。各行において、左の3個が正解したもので、右の3個が不正解だったものになります。各画像の上のラベルは、「予測／正解」の数字を示します。正解の文字だけを見ていると、なかなか優秀な結果のようにも感じますが、一方、不正解の方を見ると、少し不可解な感じもします。なぜこのような間違いが起きたのか、理由がよくわからないものもあるのではないでしょうか？

図2.22 線形多項分類器による分類結果

これらの間違いが発生する理由は、これまでに説明した線形多項分類器の仕組みを考えると理解できます。ここでは、与えられた画像を各ピクセルの濃度の値を並べた784次元のベクトルと見なしており、このベクトルが、784次元空間の中で互いに近い場所にあるかどうかで、同じ文字であるかどうかを判定しています。「2.3.2 画像データの分類アルゴリズム」で示した、図2.16を再確認しておいてください。

つまり、ここでは、物理的にピクセルの並びが近いがどうかだけで判定が行われます。間違った判定をしている文字をよく見ると、正解の文字と同じ場所にピクセルが集まっているという特徴があるのではないでしょうか？ このような課題を乗り越えて、さらに正解率を上げるには、物理的なピクセルの場所とは異なる、より本質的な文字の特徴を抽出する処理が必要となります。これを実現するのが、まさにCNN（畳み込みニューラルネットワーク）の役割です。この点については、次章以降で、段階を追って説明を続けていきます。

2.3.4 ミニバッチと確率的勾配降下法

ここでは、さきほど図2.20に示した、ミニバッチを用いたパラメーター修正について補足しておきます。まず準備として、勾配降下法の仕組みを思い出しておきましょう。モデルに含まれるパラメーターを$(w_0, w_1, \cdots)$とする時、誤差関数Eはこれらの関数とみなすことができました。そして、Eの値が減少する方向にパラメーターを修正していくのが勾配降下法の考え方です。この時、Eの値が減少する方向は、次の勾配ベクトルで決まりました。

$$\nabla E = \begin{pmatrix} \dfrac{\partial E}{\partial w_0} \\[2mm] \dfrac{\partial E}{\partial w_1} \\ \vdots \end{pmatrix} \tag{2.31}$$

「1.1.2 勾配降下法によるパラメーターの最適化」の図1.7に示したように、$-\nabla E$は、誤差関数の谷をまっすぐ下る方向に一致します。ここで、さきほどの例で用いた誤差関数の式（2.30）を見ると、トレーニングセットのそれぞれのデータについて和を取る形になっていることに気が付きます。つまり、次のように、n番目のデータに対する誤差E_nの和の形に分解することができます。

$$E = \sum_{n=1}^{N} E_n \qquad (2.32)$$

E_nは、n番目のデータ$\mathbf{x}_n$を用いて次のように計算されます。

$$E_n = -\sum_{k=1}^{10} t_{kn} \log P_k(\mathbf{x}_n) \qquad (2.33)$$

　勾配降下法にミニバッチを適用する際は、誤差関数を計算する際に、すべてのデータからの寄与E_nを加えるのではなく、1回分のバッチに含まれるデータからの寄与だけを計算して、その値が小さくなる方向にパラメーターを修正します（図2.23）。本来の誤差関数（すべてのデータからの寄与を加えた合計）の値を小さくするわけではありませんので、誤差関数の谷を一直線に下るのではなく、少しだけ横にずれた方向に下ることになります。ただし、次の修正処理においては、また違うデータからの寄与を考慮します。これを何度も繰り返した場合、図2.24のように、誤差関数の谷をジグザグに下りながら、最終的には、本来の最小値に近づいていくと期待できます。これがミニバッチの考え方です。一直線に最小値に向かうのではなく、ランダムに（確率的に）最小値に向かっていくので、確率的勾配降下法とも呼ばれます。

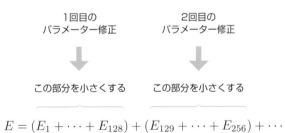

図2.23　ミニバッチによる誤差関数の修正

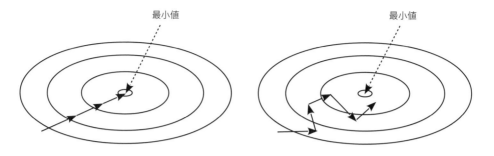

図2.24　確率的勾配降下法で最小値に向かう様子

　それでは、ミニバッチ、あるいは、確率的勾配降下法を用いることには、どのような意味があるのでしょうか？ これには、2つの目的があります。1つは、トレーニングセットのデータが大量にある場合に、1回あたりの計算量を減らすことです。一般に、ある関数の勾配ベクトルを求めるというのは、計算の処理量が大きくなります。JAXの微分計算機能を用いれば、勾配ベクトルは自動的に計算されるので、具体的な計算の内容を意識することはありませんが、それでも計算の処理量には注意が必要です。トレーニングセットから大量のデータを投入すると、学習アルゴリズムの計算処理が非常に遅くなる、あるいは、大量のメモリーを消費して、メモリーが不足するなどの問題が発生します。

　そこで、ミニバッチでは、1回あたりのデータ量を減らして、その代わりに最適化の処理を何度も繰り返すことで、全体の計算時間を短くするというアプローチを取ります。ただし、1回に投入するデータ量が少なすぎると、最小値に向かう方向が正しく定まらず、最小値に達するまでの繰り返し回数が大きくなります。1回の処理で使用するデータ数については、解くべき問題に応じて、試行錯誤で最適な値を見つけていく必要があります。

　そして、もうひとつの目的は、極小値を避けて、真の最小値に達することです。図2.25のように、誤差関数が最小値の他に極小値を持つ場合を考えてみます。トレーニングセットのすべてのデータを利用して、勾配降下法を厳密に適用した場合、最初のパラメーターの値によっては、一直線に極小値に向かって、そこでパラメーターが収束する可能性があります。極小値の点では、勾配ベクトルは厳密に0になるので、パラメーターの修正処理を繰り返しても、そこから移動することはありません。

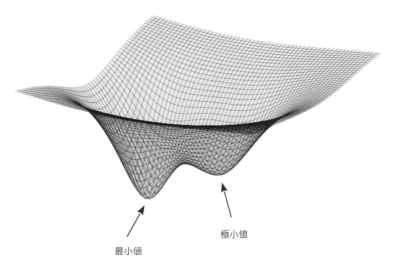

極小値

最小値

図2.25 最小値と極小値を持つ誤差関数の例

　一方、確率的勾配降下法の場合は、トレーニングセットのすべてのデータを使用しないため、勾配ベクトルは正確に計算されず、ジグザグ（ランダム）に移動していきます。このため、極小値の付近にやってきた場合でも、パラメーターの修正処理を何度も繰り返せば、偶然に極小値の谷から出て、本来の最小値に向かうことができる可能性もあります。一度、最小値の深い谷底に入ってしまえば、ランダムに移動したとしても、そこから飛び出る可能性は少なくなります。このように、あえて正確な計算を行わないことにより、極小値を避けることができるのも、確率的勾配降下法のメリットになります。これ以降、MNISTのデータセット用いるコードでは、すべてミニバッチによる学習処理を適用していきます。

第2章のまとめ

　本章では、分類モデルの基礎となる、ロジスティック回帰による二項分類器、そして、ソフトマックス関数を用いた線形多項分類器を説明しました。ここでは、確率を用いた最尤推定法の考え方が基礎になっており、与えられたデータについて、それぞれの種類に対する「確率」を予測するモデルを用意した上で、バイナリー・クロスエントロピー（二項分類器の場合）、もしくは、カテゴリカル・クロスエントロピー（多項分類器の場合）を誤差関数として、勾配降下法によるパラメーターの最適化を行いました。

　さらに、線形多項分類器の応用例として、MNISTの手書き数字の画像を分類する機械学習モデルを実装しました。ここでは、多数のトレーニングデータを複数のバッチに分割して学習処理を進める、ミニバッチの手法も紹介しました。

Chapter 03

ニューラルネットワークを
用いた分類処理

第3章のはじめに

前章では、ソフトマックス関数を用いた線形多項分類器によって、MNISTデータセットを用いた手書き文字の分類を行いました。JAX/Flax/Optaxで実装したコードを試した結果、テストセットに対する正解率は約93％になりました。これは、第1章の冒頭で示した全体像（図1.2）において、一番右側のノードだけを用いたモデルに相当します。本章では、この前段に、全結合層とよばれるレイヤーを追加します（図3.1）。2次元平面のデータを分類する簡単な例を用いて全結合層の役割を確認した後に、これを手書き文字の分類にも適用してみます。

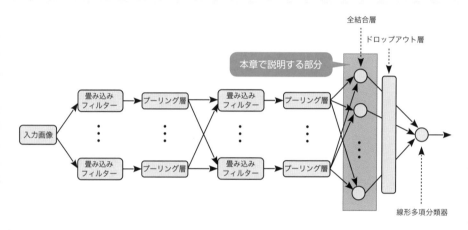

図3.1　CNNの全体像と本章で説明する部分

3-1 単層ニューラルネットワークの構造

ここでは、全結合層を1層だけ追加した単層ニューラルネットワークについて、その仕組みを解説していきます。2次元平面のデータを分類する二項分類器の例を用いて、その具体的な働きを確認しましょう。使用する例は、「1.3.1 分類問題とニューラルネットワーク」で紹介した、一次検査の結果(x_1, x_2)から、ウィルスに感染している確率$P(x_1, x_2)$を計算するという問題です。

3.1.1 単層ニューラルネットワークによる二項分類器

ウィルスの感染確率を計算する問題では、入力データは平面上の座標(x_1, x_2)に対応しており、これを用いて、ウィルスに感染している確率$P(x_1, x_2)$を計算する必要があります。このモデルを単層ニューラルネットワークで実現すると、図3.2のようになります。このニューラルネットワークは、「入力層」「隠れ層」「出力層」の3つのレイヤーからできており、隠れ層に含まれるそれぞれのノードでは、入力データを「1次関数+活性化関数」で変換するという処理が行われます。

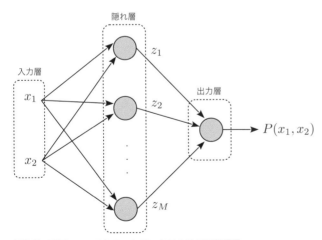

図3.2 単層ニューラルネットワークによる二項分類器

具体的に言うと、隠れ層には全部でM個のノードがあるとして、それぞれの出力は、次の計算式で与えられます。活性化関数$h(x)$の中身については、この後ですぐに説明します。

$$
\begin{aligned}
z_1 &= h(w_{11}x_1 + w_{21}x_2 + b_1) \\
z_2 &= h(w_{12}x_1 + w_{22}x_2 + b_2) \\
&\vdots \\
z_M &= h(w_{1M}x_1 + w_{2M}x_2 + b_M)
\end{aligned}
\tag{3.1}
$$

最後の出力層では、これらの値を1次関数に代入したものをシグモイド関数で0〜1の確率値に変換します。

$$
z = \sigma(w_1 z_1 + w_2 z_2 + \cdots + w_M z_M + b)
\tag{3.2}
$$

この出力層の計算式は、本質的には、「2.1.1 確率を用いた誤差の評価」の（2.2）と同じものです。前章で説明した二項分類器（ロジスティック回帰）のモデルでは、入力値(x_1, x_2)はそのままの形で出力層に入っていました。一方、今の場合、入力値(x_1, x_2)は、隠れ層を通ることで、M個の値からなるデータ$(z_1, \cdots, z_M)$に拡張されていると考えられます。

なお、さきほどの図3.2には、入力層と出力層を含めて3つの層（レイヤー）がありますが、ここでは、隠れ層の数に注目して、これを単層ニューラルネットワークと呼んでいます。「3-3 多層ニューラルネットワークへの拡張」では、隠れ層を2段に重ねた例を紹介しますが、そちらは、2層ニューラルネットワークということになります[*1]。

ところで、「1.3.1 分類問題とニューラルネットワーク」の図1.35で説明したニューラルネットワークでは、隠れ層の活性化関数として、出力層と同じシグモイド関数を用いていました。これまでに説明したように、シグモイド関数$\sigma(x)$は、$x=0$を境にして0から1になめらかに値が変化する関数です。これは、人間の脳を構成する神経細胞である「ニューロン」の反応を模式化したものと考えられます。隠れ層の出力にシグモイド関数を使用するということは、入力信号の変化に応じてニューロンが活性化して、出力信号が0から1に変化する様子をシミュレーションしていることになります。

しかしながら、機械学習のモデルを作る上では、現実のニューロンの動きを忠実にシミュレーションする必要はありません。入力値に応じて、何らかの形で出力値が変化す

---

*1　ニューラルネットワークの層の数をどのように表現するかは、文献によって異なることがあります。本書では、隠れ層の数に注目した表現を用います。

ればよいので、実際の活性化関数としては、シグモイド関数の他に、ハイパボリックタンジェント $\tanh x$ や ReLU（Rectified Linear Unit）などの関数が用いられます。これらは、図3.3のような形で値が変化します。それぞれのグラフは、縦軸の値の範囲が異なるので注意してください。この後の計算で具体的に必要になることはありませんが、それぞれの定義を数式で示すと、次のようになります。

$$\sigma(x) = \frac{1}{1+e^{-x}}, \quad \tanh x = \frac{e^x - e^{-x}}{e^x + e^{-x}}, \quad \mathrm{relu}(x) = \max(0, x) \tag{3.3}$$

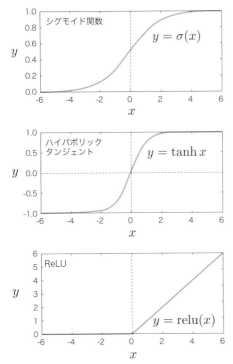

図3.3 代表的な活性化関数のグラフ

どの活性化関数を使用するかは、ニューラルネットワークにおける研究の歴史の中で変化してきました。当初は、実際のニューロンの動作に対応するという素朴な理由で、シグモイド関数が用いられていました。その後、活性化関数は原点を通るほうが計算効率がよくなるなどの主張から、ハイパボリックタンジェントが利用されるようになりました。さらに、最近では、ディープラーニングで用いる多層ニューラルネットワークでは、ReLUの方がパラメーターの最適化がより高速に行われることがわかってきました。シグモイド関数やハイパボリックタンジェントは、入力値 x が大きくなると、出力

値が一定値に近づいてグラフの傾きがほぼ0になります。誤差関数の勾配ベクトルを計算する際に、活性化関数の傾きが小さいと、勾配ベクトルの大きさが小さくなり、パラメーターの最適化処理が進みにくくなるという事情があるようです。

　本節では、理論的な分析がしやすいという理由から、主にハイパボリックタンジェントを用いた例で解説を進めます。この後、「3-2 単層ニューラルネットワークによる手書き文字の分類」で手書き文字の分類を行う際は、多層ニューラルネットワークモデルの標準的な構成に従って、ReLUを使用することにします。

3.1.2 隠れ層が果たす役割

　ここではまず、このような隠れ層を導入することによって、これまでと何が変わるのかを詳しく見ていきます。はじめに、もっとも単純な例として、図3.4のように、隠れ層に2個のノードを持つ場合を考えます。この場合、隠れ層の2つの出力z_1とz_2は次のように定義されます。

$$z_1 = \tanh(w_{11}x_1 + w_{21}x_2 + b_1)$$
$$z_2 = \tanh(w_{12}x_1 + w_{22}x_2 + b_2)$$

(3.4)

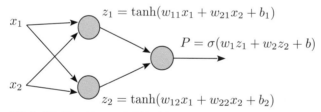

図3.4 隠れ層に2個のノードを持つ例

　これらの関係式は、「2.1.1 確率を用いた誤差の評価」の図2.3に示した、シグモイド関数による確率計算に類似した部分があります。(3.4) において、活性化関数（ハイパボリックタンジェント）の引数部分は、(x_1, x_2)の1次関数ですので、これは、(x_1, x_2)平面を直線で分割する操作にあたります。そして、分割線の両側で、活性化関数の値は、図3.3の$y = \tanh x$のグラフに従って-1から1に変化します。

　この時、図3.3のグラフの様子からもわかるように、$\tanh x$の値は、$x = 0$の両側で急激に変化します。そこで、話を簡単にするために、z_1とz_2の値は、分割線において-1か

154

ら1にいきなり変化するものと考えてみます。この場合、(x_1, x_2)平面上の各点におけるz_1とz_2の値は、図3.5のように表現することができます。これは、(x_1, x_2)平面を2本の直線で4つの領域に分割することに相当しており、①〜④のそれぞれの領域は、表3.1のように、z_1とz_2の値の組で特徴づけられることになります。

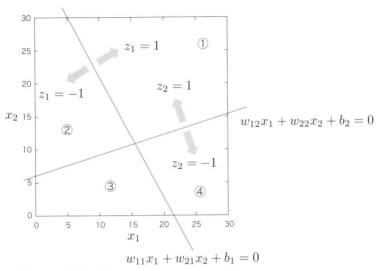

図3.5 隠れ層の出力値の変化

表3.1 (x_1, x_2)平面の領域と(z_1, z_2)の値の対応

領域	(z_1, z_2)
①	$(1, 1)$
②	$(-1, 1)$
③	$(-1, -1)$
④	$(1, -1)$

このようにして決まった(z_1, z_2)の値を出力層のシグモイド関数に代入することで、最終的な確率値Pが決まります。具体的には、次の関係式になります。

$$P = \sigma(w_1 z_1 + w_2 z_2 + b) \tag{3.5}$$

今の場合、(z_1, z_2)は、図3.5に示した4つの領域でそれぞれ決まった値をとるので、結局、4つの領域のそれぞれに異なる確率値$P(z_1, z_2)$が割り当てられることになります。隠れ層を持たない、出力層だけを用いたロジスティック回帰の場合は、「2.1.2 JAX/

Flax/Optaxによるロジスティック回帰の実装」の図2.8で見たように、(x_1, x_2)平面を直線で2つの領域に分割する結果が得られました。ちょうど、これを4つの領域に拡張したような結果です。

　それでは、本当にこのような結果になるかどうか、JAX/Flax/Optaxでモデルを実装して、実際に確認してみましょう。フォルダー「Chapter03」の中にある、次のノートブックを用いて説明します。

- 1. Single layer network example.ipynb

01

　はじめに、Colaboratoryの環境にJAX/Flax/Optaxのライブラリーをインストールします。

[SLN-01] ライブラリーのインストール

```
 1: %%bash
 2: curl -sLO https://raw.githubusercontent.com/enakai00/colab_jaxbook/main/⏎
requirements.txt
 3: pip install -qr requirements.txt
 4: pip list | grep -E '(jax|flax|optax)'
```

　続いて、コードの実行に必要なモジュールをインポートします。

[SLN-02] モジュールのインポート

```
 1: import numpy as np
 2: import matplotlib.pyplot as plt
 3: from pandas import DataFrame
 4:
 5: import jax, optax
 6: from jax import random, numpy as jnp
 7: from flax import linen as nn
 8: from flax.training import train_state
 9:
10: plt.rcParams.update({'font.size': 12})
```

ここまでは、これまでと同じ内容です。続いて、学習に使用するトレーニングデータを乱数で生成します。

[SLN-03] トレーニングデータの作成

```
 1: def generate_datablock(key, n, mu, cov, t):
 2:     data = random.multivariate_normal(
 3:         key, jnp.asarray(mu), jnp.asarray(cov) ,jnp.asarray([n]))
 4:     data = jnp.hstack([data, jnp.ones([n, 1])*t])
 5:     return data
 6:
 7: key, key1, key2, key3, key4, key5 = random.split(random.PRNGKey(0), 6)
 8: data1 = generate_datablock(key1, 15, [-3, -8], [[22, 0], [0, 22]], 0)
 9: data2 = generate_datablock(key2, 15, [13, -8], [[22, 0], [0, 22]], 0)
10: data3 = generate_datablock(key3, 20, [-2,  8], [[40, 0], [0, 40]], 0)
11: data4 = generate_datablock(key4, 25, [ 8,  3], [[14, 4], [4, 14]], 1)
12:
13: data = random.permutation(key5, jnp.vstack([data1, data2, data3, data4]))
14: train_x, train_t = jnp.split(data, [2], axis=1)
```

　ここでは、図3.5のように(x_1, x_2)平面を4つに分割して、①の領域と、②③④の領域に異なる正解ラベルのデータを配置しています。隠れ層の2つのノードが作る2本の境界線により、これらのデータがうまく分割されることを確認しようというわけです。入力データ(x_1, x_2)と正解ラベル$t = 0, 1$の値は、それぞれ、変数train_xと変数train_tに保存されています。

02

　図3.4に示したニューラルネットワークのモデルSingleLayerModelを定義します。

[SLN-04] ニューラルネットワークのモデルを定義

```
 1: class SingleLayerModel(nn.Module):
 2:     @nn.compact
 3:     def __call__(self, x, get_logits=False):
 4:         x = nn.Dense(features=2)(x)
 5:         x = nn.tanh(x)
 6:         x = nn.Dense(features=1)(x)
```

```
  7:         if get_logits:
  8:             return x
  9:         x = nn.sigmoid(x)
 10:         return x
```

この内容は、「2.1.2 JAX/Flax/Optaxによるロジスティック回帰の実装」の手順 **03**（**[LRM-06]**）で定義したロジスティック回帰のモデルLogisticRegressionModelと比較するとわかりやすいでしょう。ちょうど、**[LRM-06]** のコードに上記の4～5行目が追加された形になっています。

4行目のnn.Dense(features=2)は1次関数を表すノードを2つ用意しており、5行目ではそれぞれの出力にハイパボリックタンジェントを適用します。これにより、(3.4) で計算される(z_1, z_2)が得られます。この後の6行目と9行目は、ロジスティック回帰で用いた「1次関数+シグモイド関数」に対応しており、先に得られた(z_1, z_2)を入力することで、(3.5) の計算結果、すなわち、入力データ(x_1, x_2)が$t = 1$のデータである確率が得られます。モデルの予測値を得る際に、オプションget_logits=Trueを指定した場合は、7～8行目により、シグモイド関数で確率値に変換する前のロジットの値を返します。

この実装例からもわかるように、Flaxのlinenモジュールを用いれば、それぞれのレイヤーの計算内容を次々に付け加えるだけで、複数レイヤーのニューラルネットワークを簡単に実装することができます。レイヤーを構成する関数からの出力を変数xで受けて、それをまた次のレイヤーの関数に入力していきます。それぞれの出力内容は関数によって異なり、たとえば、4行目のnn.Dense(features=2)(x)では、2つの1次関数の値(z_1, z_2)が得られて、6行目のnn.Dense(features=1)(x)では、1つの1次関数の値が得られます。このような入出力データの違いはlinenモジュールが認識して、それぞれの関数に対して、適切なパラメーターを自動で割り当てます。

03

このモデルに与えるパラメーターの初期値を生成して、内容を確認します。

[SLN-05] パラメーターの初期値を生成

```
1: key, key1 = random.split(key)
2: variables = SingleLayerModel().init(key1, train_x)
3:
4: jax.tree_util.tree_map(lambda x: x.shape, variables['params'])
```

```
--------------------------------------------------------------------------
FrozenDict({
    Dense_0: {
        bias: (2,),
        kernel: (2, 2),
    },
    Dense_1: {
        bias: (1,),
        kernel: (2, 1),
    },
})
```

4行目では、「2.3.3 JAX/Flax/Optaxによる線形多項分類器の実装」の手順 **04**（**[MSE-06]** の説明）で紹介した関数jax.tree_util.tree_map()を用いて、パラメーター値を含むディクショナリーvariables['params']の構成を確認しています。この出力結果と手順 **02** の **[SLN-04]** で定義したモデルの内容を見比べると、次の対応関係がわかります。

- variables['params']['Dense_0']：隠れ層（**[SLN-04]** の4行目）の2つの1次関数のパラメーター
- variables['params']['Dense_1']：出力層（**[SLN-04]** の6行目）の1つの1次関数のパラメーター

'Dense_0'、'Dense_1'など、パラメーター値を格納するディクショナリーのキーは一定のルールで自動的に割り当てられますが、ノードを定義する際に、nameオプションで明示的に名前を指定することもできます。次の実行例を参考にしてください。

```
1: class SingleLayerModel(nn.Module):
2:     @nn.compact
3:     def __call__(self, x, get_logits=False):
4:         x = nn.Dense(features=2, name='HiddenLayer')(x)
5:         x = nn.tanh(x)
6:         x = nn.Dense(features=1, name='OutputLayer')(x)
7:         if get_logits:
8:             return x
```

```
 9:          x = nn.sigmoid(x)
10:          return x
11:
12: key, key1 = random.split(key)
13: variables = SingleLayerModel().init(key1, train_x)
14:
15: jax.tree_util.tree_map(lambda x: x.shape, variables['params'])
--------------------------------------------------------------------
FrozenDict({
    HiddenLayer: {
        bias: (2,),
        kernel: (2, 2),
    },
    OutputLayer: {
        bias: (1,),
        kernel: (2, 1),
    },
})
```

4行目と6行目で、nameオプションを用いて、'HiddenLayer'、および、'OutputLayer'という名前を指定しており、パラメーター値を格納するディクショナリーのキーには、これらの名前が使用されていることがわかります。

パラメーターの初期値が得られたので、これを用いて、モデルの学習状態を管理するためのTrainStateオブジェクトを作成します。

[SLN-06] モデルの学習状態を管理する**TrainState**オブジェクトを作成

```
state = train_state.TrainState.create(
    apply_fn=SingleLayerModel().apply,
    params=variables['params'],
    tx=optax.adam(learning_rate=0.001))
```

04

次は、誤差関数を定義しますが、この部分のコードは、「2.1.2 JAX/Flax/Optaxによるロジスティック回帰の実装」の手順 05 で定義した **[LRM-09]** と同一の内容になります。

```
1: @jax.jit
2: def loss_fn(params, state, inputs, labels):
3:     logits = state.apply_fn({'params': params}, inputs, get_logits=True)
4:     loss = optax.sigmoid_binary_cross_entropy(logits, labels).mean()
5:     acc = jnp.mean(jnp.sign(logits) == jnp.sign(labels-0.5))
6:     return loss, acc
```

　ここで、なぜ同じ誤差関数のコードが使えるのかを考えておきましょう。ロジスティック回帰で使用したモデルLogisticRegressionModelと、ここで定義したモデルSingleLayerModelは、隠れ層の有無という違いはありますが、座標値(x_1, x_2)を受け取って確率値$P(x_1, x_2)$を出力するという意味では同じです。したがって、確率値$P(x_1, x_2)$から計算される誤差関数は、どちらも同じ（2.9）のバイナリー・クロスエントロピーになります。したがって、これを表すコードも同じものになります。

　ただし、3行目でモデルの予測値（今の場合はロジットの値）を取得する部分の計算内容は、当然ながら、使用するモデルによって異なります。JAXの微分計算機能は、誤差関数loss_fn()から呼び出されるモデルを含めて、すべての計算内容を1つの数学関数と見なして微分を計算します。このため、関数loss_fn()は、同じコードをそのままの形で再利用できるのです。

　この誤差関数から勾配ベクトルを計算して、勾配降下法によるパラメーターの修正を1回だけ行う関数train_step()についても、次のように、「2.1.2 JAX/Flax/Optaxによるロジスティック回帰の実装」の手順 06 で定義した **[LRM-10]** と同じ内容になります。

```
1: @jax.jit
2: def train_step(state, inputs, labels):
3:     (loss, acc), grads = jax.value_and_grad(loss_fn, has_aux=True)(
4:         state.params, state, inputs, labels)
5:     new_state = state.apply_gradients(grads=grads)
6:     return new_state, loss, acc
```

この後は、関数train_step()を繰り返し実行して、モデルの学習処理を進めます。トレーニングデータの数はそれほど多くないので、ミニバッチは使用せずに、すべてのデータを用いたパラメーターの修正を繰り返します。

[SLN-09] 学習処理

```
1: %%time
2: loss_history, acc_history = [], []
3: for step in range(1, 5001):
4:     state, loss, acc = train_step(state, train_x, train_t)
5:     loss_history.append(jax.device_get(loss).tolist())
6:     acc_history.append(jax.device_get(acc).tolist())
7:     if step % 1000 == 0:
8:         print ('Step: {}, Loss: {:0.4f}, Accuracy {:0.4f}'.format(
9:             step, loss, acc), flush=True)
--------------------------------------------------------------------------
Step: 1000, Loss: 0.3412, Accuracy 0.9467
Step: 2000, Loss: 0.2254, Accuracy 0.9600
Step: 3000, Loss: 0.1690, Accuracy 0.9600
Step: 4000, Loss: 0.1412, Accuracy 0.9733
Step: 5000, Loss: 0.1267, Accuracy 0.9733
CPU times: user 1.24 s, sys: 21 ms, total: 1.26 s
Wall time: 1.27 s
```

ここでは、パラメーターの修正を5,000回繰り返していますが、学習の初期段階で90％を超える正解率を達成しています。学習中の誤差関数の値と正解率の変化をグラフに表示してみましょう。

[SLN-10] グラフを描画

```
1: df = DataFrame({'Accuracy': acc_history})
2: df.index.name = 'Steps'
3: _ = df.plot(figsize=(6, 4))
4:
5: df = DataFrame({'Loss': loss_history})
6: df.index.name = 'Steps'
7: _ = df.plot(figsize=(6, 4))
```

このコードを実行すると、図3.6のグラフが表示されます。さらに、モデルの予測結果を図示しておきます。

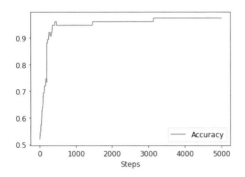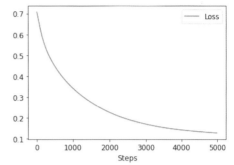

図3.6 学習に伴う正解率と誤差関数の変化

[SLN-11] 予測結果を描画

```
 1: train_set0 = [jax.device_get(x).tolist()
 2:                   for x, t in zip(train_x, train_t) if t == 0]
 3: train_set1 = [jax.device_get(x).tolist()
 4:                   for x, t in zip(train_x, train_t) if t == 1]
...（中略）...
17: locations = [[x1, x2] for x2 in np.linspace(-15, 15, 500)
18:                        for x1 in np.linspace(-15, 15, 500)]
19: p_vals = state.apply_fn({'params': state.params},
20:                          np.array(locations)).reshape([500, 500])
21: _ = subplot.imshow(p_vals, origin='lower', extent=(-15, 15, -15, 15),
22:                     vmin=0, vmax=1, cmap=plt.cm.gray_r, alpha=0.4)
```

このコードは、トレーニングデータが配置された(x_1, x_2)平面上に、各点の確率値 $P(x_1, x_2)$を色の濃淡で示します。17〜18行目で、平面上の500×500個の点を表す座標をリストにまとめておき、19〜20行目でこれらに対する確率値をまとめて取得しています。

このコードの実行結果は、図3.7になります。誌面では色の違いが少しわかりにくいかも知れませんが、2本の直線で分割された4つの領域で、それぞれに色の濃さが違います。色の濃淡は、確率値$P(x_1, x_2)$に対応しており、4つの領域に異なる確率値を与えるという、期待通りの結果が得られました。今の場合、確率値$P(x_1, x_2)$は、×印（$t = 1$）のデータである確率を表します。右上の領域は、$P(x_1, x_2) > 0.5$で、その他の3つの領域では、$P(x_1, x_2) < 0.5$になっています。

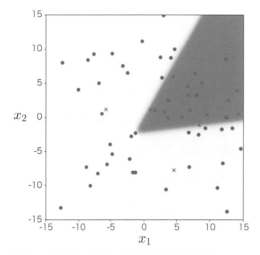

図3.7 隠れ層により4つの領域に分割された結果

3.1.3 ノード数の違いによる効果

　ここでは、単層ニューラルネットワークにおいて、隠れ層のノード数を増やした場合の効果について説明します。まず、隠れ層のノード数を増やすということは、図3.5における領域の分割数を増やすことに相当します。より正確にいうと、ノードの数だけ分割線が得られることになり、各領域を特徴づける変数が増えます。たとえば、M個のノードを用いた場合、各領域は、$z_m = \pm 1\ (m = 1, \cdots, M)$という$M$個の値の組で特徴づけられます。

　具体例として、さきほどのコードでモデルの定義を次のように変更してみます。

[SLN-04] ノード数を変更

```
 1: class SingleLayerModel(nn.Module):
 2:     @nn.compact
 3:     def __call__(self, x, get_logits=False):
 4:         x = nn.Dense(features=32)(x)
 5:         x = nn.tanh(x)
 6:         x = nn.Dense(features=1)(x)
 7:         if get_logits:
 8:             return x
 9:         x = nn.sigmoid(x)
10:         return x
```

ここでは、4行目の関数nn.Dense()のfeaturesオプションの値を32にして、隠れ層のノード数を32個に増やしています。ノートブック上でこの変更を行った後に、「ランタイム」メニューから「再起動してすべてのセルを実行」を選んでノートブック全体を再実行します。この時、**[SLN-09]**で学習を実施した結果を見ると、正解率は1.0、すなわち、全問正解を達成しています。

　図3.7に示された●と×のデータ配置を見ると、これを完全に分類するのは、ほぼ不可能にも思えます。実際の所、何がおきているのでしょうか？ これは、**[SLN-11]**で表示される結果（図3.8）を見るとわかります。多数の分割線を利用することで、「飛び地」にある2個の×を細長い領域で強引に分類しており、明らかに、トレーニングデータに対するオーバーフィッティングが発生しています。

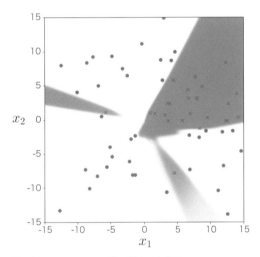

図3.8　隠れ層のノード数を増やした結果

　この例からもわかるように、隠れ層のノード数は単純に増やせばよいというものではなく、学習対象のデータの特性に応じて、適切な値を見つけ出す必要があります。今回はテスト用のデータは使用しませんでしたが、実際には、さまざまなノード数に対して、テストセットに対する正解率がどこまで上がるかを確認していきます。機械学習モデルに含まれるパラメーターは、学習処理によって自動的に最適化されるわけですが、隠れ層のノード数など、モデルを設計するデータサイエンティスト自身が決めるべき設定値も存在します。一般に、このような設定値をハイパーパラメーターと呼びます。最適なハイパーパラメーターの値を発見する方法については、「3.2.2 ハイパーパラメーター・チューニングによるノード数の決定」であらためて解説します。

単層ニューラルネットワークによる手書き文字の分類

　前節では、2次元平面のデータを分類する二項分類器の例を用いて、単層ニューラルネットワークの構造を理解しました。オーバーフィッティングに気を付ける必要はありますが、隠れ層を追加することにより、より複雑な境界線でデータを分類できることがわかりました。

　ここでは、これと同じ手法をMNISTの手書き文字データセットの分類問題に適用します。この問題では、ソフトマックス関数を用いた多項分類器により、784次元空間を「0」〜「9」の数字に対応した10個の領域に分類する必要がありました。トレーニングセットのデータ群が784次元空間にどのように配置されているのかを想像するのは簡単ではありませんが、素朴に考えると、隠れ層を入れる事で、複雑なデータ配置に対応した、より正確な分類ができるものと期待ができます。まずは、実際にモデルを実装して、結果を確認してみましょう。

3.2.1 単層ニューラルネットワークを用いた多項分類器

　はじめに、使用するニューラルネットワークの全体像を図3.9に示します。入力層のデータ数と隠れ層のノード数が増えていることに加えて、出力層にソフトマックス関数を用いた線形多項分類器を使用する点がさきほどとの違いになります。Flaxのlinenモジュールを用いれば、このモデルをコードで表すのは簡単ですが、念のために、モデルが表す計算式を先に示しておきます。この後の実装では、隠れ層のノード数は1,024に設定しますが、ここでは、一般にM個のノードがあるものとします。

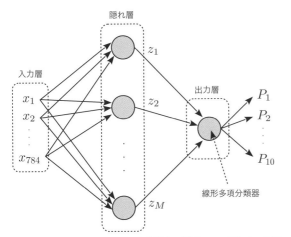

入力層

隠れ層

出力層

線形多項分類器

図3.9 MNISTデータセットを分類する単層ニューラルネットワーク

　まず、隠れ層のそれぞれのノードは、784個の入力値$(x_1, \cdots, x_{784})$を受け取り、「1次関数+活性化関数」で計算した結果を出力するので、出力値は次のように表されます。ここでは、活性化関数$h(x)$には、ReLUを用います。

$$z_m = h(w_{1m}x_1 + \cdots + w_{748m}x_{748} + b_m) \quad (m = 1, \cdots, M) \tag{3.6}$$

　出力層は、ソフトマックス関数を用いた線形多項分類器ですので、10個の1次関数を用意して、それらをソフトマックス関数で確率値に変換します[*2]。

$$f_k(z_1, \cdots, z_M) = w'_{1k}z_1 + \cdots + w'_{Mk}z_M + b_0 \quad (k = 1, \cdots, 10) \tag{3.7}$$

$$P_k(z_1, \cdots, z_M) = \frac{e^{f_k(z_1, \cdots, z_M)}}{\displaystyle\sum_{i=1}^{10} e^{f_i(z_1, \cdots, z_M)}} \quad (k = 1, \cdots, 10) \tag{3.8}$$

　（3.6）〜（3.8）の関係式を通して、画像データ$(x_1, \cdots, x_{784})$から、それが「0」〜「9」の数字である確率$P_k\,(k = 1, \cdots, 10)$が計算されます。ここまでの準備（「機械学習の3ステップ」のステップ①）ができれば、この後の処理（「機械学習の3ステップ」のステップ②③）は、隠れ層のない線形多項分類器の場合とまったく同じです。「2.3.2 画像データの分類アルゴリズム」の（2.30）に示したカテゴリカル・クロスエントロピーを誤差関数として、勾配降下法によるパラメーターの最適化を行います。

---

*2 （3.7）に含まれるウェイト$w'_{1k}, ..., w'_{Mk}$のダッシュ記号（'）は、（3.6）に含まれるウェイト$w_{1m}, ...w_{748m}$と区別するためのものです。数学的に特別な意味があるわけではありません。

それでは、以上の内容をJAX/Flax/Optaxで実装して、MNISTデータセットの分類処理を行ってみましょう。フォルダー「Chapter03」の中にある、次のノートブックを用いて説明します。

- 2. MNIST single layer network.ipynb

多数のノードを含む隠れ層を持つモデルは、学習処理の計算量が多くなるため、このノートブックでは、GPUを接続したランタイムを使用します。p.40でも触れたように、無償版のColaboratoryでは、GPUを接続したランタイムは使用時間に制限があります。**ノートブックの使用が終わったら、「ランタイム」メニューの「ランタイムを接続解除して削除」を選択して、接続を解除しておくようにしましょう。**

また、このノートブックの内容は、「2.3.3 JAX/Flax/Optaxによる線形多項分類器の実装」で用いた「3. MNIST softmax estimation.ipynb」とほぼ同じで、使用するモデルの定義だけが異なります。そこで、モデルの定義内容に絞って解説します。

01

このノートブックでは、次の部分で、図3.9に示した、隠れ層を持った分類モデルSingleLayerSoftmaxModelを定義しています。

[MSL-05] 隠れ層を持った分類モデルを定義

```
 1: class SingleLayerSoftmaxModel(nn.Module):
 2:     num_nodes: int = 1024
 3:
 4:     @nn.compact
 5:     def __call__(self, x, get_logits=False):
 6:         x = nn.Dense(features=self.num_nodes)(x)
 7:         x = nn.relu(x)
 8:         x = nn.Dense(features=10)(x)
 9:         if get_logits:
10:             return x
11:         x = nn.softmax(x)
12:         return x
```

「2.3.3 JAX/Flax/Optaxによる線形多項分類器の実装」の手順 **03** （[**MSE-05**]）で定義したモデルと比較すると、6〜7行目で、ReLUを活性化関数とした隠れ層を追加し

ている点が異なります。また、6行目で追加する隠れ層のノード数（featuresオプションの値）をオプション指定できるようにしてあります。次は、ノード数を512に設定したモデルオブジェクトを生成して、変数modelに保存する例になります。

```
1: model = SingleLayerSoftmaxModel(num_nodes=512)
```

このオプションは **[MSL-05]** の2行目で定義しており、ここでは、num_nodesオプションで整数値を受け取ります（デフォルト値は1024）。受け取った値は、6行目のself.num_nodesのように、self変数の属性値として取り出します。ただし、この後のコードでは、デフォルト値に設定した1,024個のノードを用いるので、num_nodesオプションの指定は行いません。この後の「3.2.2 ハイパーパラメーター・チューニングによるノード数の決定」で、さまざまなノード数のモデルを比較する際に、あらためてこの機能を活用します。

02

この後、ミニバッチを用いて16エポック分の学習処理を行うと、テストセットに対して、98％前半（98.1〜98.3％程度）の正解率を達成します。隠れ層を持たない線形多項分類器の場合、正解率は約93％でしたので、隠れ層を追加したことによる性能の向上が確認できました。学習中の正解率と誤差関数の値の変化は、図3.10のようになります。この結果を見ると、隠れ層を持たない場合（「2.3.3 JAX/Flax/Optaxによる線形多項分類器の実装」の図2.21）に比べて、トレーニングセットとテストセットに対する正解率、もしくは、誤差関数の値の差が大きくなっていることがわかります。これは、多数のノードを持つ隠れ層を追加したことで、モデルに含まれるパラメーター数が増えたために、オーバーフィッティングが起こりやすくなっていることを示しています。

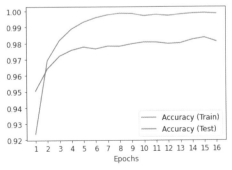
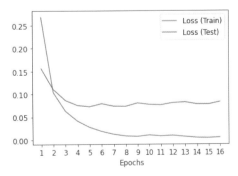

図3.10 学習に伴う正解率と誤差関数の変化

テストセットに対する精度がトレーニングセットに対する精度よりも下がるのは普通のことなので、この状況そのものに問題があるわけではありませんが、不必要に隠れ層のノード数が多いと、学習処理に余計な時間がかかるなどのデメリットも生まれます。そこで、次項では、テストセットに対して十分な予測精度を得るための適切なノード数を調べてみます。

3.2.2 ハイパーパラメーター・チューニングによるノード数の決定

隠れ層のノード数のように、モデルを設計するデータサイエンティスト自身が決めるべき設定値をハイパーパラメーターと呼びます。最適なハイパーパラメーターの値を決めるには、基本的には、さまざまな値のモデルで学習を行い、その結果を比較する必要があります。この作業をハイパーパラメーター・チューニングと呼びます。

ハイパーパラメーター・チューニングを支援するツールの中には、これまでに得られた結果をもとにして、「次に試すとよさそうな値」を提案してくれるものもありますが、ここでは、事前に指定した値を順番に試していくという素朴な実装を行います。一般に、グリッドサーチと呼ばれる方法です。フォルダー「Chapter03」の中にある、次のノートブックを用いて説明します。

- 3. Hyper parameter tuning.ipynb

このノートブックは、GPUを接続したランタイムを使用します。無償版のColaboratoryを使用している場合は、**ノートブックの使用が終わったら、「ランタイム」メニューの「ランタイムを接続解除して削除」を選択して、接続を解除しておくようにしましょう。**
このノートブックの内容は、前項で使用した、「2. MNIST single layer network.ipynb」とほぼ同じで、隠れ層のノード数を変えながら学習を繰り返す部分だけが異なります。ここでもまた、ポイントを絞ってコードの解説を行います。

01

まず、モデルの定義内容は、前項「3.2.1 単層ニューラルネットワークを用いた多項分類器」の手順 **01** で説明した **[MSL-05]** と同じです。モデルオブジェクトを生成する際に、num_nodesオプションで隠れ層のノード数を指定できるようにしてあります。このほかには、ミニバッチを用いて、複数エポックにわたる学習を実行する fit() 関数

が用意されています。

ここまでの準備のもとに、次のコードを実行して、グリッドサーチを実施します。

[HPT-10] グリッドサーチを実施

```
 1: %%time
 2: meta_history = {}
 3: for n in [128, 256, 512, 1024, 2048, 4096]:
 4:     model = SingleLayerSoftmaxModel(num_nodes=n)
 5:     key, key1 = random.split(random.PRNGKey(0))
 6:     variables = model.init(key1, train_images[0:1])
 7:
 8:     state = train_state.TrainState.create(
 9:         apply_fn=model.apply,
10:         params=variables['params'],
11:         tx=optax.adam(learning_rate=0.001))
12:
13:     print('==============')
14:     print('num_nodes={}'.format(n))
15:     print('--------------')
16:     state, history = fit(state,
17:                          train_images, train_labels, test_images, ⏎
test_labels,
18:                          epochs=16, batch_size=128)
19:     meta_history[n] = history
------------------------------------------------------------------------
==============
num_nodes=128
--------------
Epoch: 1, Loss: 0.3982, Accuracy: 0.8932 / Loss(Test): 0.2162, ⏎
Accuracy(Test): 0.9371
Epoch: 2, Loss: 0.1862, Accuracy: 0.9465 / Loss(Test): 0.1532, ⏎
Accuracy(Test): 0.9562
Epoch: 3, Loss: 0.1356, Accuracy: 0.9604 / Loss(Test): 0.1247, ⏎
Accuracy(Test): 0.9627
Epoch: 4, Loss: 0.1057, Accuracy: 0.9695 / Loss(Test): 0.1090, ⏎
Accuracy(Test): 0.9664
... (以下省略) ...
```

3行目のforループにより、num_nodesオプションに指定する値を128、256、512、1024、2048、4096の6種類に変えながら、学習処理を繰り返します。4行目で、指定したノード数のモデルオブジェクトを生成して変数modelに保存した後、これを用いて、パラメーターの初期値の生成（5〜6行目）とTrainStateオブジェクトの作成（8〜11行目）を行います。これまでのコードでは、生成したモデルオブジェクトを変数に保存することはせずに、必要になるごとに新しく生成していました。一方、今回は、num_nodesオプションに特定の値を指定する必要があります。必要になるごとに、SingleLayerSoftmaxModel(num_nodes=n)として生成する方法もありますが、オプション指定が煩雑になるため、ここでは、生成したモデルオブジェクトを変数に保存して、再利用するようにしています。

　その後、16〜18行目で関数fit()を用いて、16エポック分の学習処理を行います。学習中の正解率と誤差関数の値の変化が得られるので、後から確認できるように、ディクショナリーmeta_historyに保存しています（19行目）。

02

　すべての学習処理が終わったら、結果を確認します。いろいろな観点で比較することができますが、ここでは、「学習中に得られた、テストセットに対する正解率の最大値」を比較することにします。前項の図3.10を見るとわかるように、テストセットに対する正解率は学習中に減少することもあるので、最終結果ではなく、学習中の最大値を比較します。

[HPT-11] テストセットに対する正解率の最大値を比較

```
1: df = DataFrame({n: [np.max(meta_history[n]['acc_test'])]
2:                 for n in meta_history.keys()}).T
3: df.columns = ['Accuracy']
4: _ = df.plot(kind='bar', figsize=(6, 4), ylim=(0.97, 0.99),
5:             xlabel='Number of nodes')
```

　このコードを実行すると、図3.11のグラフが表示されます。ここでは、ノード数を2倍ずつに増やしており、1,024ノードまではノード数にあわせて正解率も向上しているようですが、それ以降はノード数を増やす効果は明確には見られません。オーバーフィッティングが発生して、テストセットの正解率向上への寄与が小さくなっているものと想像されます。得られる効果とのバランスという意味では、1,024個というノード数は妥当な選択だったことがわかります。なお、このノートブックはGPUを接続した環

境を用いているため、実行ごとに結果が変わることがあります。細かな数値にはこだわらずに、全体の傾向を把握するとよいでしょう [*3]。

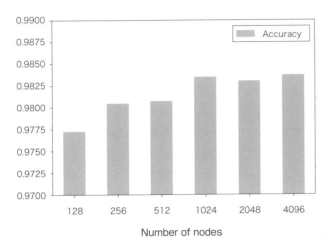

図3.11 テストセットに対する正解率の比較

---

*3 たとえば、1,024ノードを超えてもノード数の増加にあわせて正解率が増えるという場合もあります。厳密に比較するのであれば、複数回実行した結果を比較するなどの方法を用います。

3-3 多層ニューラルネットワークへの拡張

Chapter

ここまで、隠れ層が1層だけの単層ニューラルネットワークについて解説してきました。次のステップとして、隠れ層を2層に増やしたニューラルネットワークを考えることができます。しかしながら、ディープラーニングの仕組みを理解する上では、やみくもに隠れ層を追加して複雑にするのではなく、新たに追加した隠れ層が持つ「役割」を理解することが大切になります。ここでは、2次元平面のデータを用いた例に立ち戻り、隠れ層を追加する意味を捉えます。

3.3.1 多層ニューラルネットワークの効果

「3.1.2 隠れ層が果たす役割」の図3.5では、隠れ層に2個のノードを持った単層ニューラルネットワークにより、平面を4つの領域に分割できることを示しました。その結果、図3.7のような配置のデータをうまく分類することができました。それでは、図3.12のような配置のデータは、同じ単層ニューラルネットワークでうまく分類できるでしょうか？ ——実は、これは不可能です。その理由は、次のように理解することができます。

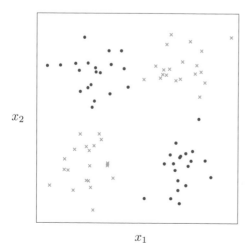

図3.12 交差する位置に異なるタイプのデータが配置されたパターン

さきほどの図3.5で見たように、隠れ層の2つのノードによって、(x_1, x_2)平面は、$(z_1, z_2) = (-1, -1), (-1, 1), (1, -1), (1, 1)$という4つの領域に分割されます。そして、これらの値を受け取った出力層は、次の関数によって、$t = 1$である確率を計算します。

$$P = \sigma(w_1 z_1 + w_2 z_2 + b) \tag{3.9}$$

　ここで、シグモイド関数の中にある1次関数を$g(z_1, z_2)$とします。

$$g(z_1, z_2) = w_1 z_1 + w_2 z_2 + b \tag{3.10}$$

　この時、$g(z_1, z_2) = 0$は、(z_1, z_2)平面上の直線を表しており、（3.9）は、この直線の両側で$t = 1$の領域と$t = 0$の領域に分割することを意味します。図3.13を見るとわかるように、互いに交差する位置に異なるタイプのデータがある場合、これを直線で分類することはできません。図3.5を見なおして、(x_1, x_2)平面と(z_1, z_2)の値の関係を考えなおすと、図3.7のような配置のデータはうまく分類できる一方で、図3.12のような配置には対応できないことがわかります。

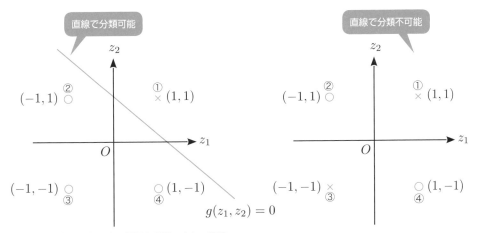

図3.13　直線で分類できる配置と分類できない配置

　これは、出力層が(z_1, z_2)平面を単なる直線で分割するところに問題があります。出力層の機能を拡張して、より複雑な分割ができるようにすれば、うまく対応できる可能性があります。——と言っても、「出力層を拡張する」にはどのような方法があるのでしょうか？

　実は、これは、出力層をニューラルネットワークにすることで対応できます。「ニューラルネットワークの出力層をニューラルネットワークにするって、いったいどういうこ

と？」という声が聞こえてきそうですが、図3.14に示すように、全体として隠れ層が2層のニューラルネットワークを構成するということです。1段目の隠れ層が出力する(z_1, z_2)の値を2段目の隠れ層以降の部分で処理することにより、図3.12のデータ配置を正しく分類することが可能になります。

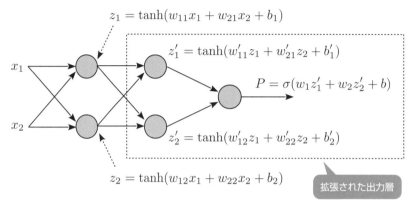

図3.14　出力層を拡張したニューラルネットワーク

　理由の説明は後にして、まずは、このモデルをJAX/Flax/Optaxで実装して、実際の結果を確認してみましょう。ここでは、フォルダー「Chapter03」にある、次のノートブックを用いて説明します。

- 4. Double layer network example.ipynb

01

　このノートブックの内容は、「3.1.2 隠れ層が果たす役割」で解説した「1. Single layer network example.ipynb」において、分類用のデータ生成の部分とニューラルネットワークの構成を変更した以外には、本質的な違いはありません。まず、データ生成の部分は、次になります。

[DLN-03] トレーニングデータの生成

```
1: def generate_datablock(key, n, mu, cov, t):
2:     data = random.multivariate_normal(
3:         key, jnp.asarray(mu), jnp.asarray(cov) ,jnp.asarray([n]))
4:     data = jnp.hstack([data, jnp.ones([n, 1])*t])
```

```
 5:     return data
 6:
 7: key, key1, key2, key3, key4, key5 = random.split(random.PRNGKey(0), 6)
 8: data1 = generate_datablock(key1, 24, [ 7,  7], [[18, 0], [0, 18]], 1)
 9: data2 = generate_datablock(key2, 24, [-7, -7], [[18, 0], [0, 18]], 1)
10: data3 = generate_datablock(key3, 24, [ 7, -7], [[18, 0], [0, 18]], 0)
11: data4 = generate_datablock(key4, 24, [-7,  7], [[18, 0], [0, 18]], 0)
12:
13: data = random.permutation(key5, jnp.vstack([data1, data2, data3, data4]))
14: train_x, train_t = jnp.split(data, [2], axis=1)
```

ここでは、図3.12のように(x_1, x_2)平面を4つに分割して、交差する位置に異なる正解ラベルのデータを配置しています。

02

　ニューラルネットワークのモデルDoubleLayerModelを定義するコードは、次になります。

[DLN-04] ニューラルネットワークのモデルを定義

```
 1: class DoubleLayerModel(nn.Module):
 2:     @nn.compact
 3:     def __call__(self, x, get_logits=False):
 4:         x = nn.Dense(features=2)(x)
 5:         x = nn.tanh(x)
 6:         x = nn.Dense(features=2)(x)
 7:         x = nn.tanh(x)
 8:         x = nn.Dense(features=1)(x)
 9:         if get_logits:
10:             return x
11:         x = nn.sigmoid(x)
12:         return x
```

　図3.14に対応させて説明すると、4～5行目は(z_1, z_2)を計算する1層目の隠れ層で、6～7行目は「拡張された出力層」の最初のレイヤー、そして、8～11行目がシグモイド関数を用いた出力層になります。これまでと同様に、予測値を取得する際にオプションget_logits=Trueを指定すると、シグモイド関数で確率値に変換する直前のロジットの値を返すようにしてあります。

3-3　多層ニューラルネットワークへの拡張　　177

この後は、これまでと同様に誤差関数を定義して、学習処理を行います。学習済みの
モデルによる分類結果は図3.15のようになります。データの特徴を捉えた、適切な分類
ができていることがわかります。作為的に用意したデータとはいえ、驚くほどうまく分
類できているのではないでしょうか？ 次項では、このような分類が可能になる理由を
解き明かします。

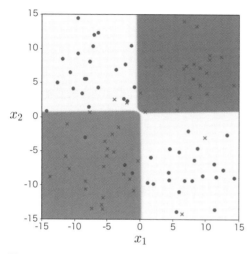

図3.15　2層ニューラルネットワークによる分類結果

3.3.2 特徴変数に基づいた分類ロジック

　ここでは、隠れ層を追加することにより、図3.12のデータ配置に対応することができ
た理由を少しユニークな「論理回路」の視点で捉えてみます。まず、1層目の隠れ層の出
力は、図3.16のように、(z_1, z_2)平面の4つの点に対応します。厳密には、境界線付近の
データについてはこれら以外の値もとりますが、活性化関数として用いたハイパボリッ
クタンジェントは、-1から1へと急激に値が変化するので、大部分のデータについては、
(z_1, z_2)の値はこの4つの点の周りへと集約されることになります。

　そして、この4つの点を直線で分類した際に、どのような分類が可能であるかを論理
計算で表現してみます。たとえば、図3.17の左上は、z_1とz_2の両方が1である場合と、
そうでない場合を分類しています。これは、z_1とz_2の値についての「AND計算」とみな
すことができます。一般的な論理計算では、0と1の値を使用しますが、ここでは、0の
代わりに-1を使用しているものと考えてください。また、図中のオーバーラインは「否

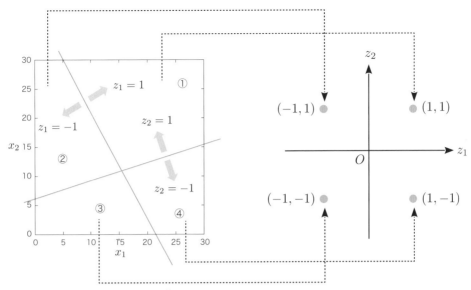

図3.16 1層目の隠れ層による値の変換

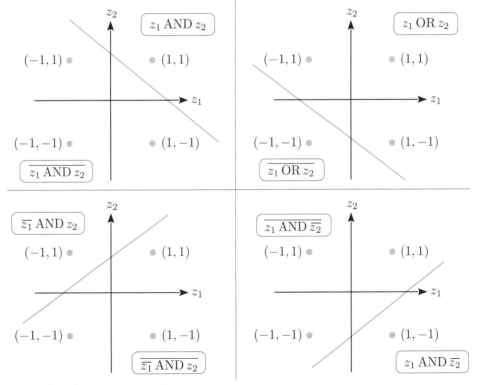

図3.17 (z_1, z_2)平面の分類と論理計算の対応

定（NOT）」を表す記号です。同様に、図3.17の右上は、z_1とz_2の少なくとも一方が1である場合と、そうでない場合を分類しており、これは、z_1とz_2の値についての「OR計算」にあたります。

　1次関数に活性化関数を組み合わせたノードは、一般に、入力データを直線で分類するという性質を持っていますが、入力データが±1のバイナリー値を取る場合は、このようにして、論理計算回路とみなすことができます。図3.17の下の2つは、それほど単純な論理計算には対応していませんが、1つのノードは、少なくともAND回路（$z_1 \text{ AND } z_2$または$\overline{z_1 \text{ AND } z_2}$）、および、OR回路（$z_1 \text{ OR } z_2$または$\overline{z_1 \text{ OR } z_2}$）の機能を内包することがわかりました。より正確に表現すると、図3.17の左上のケースでは、境界線の右上で活性化関数が1になる場合は$z_1 \text{ AND } z_2$を計算する回路、左下で活性化関数が1になる場合は$\overline{z_1 \text{ AND } z_2}$を計算する回路になります。図3.17の右上のOR回路についても同様です。

　一方、図3.13の右に示したパターン、すなわち、直線では分類できないパターンは、どのような論理計算に対応するでしょうか？ これは、z_1とz_2が一致する場合とそうでない場合を分類しており、論理計算でいうとXOR計算に相当します。念のために、論理計算のルールを表3.2にまとめておきましたので、参考にしてください。

表3.2　論理計算のルール

AND計算

$1 \text{ AND } 1$	1	$\overline{1 \text{ AND } 1}$	0
$1 \text{ AND } 0$	0	$\overline{1 \text{ AND } 0}$	1
$0 \text{ AND } 1$	0	$\overline{0 \text{ AND } 1}$	1
$0 \text{ AND } 0$	0	$\overline{0 \text{ AND } 0}$	1

OR計算

$1 \text{ OR } 1$	1	$\overline{1 \text{ OR } 1}$	0
$1 \text{ OR } 0$	1	$\overline{1 \text{ OR } 0}$	0
$0 \text{ OR } 1$	1	$\overline{0 \text{ OR } 1}$	0
$0 \text{ OR } 0$	0	$\overline{0 \text{ OR } 0}$	1

XOR計算

$1 \text{ XOR } 1$	0
$1 \text{ XOR } 0$	1
$0 \text{ XOR } 1$	1
$0 \text{ XOR } 0$	0

ここで、どこかで習ったはず（？）の論理回路の組み合わせ法則を思い出します。手元にAND回路とOR回路があれば、これらを3つ組み合わせることで、XOR回路を作ることができます。これがまさに、図3.14の「拡張された出力層」にほかなりません。ここに含まれる3つのノードのパラメーターを調整して、図3.18の論理回路を構成すれば、図3.13の右にあるパターンが分類可能になります。表3.2のルールを用いると、図3.18の組み合わせで、確かにXOR回路が合成されていることがわかります[*4]。

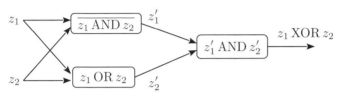

図3.18　AND回路とOR回路でXOR回路を構成する方法

　このような観点で、この2層ニューラルネットワークの機能をあらためて整理すると、図3.19のように理解することができます。まず、1つ目の隠れ層は、(x_1, x_2)平面を4分割して、それぞれに、$(z_1, z_2) = (-1, -1), (-1, 1), (1, -1), (1, 1)$という4種類の値を割り当てます。元々のデータは、$(x_1, x_2)$という2つの実数値で表現されていますが、$t = 0, 1$という特徴を判定する上では、$\pm 1$の値をとる、2つのバイナリー変数$(z_1, z_2)$で十分だったのです。

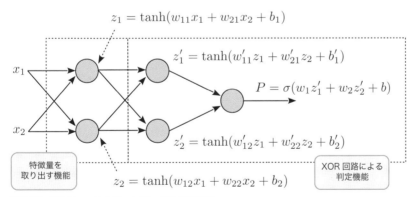

図3.19　2層ニューラルネットワークの機能分解

---

*4　厳密に言うと、図3.13の右では、右上と左下の×は$t = 1$に対応するので、これらの領域で活性化関数が1になる必要があり、これは$\overline{z_1 \, \mathrm{XOR} \, z_2}$に対応します。図3.18の$z_1' \, \mathrm{AND} \, z_2'$を$\overline{z_1' \, \mathrm{AND} \, z_2'}$に置き換えれば$\overline{z_1 \, \mathrm{XOR} \, z_2}$が構成できるので、本質的には問題ありません。

このように、データを分類するために必要な「特徴量」を抽出するのが、1つ目の隠れ層の役割になります。オリジナルのデータから、分類に必要な特徴量を取り出した変数 (z_1, z_2) を特徴変数とも言います。そして、2つ目の隠れ層以降では、抽出された特徴量に基づいて、$t = 0, 1$ の判定を行います。このような、「**特徴量の抽出＋特徴量に基づいた分類**」が多層ニューラルネットワークの本質とも言えます。

ここであらためて、第1章の図1.2を見なおしてみましょう。このニューラルネットワークの場合、「特徴量に基づいた分類」を実施するのは、最後の全結合層と線形多項分類器を組み合わせた部分になります。さきほどの例では、「拡張された出力層」にあたる部分です。このように考えると、その前段にある畳み込みフィルターとプーリング層の役割は自然に理解できます。入力層で与えられた画像データからその特徴量を抽出して、後ろの全結合層に入力することがその役割となります（図3.20）。

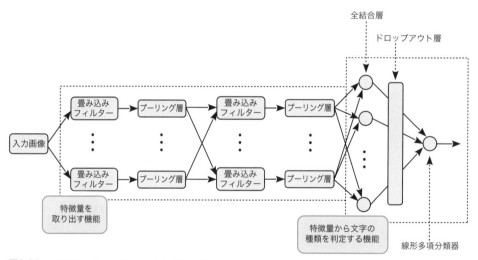

図3.20　手書き文字の分類を行うCNNの機能分解

さきほどの図3.15は説明のために用意した簡単な例ですので、2個のノードからなる隠れ層で適切な特徴量が抽出できましたが、MNISTのデータセットとして与えられる手書き文字データの場合は、それだけでは不十分です。手書き文字を分類する上での「最適な特徴」を抽出するには、画像データに特化した専用の処理が必要であり、それを実現するのが、畳み込みフィルターとプーリング層というわけです。第4章からは、いよいよ、これらの仕組みを理解して、どのように手書き文字画像の特徴が抽出されるのかを見ていきます。

3.3.3 補足:パラメーターが極小値に収束する例

第4章に進む前に、誤差関数の極小値について少し補足しておきます。「2.3.4 ミニ
バッチと確率的勾配降下法」の図2.25では、誤差関数が最小値と極小値を持つ例を紹介
しました。図3.15の問題は、まさにこのような例になります。実は、ノートブック「4.
Double layer network example.ipynb」に示したコードでは、データの配置やパラ
メーターの初期値などを微調整しながら、最適な分類、すなわち、誤差関数が最小とな
る状態を達成する例を見つけ出しました。一般には、必ずしもこのような結果が得られ
るわけではありません。場合によっては、誤差関数の極小値にパラメーターが収束して、
そこから変化しなくなることがあります。

このノートブックの場合、パラメーターの初期値を生成する際の乱数のシードをいろ
いろ変更して試すと、図3.21のような結果になることがあります[*5]。図3.15の結果と
比べると、正解率は低く、誤差関数の値も大きいのですが、パラメーターの修正をどれ
だけ繰り返しても、これ以上、状態が変化することはありません。これは、図3.21の状
態から、図3.15の状態に変化させようとすると、一度、正解率がより低くなる状態、言
い換えると、誤差関数がより大きくなる状態を通る必要があるためです。いわば、極小
値の谷底にはまり込んで抜けられなくなっているのです。

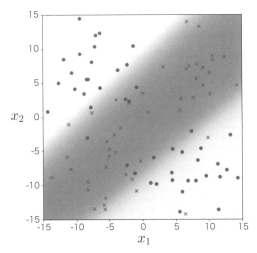

図3.21 誤差関数の極小値にパラメーターが収束した例

---

*5　たとえば、**[DNL-05]** の2行目を`variables = DoubleLayerModel().init(random.PRNGKey(4),`
`train_x)`に変更します。

ただし、ミニバッチによる確率的勾配降下法を使用する場合は、パラメーターの最適化はあくまでも「確率的」な動きに依存するので、しばらくの間、極小値のまわりを動きまわった後に、突然、最小値の方に向かうという動きをすることもあります。特に、複雑なニューラルネットワークを用いる場合、誤差関数の変化を見ていると、誤差関数の値が階段状に変化することがあります。これはちょうど、極小値のまわりをしばらく動きまわった後に、突然、最小値の方向に向かうという動きに対応します。極小値をとる場所が複数ある場合は、何段階かにわけて誤差関数の値が変化するという場合もあります。さらに、本格的なディープラーニングの世界では、最適化処理を数時間（時には、数日間）続けていると、突然、誤差関数の値が大きく減少するということもあります。最適化処理を打ち切るタイミングを見つける難しさが、想像できるものと思います。

第3章のまとめ

　本章では、はじめに、ニューラルネットワークの基礎となる単層ニューラルネットワークの仕組みを説明した上で、これをMNISTの手書き数字画像の分類モデルに適用するコードを実装しました。さらにまた、隠れ層に含まれるノード数を決定するためのハイパーパラメーター・チューニングを実施するコードを実装しました。

　その後、隠れ層を2層に拡張した多層ニューラルネットワークの仕組みを少しユニークな「論理回路」の視点から説明しました。その結果、データの分類に必要な「特徴量」を取り出すという隠れ層の役割が明らかになりました。データから特徴量を取り出すという考え方は、ディープラーニングを理解するポイントとなるもので、次章で解説する畳み込みフィルターは、特に、画像データから特徴量を取り出す仕組みとして理解することができます。

Chapter 04
畳み込みフィルターによる
画像の特徴抽出

第4章のはじめに

　前章では、多層ニューラルネットワークを用いることで、「特徴量の抽出＋特徴量に基づいた分類」という処理が実現できることを説明しました。とりわけ、本書のメインテーマであるCNNにおいては、図4.1にある、畳み込みフィルターとプーリング層の組み合わせによって、手書き文字の特徴量が抽出されることになります。本章では、「｜」「—」「＋」の3種類の記号に限定した例で、畳み込みフィルターとプーリング層の役割を具体的に確認します。また、これらを用いて抽出した特徴を「特徴変数」に変換して、画像の分類を実現するコードを実装します。

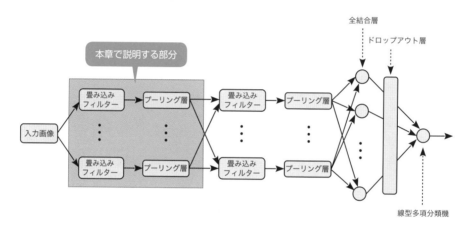

図4.1　CNNの全体像と本章で説明する部分

畳み込みフィルターの機能

「1.3.2 ディープラーニングの特徴」でも触れたように、畳み込みフィルターは、Photoshopなどの画像処理ソフトウェアでも利用されている機能です。決して、ディープラーニング専用に開発されたものではありません。ここでは、画像をぼかすフィルターと画像のエッジを抽出するフィルターを例として、その機能を具体的に確認します。

4.1.1 畳み込みフィルターの例

はじめに、簡単な例として、画像をぼかすフィルターを考えます。これは、画像の各ピクセルにおいて、その部分の色をまわりのピクセルの色と混ぜて、平均化した色に置き換えることで実現できます。グレースケールの画像データであれば、3 × 3の範囲を考えて、各ピクセルの値（その点の濃度）を図4.2のような重みで足しあわせたものを中央のピクセルの値に置き換えます。図4.2の左の例は、中央とまわりのピクセルをほぼ同じ重みにしてあり、右の例は、中央のピクセルの重みを大きくしています。この場合、左の方が「ぼかし効果」はより強くなります。どちらの例も、すべての重みの合計が1になっている点に注意してください。重みの合計が1より大きい場合は、画像の色を濃くする効果が入ります。

0.11	0.11	0.11
0.11	0.12	0.11
0.11	0.11	0.11

0.05	0.05	0.05
0.05	0.60	0.05
0.05	0.05	0.05

図4.2 画像のぼかし効果を得るフィルターの例

図4.3は、サンプル画像に左側のフィルターを適用した例になります。濃度の値が「140」のピクセルに対して、その周りのピクセルを含めて、対応するフィルターの重みで濃度の値を足し合わせた例を示してあります[*1]。計算結果は、四捨五入して整数値に変換しています。この例では、ぼかし効果はそれほど強くありませんが、フィルターのサイズを大きくしてより広い範囲のピクセルの値を混ぜることで、より強いぼかし効果が得られます。

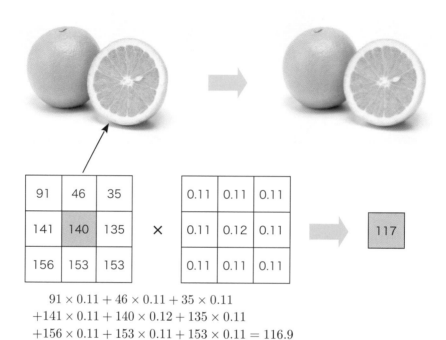

$$91 \times 0.11 + 46 \times 0.11 + 35 \times 0.11$$
$$+141 \times 0.11 + 140 \times 0.12 + 135 \times 0.11$$
$$+156 \times 0.11 + 153 \times 0.11 + 153 \times 0.11 = 116.9$$

図4.3　畳み込みフィルターの適用例

　本質的には、これが畳み込みフィルターのすべてです。予想外に単純で驚いたかもしれませんが、フィルターの重みを取り替えることにより、いろいろと面白い画像操作が可能になります。たとえば、図4.4のフィルターを考えてみます。このフィルターには、重みに負の値が含まれていますが、各ピクセルに掛けて合計した値が負になる場合は、最後に絶対値をとるものとしてください。落ち着いて考えるとわかるように、このフィルターには、横に伸びた線を消去する効果があります。横に同じ色が続いている部分は、左右のプラスとマイナスがキャンセルして0になるためです。一方、縦のエッジの部分では、左右の値がキャンセルせずにそのまま残ります。言い換えると、このフィルター

---

*1　画像の端にあるピクセルにフィルターを適用する場合、フィルターが画像からはみ出しますが、はみ出した部分には値が0のピクセルがあるものとして計算します。

には縦に伸びるエッジを抽出する効果があります。

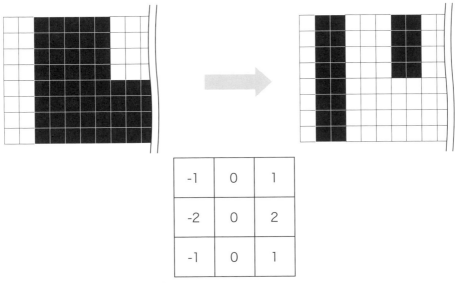

図4.4 縦のエッジを抽出するフィルター

　図4.5はフィルターの大きさを5×5に広げたものですが、これは、エッジの部分をより太い幅で残す効果があります。実際に使用する際は、正の部分、もしくは、負の部分のみの合計（絶対値）が1になるように、全体を23.0で割った値を適用します。フィルターを90度回転させることで、縦線を消去して、横に伸びるエッジを抽出することもできます。

2	1	0	-1	-2
3	2	0	-2	-3
4	3	0	-3	-4
3	2	0	-2	-3
2	1	0	-1	-2

2	3	4	3	2
1	2	3	2	1
0	0	0	0	0
-1	-2	-3	-2	-1
-2	-3	-4	-3	-2

※実際には、各成分を 23.0 で割った値を使用する

図4.5 縦と横のエッジをより太い幅で抽出するフィルター

Flaxのlinenモジュールには、このようなフィルターを構成して、画像データに適用する関数nn.Conv()があらかじめ用意されています。本書では、主にグレースケールの画像を扱いますが、RGBの3つのレイヤーからなるカラー画像に適用することもできます。

4.1.2 JAX/Flax/Optaxによる畳み込みフィルターの適用

それでは、JAX/Flax/Optaxのコードを用いて、実際の画像データに図4.5のフィルターを適用してみましょう。ここでは、縦横のエッジを抽出する効果がよく見えるように、筆者が事前に用意した図4.6の画像データ群を使用します。データのフォーマットは、MNISTの手書き文字画像と同じで、28 × 28ピクセルのグレースケールの画像です。「俺々MNIST」ということで、ORENISTデータセットと名づけてみました。各ピクセルは、その点の濃度を示す0〜1の浮動小数点の値をとります。

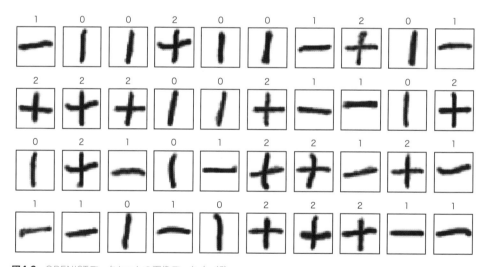

図4.6 ORENISTデータセットの画像データ（一部）

ここでは、フォルダー「Chapter04」にある次のノートブックを用いて、具体的な手順を説明します。新しいテクニックとして、乱数で生成したパラメーターの初期値を任意の値に書き換える方法も説明します。

• 1. ORENIST convolutional filter example.ipynb

　はじめに、Colaboratoryの環境にJAX/Flax/Optaxのライブラリーをインストール
します。

[OCF-01] ライブラリーのインストール

```
 1: %%bash
 2: curl -sLO https://raw.githubusercontent.com/enakai00/colab_jaxbook/main/⏎
requirements.txt
 3: pip install -qr requirements.txt
 4: pip list | grep -E '(jax|flax|optax)'
```

　続いて、コードの実行に必要なモジュールをインポートします。

[OCF-02] モジュールのインポート

```
 1: import numpy as np
 2: import matplotlib.pyplot as plt
 3: import pickle
 4:
 5: import jax, optax
 6: from jax import random, numpy as jnp
 7: from flax import linen as nn
 8: from flax.training import train_state
 9: from flax.core.frozen_dict import freeze, unfreeze
10:
11: plt.rcParams.update({'font.size': 12})
```

　3行目のpickleモジュールは、この後、ORENISTデータセットをダウンロードして
取り込む際に使用します。9行目の`freeze`と`unfreeze`は、パラメーター値を格納し
たFrozenDictオブジェクトを通常のPythonのディクショナリーと相互変換する際に
使用します。

　次は、ORENISTデータセットをGitHubのリポジトリーからダウンロードして、
DeviceArrayオブジェクトに変換します。

```
1: !curl -LO https://github.com/enakai00/colab_jaxbook/raw/main/Chapter04/↵
ORENIST.pkl
2: with open('ORENIST.pkl', 'rb') as file:
3:     images, labels = pickle.load(file)
4: images = jnp.asarray(images)
5: labels = jnp.asarray(labels)
```

　取り込んだデータの形式は、MNISTと同じです。ここでは、変数imagesに画像データ、変数labelsにワンホット・エンコーディングによる正解ラベルが保存されています。次のコードは、データの一部をサンプルとして表示します。

[OCF-04] データの一部を表示

```
1: fig = plt.figure(figsize=(10, 5))
2: for i in range(40):
3:     subplot = fig.add_subplot(4, 10, i+1)
4:     subplot.set_xticks([])
5:     subplot.set_yticks([])
6:     subplot.set_title(np.argmax(labels[i]))
7:     subplot.imshow(images[i].reshape([28, 28]),
8:                    vmin=0, vmax=1, cmap=plt.cm.gray_r)
```

　このコードを実行すると、さきほどの図4.6が表示されます。画像の上部にある値(0, 1, 2)は、3種類の画像に対する正解ラベルを示します。

- -

02

　続いて、この画像データに縦横のエッジを抽出するフィルターを適用する処理を進めます。これまでニューラルネットワークのモデルを定義する際に、関数nn.Dense()を用いて、1次関数を表すノードを含むレイヤーを追加してきました。これと同様に、関数nn.Conv()を用いると、畳み込みフィルターを適用するレイヤーが追加できます。この際、フィルターの情報を表すパラメーター値は多次元リストの形になります。この多次元リストの構造について、先に整理しておきます。

　まず、一般のカラー画像の場合、1枚の画像データはRGBの3つのレイヤーに分かれます。この場合、畳み込みフィルターの処理では、それぞれのレイヤーに異なるフィルターを適用します。たとえば、1つの画像に2種類のフィルターを適用する場合、1種類

のフィルターには、実際には3つのフィルターが含まれており、全体としては、$3 \times 2 = 6$個のフィルターを用意することになります。さらに、1つのフィルターのサイズが5×5の場合、フィルターの情報は、全体として、[5，5，3，2]サイズの多次元リストに格納されます。これは、一般的に言うと[フィルターサイズ（縦, 横），入力レイヤー数, 出力レイヤー数]という形になります。

　最後の部分で、「フィルターの種類の数」ではなく、「出力レイヤー数」という表現をしているのは、次の理由によります。たとえば、カラー画像に2種類の畳み込みフィルター（フィルターAとフィルターB）を適用する場合、図4.7のような処理が行われます。フィルターAとフィルターBは、それぞれ、3つのレイヤーに対応する3種類のフィルターを持っていますが、これらを適用した結果を合成したものが最終的な出力画像になります。ここで言う合成は、各ピクセルの濃度の値を単純に足したものです。それぞれのフィルターからの出力画像は、RGBの3つのレイヤーに分かれるわけではありません。

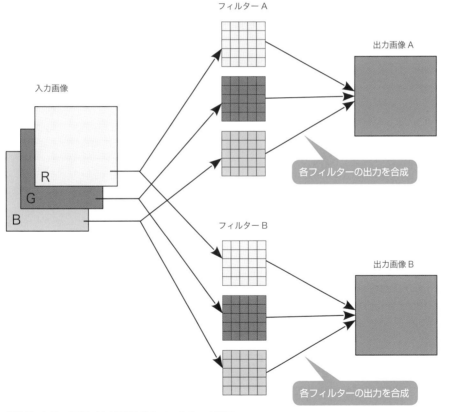

図4.7 カラー画像に対する畳み込みフィルターの適用

一般的な画像処理では、カラー画像にフィルターを適用した結果は、再度、カラー画像になることを期待するでしょう。そのような結果が必要な場合は、3種類のフィルターを用意して、それぞれからの出力結果を変換後の画像のRGBの3つのレイヤーに対応させます。つまり、1種類のフィルターからの出力が、出力画像の1つのレイヤーを構成することになります。結果として、適用するフィルターの種類の数が出力レイヤー数に対応するというわけです。

　ただし、CNNの場合は、画像の「特徴」を抽出することが目的ですので、出力結果は、必ずしもカラー画像である必要はありません。特に今の場合は、1つのレイヤーからなるグレースケールの画像データを用いるため、それほど複雑に考える必要はありません。図4.5の2種類のフィルターを適用する場合、図4.8のように、入力レイヤー数は1で、出力レイヤー数は2になりますので、［5，5，1，2］サイズの多次元リストを用意して、ここにフィルターの情報を格納することになります。

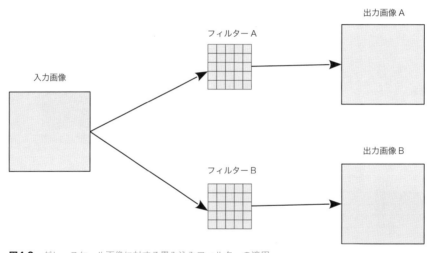

図4.8　グレースケール画像に対する畳み込みフィルターの適用

　図4.5のフィルターを実際に用意するコードは、次のようになります。

[OCF-05] フィルターを用意

```
1: filter0 = np.array([[ 2, 1, 0,-1,-2],
2:                      [ 3, 2, 0,-2,-3],
3:                      [ 4, 3, 0,-3,-4],
4:                      [ 3, 2, 0,-2,-3],
5:                      [ 2, 1, 0,-1,-2]]) / 23.0
6: filter1 = np.array([[ 2, 3, 4, 3, 2],
```

```
 7:                     [ 1, 2, 3, 2, 1],
 8:                     [ 0, 0, 0, 0, 0],
 9:                     [-1,-2,-3,-2,-1],
10:                     [-2,-3,-4,-3,-2]]) / 23.0
11:
12: filter_array = np.zeros([5, 5, 1, 2])
13: filter_array[:, :, 0, 0] = filter0
14: filter_array[:, :, 0, 1] = filter1
```

　ここでは、2次元リストの形式でフィルターを定義した後（1〜10行目）に、これらを
[5，5，1，2]サイズのarrayオブジェクトに格納しています（12〜14行目）。得られ
たarrayオブジェクトは変数filter_arrayに保存されており、後ほど、関数
nn.Conv()で用意するレイヤーのパラメーター値として使用します。

03

　続いて、入力画像に畳み込みフィルターを適用するモデルFixedConvFilter
Modelを定義します。

[OCF-06] 畳み込みフィルターを適用するモデルを定義

```
 1: class FixedConvFilterModel(nn.Module):
 2:     @nn.compact
 3:     def __call__(self, x, apply_pooling=False):
 4:         x = x.reshape([-1, 28, 28, 1])
 5:         x = nn.Conv(features=2, kernel_size=(5, 5), use_bias=False)(x)
 6:         x = jnp.abs(x)
 7:         x = nn.relu(x-0.2)
 8:         if apply_pooling:
 9:             x = nn.max_pool(x, window_shape=(2, 2), strides=(2, 2))
10:         return x
```

　まず、4行目では入力データの形式を変換しています。大元の画像データは、各ピク
セルの濃度の値を一列に並べた1次元リストの形式でしたが、畳み込みフィルターを適
用する際は、縦横の画像サイズを確定する必要があります。RGB画像などでは、複数レ
イヤーを持つこともあるので、一般には、[縦，横，レイヤー数]という形式に変換し
た上で畳み込みフィルターを適用します。今の場合は、28×28のグレースケール画像
（1レイヤー）なので、[28，28，1]サイズに変換する必要があります。より正確に言

うと、モデルが最初に受け取るのは、複数の画像を計画行列の形式にまとめたもので、[入力画像数，784]サイズのリスト形式のデータです。このデータを [入力画像数，縦，横，レイヤー数] サイズに変換する必要があり、これを [-1，28，28，1]というオプションで指定しています。最初の-1は、残りのサイズ数から入力画像数を自動で計算するための指定です。

そして、5行目の関数 nn.Conv() で畳み込みフィルターを適用します。features オプションでフィルターの数、そして、kernel_size オプションでフィルターのサイズを指定します。use_bias=False はバイアス項を加えないという指定ですが、この部分については、後ほど「4.3.1 単層CNNによる手書き文字の分類」であらためて説明します。ここでは、一旦、無視しておいてください。

この後、いくつかの追加の処理があります。6行目はフィルターからの出力画像に絶対値を適用します。今回の畳み込みフィルターの成分には負の値が含まれているので、適用後にピクセル値が負の値になる可能性があります。そのため、絶対値をとって、ピクセル値を強制的に正の値に変換します[*2]。

7行目は、関数 nn.relu(x-0.2) を適用していますが、この部分については、少し補足説明が必要です。関数 nn.relu() は、活性化関数ReLUを表しますが、この関数は、負の値を0に置き換える効果があります。ここでは、0.2を引いてReLUに代入することで、0.2より小さい値を強制的に0にしています。これは、フィルターの効果を強調して、結果をわかりやすくするために追加した処理です。0.2という値は、フィルターから出力される画像の様子を見ながら、エッジを抽出する効果が一番よくわかる値を手作業で発見しました[*3]。

最後に、9行目の関数 nn.max_pool() は、「4.1.3 プーリング層による画像の縮小」で説明するプーリング層の処理にあたります。これには、画像のサイズを半分に圧縮する効果がありますが、この点については、後ほどあらためて解説します。apply_pooling オプションにより、プーリング層の処理を適用するかどうかを選べるようにしてあります。

---

*2 「4.3.1 単層CNNによる手書き文字の分類」で説明するように、画像の分類処理という目的においては、必ずしもピクセル値を正の値に修正する必要はありません。ここでは、畳み込みフィルターの適用結果を画像データとして解釈できるように、この処理を加えています。

*3 この後の「4.3.1 単層CNNによる手書き文字の分類」では、手順 01（[MDF-05] の解説部分）にあるように、この作業も機械学習で自動化します。

04

モデルが定義できたので、パラメーターの初期値を生成します。

[OCF-07] パラメーターの初期値を生成

```
1: key, key1 = random.split(random.PRNGKey(0))
2: variables = FixedConvFilterModel().init(key1, images[0:1])
3:
4: jax.tree_util.tree_map(lambda x: x.shape, variables['params'])
------------------------------------------------------------------
FrozenDict({
    Conv_0: {
        kernel: (5, 5, 1, 2),
    },
})
```

4行目では、生成されたパラメーターの構成を確認しており、出力結果から、[5，5，1，2]サイズのリスト形式になっていることがわかります。これが、関数nn.Conv()で用意した畳み込みフィルターのパラメーター値にあたります。今は、乱数で生成したランダムな値が格納されていますが、この部分に、さきほどの手順 **02** の **[OCF-05]** で用意した値を入れることで、図4.5のフィルターを適用することができます。

機械学習モデルに含まれるパラメーターの値は、通常は、トレーニングデータを用いた学習処理によって最適化を行いますが、ここでは、事前に用意した値を手動で設定するものと考えてください。具体的には、variables['params']['Conv_0']['kernel']に保存されたパラメーター値を書き換えた上で、これを用いて、TrainStateオブジェクトを作成します。これを行うコードは、次になります。

[OCF-08] パラメーター値を書き換え、TrainStateオブジェクトを作成

```
1: params = unfreeze(variables['params'])
2: params['Conv_0']['kernel'] = jnp.asarray(filter_array)
3: new_params = freeze(params)
4:
5: state = train_state.TrainState.create(
6:     apply_fn=FixedConvFilterModel().apply,
7:     params=new_params,
8:     tx=optax.adam(learning_rate=0.001))
```

さきほどの **[OCF-07]** の出力からわかるように、パラメーター値を含むディクショナリーは、通常のPythonのディクショナリーではなく、FrozenDictオブジェクトになっています。これは、Flaxが提供するオブジェクトで、値の変更ができない代わりに、高速に値を取り出すことができます。今回は、この値を変更する必要があるため、一旦、通常のディクショナリーに変換する必要があります。この処理を行うのが、1行目の関数unfreeze()です。variables['params']に格納されたパラメーター値をFrozenDictオブジェクトから通常のディクショナリーに変換して、結果を変数paramsに保存します。この時、ディクショナリーに保存されたパラメーター値そのものは、DeviceArrayオブジェクトになっています。

　続いて、2行目で、params['Conv_0']['kernel']に保存されたパラメーター値をさきほど用意した値で置き換えています。変数filter_arrayには、NumPyのarrayオブジェクトでフィルターの情報を保存していたので、関数jnp.asarray()でDeviceArrayオブジェクトに変換しています。3行目の関数freeze()で、この結果をあらためてFrozenDictオブジェクトに戻して、変数new_paramsに保存しています。

　この後は、5〜8行目でTrainStateオブジェクトを作成します。7行目でparams属性に保存するパラメーター値として、さきほど用意したnew_paramsを用いている点に注意してください。

05

　図4.5のフィルターが、パラメーター値として用意できましたので、これで、画像データにフィルターを適用することができます。state.apply_fn()メソッドに、state.paramsに格納したパラメーター値とあわせて画像データを入力すると、手順 **03** の **[OCF-06]** で定義したモデルに含まれる一連の関数を適用した結果が得られます。

[OCF-09] フィルターを適用し、画像を表示

```
1: conv_output = jax.device_get(
2:     state.apply_fn({'params': state.params}, images[:9]))
3: filter_vals = jax.device_get(state.params['Conv_0']['kernel'])
... (以下省略) ...
```

　このコードでは、9種類の画像データを入力して（1〜2行目）、得られた結果を画像として表示します。3行目では、パラメーター値に含まれるフィルターの値をあらためて取り出していますが、これは、フィルターの様子を画像として表示するために使用しま

す。このコードを実行すると、図4.9が表示されます。

　左端は2種類のフィルターを画像化したもので、その右に、9種類の画像データにそれぞれのフィルターを適用した結果が示されています。上段のフィルターでは、横方向の直線が消去され、縦方向の直線については、両側のエッジの部分が抽出されていることがわかります。ただし、横方向の直線についても、両端のエッジの部分は消えずに残っています。下段のフィルターについては、縦と横を入れ替えて、まったく同じ効果が得られています。

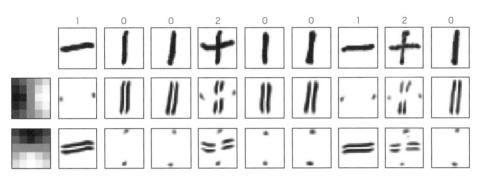

図4.9 畳み込みフィルターを適用した結果

　ここで用いたORENISTのデータセットは、容易に想像できるように、「縦棒」と「横棒」という2つの特徴で分類できます。ここでは、手動で用意した2種類の畳み込みフィルターによって、それぞれの特徴がきれいに分離できたことになります。たとえば、上段のフィルターの出力のみに色が残っていて、下段のフィルターの出力がほぼ白紙状態になれば、その画像は「｜」に分類されるとわかります。あるいは、両方の出力が残れば、「+」に分類されるといった具合です。

　なお、このノートブックでは、学習処理は行なっていない点に注意してください。今回は、事前に用意した固定的な畳み込みフィルターを適用するだけなので、パラメーターを最適化するという学習処理は不要でした。したがって、TrainStateオブジェクトに格納した最適化アルゴリズムoptax.adam(learning_rate=0.001)は使用しておらず、また、パラメーター値をTrainStateオブジェクトに格納する作業も必須というわけではありません。次のように、モデルオブジェクトFixedConvFilterModel()のapply()メソッドに、new_paramsに保存したパラメーター値を直接与えて呼び出しても構いません。

```
1: FixedConvFilterModel().apply({'params':new_params}, images[:9])
```

ここでは、通常の学習処理を行う場合と手順をそろえるために、これまでと同様に
TrainStateオブジェクトを作成して利用しています。

4.1.3 プーリング層による画像の縮小

　さきほどの説明からもわかるように、今回のデータセットでは、画像の種類を判別する上で重要なのは、フィルターからの出力結果が白紙に近いかどうかであって、出力結果の詳細は関係ありません。そこで、これらの出力結果をそのまま分類に使用するのではなく、あえて画像の解像度を落として詳細情報を消してしまいます。この処理を行うのが、プーリング層の役割です。

　前項の手順 **03** の **[OCF-06]** で定義したモデルでは、apply_poolingオプションにより、9行目の関数nn.max_pool()が適用できるようになっていました。この関数は、フィルターから出力された28 × 28ピクセルの画像を一定サイズのブロックに分解して、それぞれのブロックを1つのピクセルで置き換えます（図4.10）。この際、window_shapeオプションでブロックのサイズ、stridesオプションでブロックを移動するステップを指定します。通常は、ブロックの移動ステップはブロックのサイズに一致させます。今の場合は、2 × 2ピクセルを1ピクセルに置き換えるため、それぞれの画像は14 × 14ピクセルの画像に変換されます。ピクセルを置き換える際は、ブロック内にあるピクセルの最大値を採用します。この他には、平均値で置き換える関数nn.avg_pool()も用意されています。

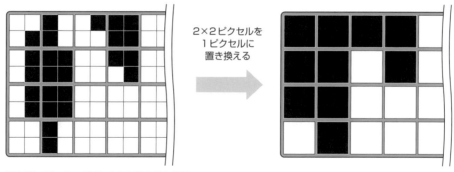

図4.10　プーリング層による画像の縮小処理

　さきほどのノートブックの最後のコード **[OCF-10]** では、プーリング層からの出力データを画像として表示しています。

```
1: pool_output = jax.device_get(
2:     state.apply_fn({'params': state.params}, images[:9], ↵
apply_pooling=True))
3: filter_vals = jax.device_get(state.params['Conv_0']['kernel'])
... (以下省略) ...
```

2行目でstate.apply_fn()メソッドを呼び出す際に、オプションapply_pooling=Trueを指定することで、プーリング層の処理を加えています。このコードを実行すると、図4.11が表示されます。さきほどの図4.9と比較すると、画像の解像度が下がり、より単純化された結果が得られています。次は、この出力結果を多項分類器に入力して、画像を分類する処理を実装します。

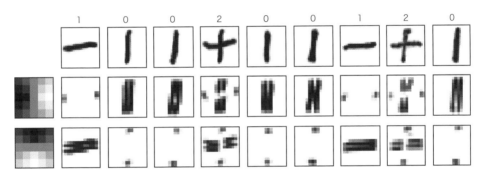

図4.11 畳み込みフィルターとプーリング層を適用した結果

畳み込みフィルターを用いた画像の分類

　ここでは、畳み込みフィルターとプーリング層を利用した画像の分類処理を機械学習モデルとして実装します。さきほどの例では、「縦棒」と「横棒」を抽出するフィルターをあらかじめ手動で用意しておきました。まずはじめは、このような静的なフィルターを用いた分類がうまく機能することを確認します。その後、フィルターの構造そのものを動的に学習するように、コードを修正します。

4.2.1 特徴変数による画像の分類

　図4.11の画像をもう一度見てみましょう。これは、あらかじめ用意した畳み込みフィルターを用いて、元の画像データから「縦棒」と「横棒」を抽出したものです。プーリング層を追加して解像度を落とすことにより、それぞれの特徴がより明確になりました。

　それでは、これらの出力画像を用いて元の画像を分類するには、どのような方法が考えられるでしょうか？ これは、「3.3.2 特徴変数に基づいた分類ロジック」の図3.16がヒントになります。この図は、隠れ層のノードを通すことで、実数値の組を与える変数 (x_1, x_2) をデータの特徴を示すバイナリー変数 (z_1, z_2) に変換できることを示しています。今の場合は、「縦棒」と「横棒」という2種類の特徴を捉えればよいので、2個のノードからなる隠れ層によって、「縦棒」と「横棒」の存在を示す2個のバイナリー変数 (z_1, z_2) に変換できる可能性があります。一旦、バイナリー変数に変換できてしまえば、これを線形多項分類器で3種類に分類するのは、それほど難しくないはずです。

　このアイデアをニューラルネットワークで表現すると、図4.12のようになります。プーリング層からは、2種類の 14×14 ピクセルの画像が出力されますが、これを $14 \times 14 \times 2 = 392$ 個の実数値として、全結合層の2つのノードに入力します。ここでは、すべてのピクセルからのデータを1つのノードで結合するという意味で全結合層と呼んでいます。

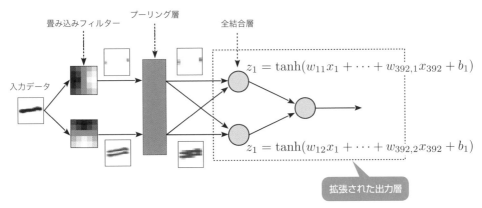

図4.12 画像データを特徴変数に変換するニューラルネットワーク

　また、この図を「3.3.1 多層ニューラルネットワークの効果」の図3.14と比較すると、全結合層以降の部分が「拡張された出力層」に対応することがわかります。図3.14の場合は、前段部分の出力がすでにバイナリー変数(z_1, z_2)になっていますが、今の場合は、ここが「オリジナル画像から特徴部分を取り出した画像データ」になっているという違いがあります。これを全結合層で、「縦棒」と「横棒」という2種類の特徴を表すバイナリー変数に変換します。このアイデアがうまくいけば、z_1とz_2は、それぞれ、縦棒、もしくは、横棒の存在をバイナリー値で示すものと期待されます。このような意味で、ここでは、z_1とz_2を特徴変数と呼ぶことにします。

　ここでは、図4.12のニューラルネットワークをJAX/Flax/Optaxで実装して、想定通りの結果が得られるかを実際に確認します。フォルダー「Chapter04」にある次のノートブックを用いて、説明を進めます。新しいテクニックとして、パラメーターの一部を学習の対象から除外する方法も説明します。

- 2. ORENIST classification example.ipynb

01

　はじめに、Colaboratoryの環境にJAX/Flax/Optaxのライブラリーをインストールして、コードの実行に必要なモジュールをインポートします（**[OCE-01]** と **[OCE-02]**）。この部分は、これまでと同様です。続いて、ORENISTデータセットをGitHubのリポジトリからダウンロードして、さらに、図4.5のフィルターに対応するパラメーター値を用意して変数`filter_array`に保存します（**[OCE-03]** と **[OCE-04]**）。これらについても、前節の手順 **01** の **[OCF-03]**、および、手順 **02** の **[OCF-**

05] と同じ内容です。

　そして、図4.12のニューラルネットワークStaticFilterClassification Modelを次のように定義します。

```
 1: class StaticFilterClassificationModel(nn.Module):
 2:     @nn.compact
 3:     def __call__(self, x, get_logits=False, get_hidden_output=False):
 4:         x = x.reshape([-1, 28, 28, 1])
 5:         x = nn.Conv(features=2, kernel_size=(5, 5), use_bias=False,
 6:                     name='StaticConv')(x)
 7:         x = jnp.abs(x)
 8:         x = nn.relu(x-0.2)
 9:         x = nn.max_pool(x, window_shape=(2, 2), strides=(2, 2))
10:         x = x.reshape([x.shape[0], -1]) # Flatten
11:         x = nn.Dense(features=2)(x)
12:         x = nn.tanh(x)
13:         if get_hidden_output:
14:             return x
15:         x = nn.Dense(features=3)(x)
16:         if get_logits:
17:             return x
18:         x = nn.softmax(x)
19:         return x
```

　4～9行目は、前節の手順 **03** で定義した **[OCF-06]** と本質的に同じ内容です。5～6行目の関数nn.Conv()では、nameオプションで'StaticConv'という名前を指定しています。この部分のパラメーター値は、さきほど用意したフィルターの値を固定的に設定する必要があるので、他のパラメーターと区別しやすいように名前を付けています。

　その後の10～18行目が、後段の「拡張された出力層」にあたります。プーリング層から出力される画像データは、[入力画像数，14，14，2]（[入力画像数，縦，横，レイヤー数]）というサイズになっていますが、10行目では、個々の画像部分を1次元のリスト形式（$14 \times 14 \times 2 = 392$個の数字を一列に並べたデータ）に変換します。[x.shape[0]，-1]のx.shape[0]という部分は入力画像数で、その後の-1は残りのサイズ数（392）を自動で計算するための指定です。その後、2個のノードを持つ隠れ層

（11〜12行目）と、3種類のデータを分類するためのソフトマックス関数による線形多項分類器（15〜18行目）を追加しています。

　そのほかには、モデルからの出力を変更するオプションを2つ用意しています。オプション get_logits=True を指定すると、ソフトマックス関数を適用する直前のロジットの値を返します。もしくは、get_hidden_output=True を指定すると、全結合層の出力、すなわち、図4.12の特徴変数(z_1, z_2)の値を返します。

- -

02

　モデルが定義できたので、パラメーターの初期値を生成して、構成を確認します。

[OCE-06] パラメーターの初期値を生成

```
1: key, key1 = random.split(random.PRNGKey(0))
2: variables = StaticFilterClassificationModel().init(key1, images[0:1])
3:
4: jax.tree_util.tree_map(lambda x: x.shape, variables['params'])
----------------------------------------------------------------------------
FrozenDict({
    Dense_0: {
        bias: (2,),
        kernel: (392, 2),
    },
    Dense_1: {
        bias: (3,),
        kernel: (2, 3),
    },
    StaticConv: {
        kernel: (5, 5, 1, 2),
    },
})
```

　出力結果を見ると、手順 01 の **[OCE-05]** の6行目で設定した、'StaticConv'という名前のキーが確認できます。variables['params']['StaticConv']['kernel']の値を変数 filter_array に保存したフィルターの値に置き換えればよいことがわかります。次のコードで、この作業を行います。

```
1: params = unfreeze(variables['params'])
2: params['StaticConv']['kernel'] = jnp.asarray(filter_array)
3: new_params = freeze(params)
```

前節の手順 **04** の **[OCF-08]** と同様に、variables['params']の内容を通常の
ディクショナリーに変換した後、さきほど確認した部分を変数filter_arrayに用意
したフィルターの値で置き換えています。これをFrozenDictオブジェクトに戻したも
のを変数new_paramsに保存します。

なお、さきほどの **[OCE-06]** の出力からわかるように、今回は、畳み込みフィルター
以外にもパラメーターがあります。variables['params']['Dense_0']は、全結
合層に含まれる2個の1次関数のパラメーターで、variables['params']['Dense_1']
は、線形多項分類器に含まれる1個の1次関数のパラメーターです。これらの値（乱数で
生成した初期値）は、そのままの形で変数new_paramsにコピーされている点に注意
してください。

これらをTrainStateオブジェクトに格納した上で、トレーニングデータを用いた学習
処理を行うわけですが、ここで、ひとつ重要な作業が発生します。このままの形で学習
処理を行うと、TrainStateオブジェクトに格納したすべてのパラメーター値が勾配降下
法で修正されていきます。今回の場合、畳み込みフィルターの値は、事前に用意した図
4.5のフィルターを使う想定ですので、この部分が修正されると困ります。ここで、パ
ラメーターの一部を勾配降下法による修正対象から除外するテクニックが必要になりま
す[*4]。

- -

03

ここでは、パラメーターの一部を修正対象から除外する方法を説明します。はじめに、
除外対象のパラメーターを指定する「マスク」を用意します。具体的には、パラメーター
値を格納したnew_paramsと同じ構造のFrozenDictオブジェクトを用意して、パラ
メーター値の部分をTrue、もしくは、Falseのブール値に置き換えます。ここで
Falseを指定したものは、修正対象から除外されます。

[*4] 「4.2.2 畳み込みフィルターの動的な学習」で説明するように、通常の畳み込みニューラルネットワークでは、
畳み込みフィルターの値も学習の対象になります。ここでは、あえて固定的なフィルターを使用するために
このようなテクニックを用います。少し特殊なテクニックと感じるかも知れませんが、「5-3 少し高度な話題」
で説明する転移学習でも同様のテクニックが必要となります。

まずは、new_paramsの構造をコピーして、デフォルト値としてTrueで埋めた
FrozenDictオブジェクトを作成します。

［OCE-08］マスクを用意

```
params_mask = jax.tree_util.tree_map(lambda x: True, new_params)
params_mask
----------------------------------------------------------------------------
FrozenDict({
    Dense_0: {
        bias: True,
        kernel: True,
    },
    Dense_1: {
        bias: True,
        kernel: True,
    },
    StaticConv: {
        kernel: True,
    },
})
```

　関数jax.tree_util.tree_map()はツリー形式のディクショナリー（もしくは、
FrozenDict）をスキャンして、末端のデータに同じ関数を適用するものでした。ここで
は、末端のデータを一律にTrueに変換して、得られた結果を変数params_maskに保
存しています。ここの出力結果を手順 02 の **[OCE-06]** の出力と比較すると、意図通
りの変換が行われていることがわかります。

　次に、修正対象から除外したい部分の値をFalseに書き換えます。

［OCE-09］除外したい部分の値を書き換え

```
1: params_mask = unfreeze(params_mask)
2: params_mask['StaticConv']['kernel'] = False
3: params_mask = freeze(params_mask)
4: params_mask
----------------------------------------------------------------------------
FrozenDict({
    Dense_0: {
        bias: True,
```

```
            kernel: True,
        },
        Dense_1: {
            bias: True,
            kernel: True,
        },
        StaticConv: {
            kernel: False,
        },
    })
```

　params_maskは、FrozenDictオブジェクトなので書き換えることができません。そこで、関数unfreeze()で通常のディクショナリーに変換した後、フィルターの値にあたる部分params_mask['StaticConv']['kernel']をFalseに変更しています。これを関数freeze()で、再びFrozenDictオブジェクトに戻したものをあらためて変数params_maskに保存します。出力結果から意図通りの変更ができたことがわかります。

　そして、次のコードにより、マスクの値がTrueの部分のみパラメーターの修正を行うように勾配降下法のアルゴリズムを設定します。

[OCE-10] 勾配降下法のアルゴリズムを設定

```
 1: zero_grads = optax.GradientTransformation(
 2:     # init_fn(_)
 3:     lambda x: (),
 4:     # update_fn(updates, state, params=None)
 5:     lambda updates, state, params: (jax.tree_map(jnp.zeros_like, ↵
 updates), ()))
 6:
 7: optimizer = optax.multi_transform(
 8:     {True: optax.adam(learning_rate=0.001), False: zero_grads},
 9:     params_mask)
10:
11: state = train_state.TrainState.create(
12:     apply_fn=StaticFilterClassificationModel().apply,
13:     params=new_params,
14:     tx=optimizer)
```

まず、1〜5行目では、「何もしない（パラメーター値を更新しない）」という特別なアルゴリズムzero_gradsを用意しています[*5]。そして、7〜9行目で、これまで使用してきたAdamOptimizer optax.adam()と、さきほど用意したzero_gradsを組み合わせたアルゴリズムを定義して、変数optimizerに保存しています。

　7行目の関数optax.multi_transform()は、第2引数に指定したマスクの値（今の場合は、9行目のparams_mask）によって、適用するアルゴリズムを切り替えるという機能を持っており、マスクの値と適用するアルゴリズムの関係は、第1引数のディクショナリーで指定します。今の場合は、8行目にあるように、マスクの値がTrueの部分はAdam Optimizerを適用して、Falseの部分はzero_gradsを適用します。これにより、マスクの値がFalseのパラメーターを修正対象から除外することができます。

　最後に、このアルゴリズムを指定して、TrainStateオブジェクトを作成します（11〜14行目）。14行目で、使用するアルゴリズムとして、さきほど用意したアルゴリズムoptimizerを指定しています。また、13行目では、TrainStateオブジェクトに格納するパラメーター値として、事前に用意してあったnew_paramsを使用している点にも注意してください。

- -

04

　この後は、誤差関数loss_fn()を定義して、パラメーターの修正を1回だけ行う関数train_step()を用意するといういつもの流れになります。今回は、3種類のデータを分類する多項分類器になっているので、カテゴリカル・クロスエントロピーを誤差関数として使用します。これらを定義する部分のコード（**[OCE-11]** と **[OCE-12]**）は、ソフトマックス関数を用いた多項分類器（「2.3.3 JAX/Flax/Optaxによる線形多項分類器の実装」の手順 05 の **[MSE-08]** と **[MSE-09]**）と同じ内容です。

　これですべての準備ができましたので、関数train_step()を繰り返し実行して、学習処理を進めます。

*5　アルゴリズムの中身（2〜5行目）については、ここでは「おまじない」と思っておいてください。

[OCE-13] 学習処理

```
 1: %%time
 2: loss_history, acc_history = [], []
 3: hidden_vals_history = []
 4: for step in range(1, 201):
 5:     state, loss, acc = train_step(state, images, labels)
 6:     loss_history.append(jax.device_get(loss).tolist())
 7:     acc_history.append(jax.device_get(acc).tolist())
 8:
 9:     hidden_vals = jax.device_get(
10:         state.apply_fn({'params': state.params}, images,
11:                       get_hidden_output=True))
12:     hidden_vals_history.append(hidden_vals)
13:
14:     if step % 20 == 0:
15:         print ('Step: {}, Loss: {:.4f}, Accuracy {:.4f}'.format(
16:             step, loss, acc), flush=True)
--------------------------------------------------------------------------
Step: 20, Loss: 0.9684, Accuracy 0.6889
Step: 40, Loss: 0.8513, Accuracy 0.9889
Step: 60, Loss: 0.7738, Accuracy 0.9889
Step: 80, Loss: 0.7144, Accuracy 1.0000
Step: 100, Loss: 0.6660, Accuracy 1.0000
Step: 120, Loss: 0.6254, Accuracy 1.0000
Step: 140, Loss: 0.5905, Accuracy 1.0000
Step: 160, Loss: 0.5599, Accuracy 1.0000
Step: 180, Loss: 0.5327, Accuracy 1.0000
Step: 200, Loss: 0.5082, Accuracy 1.0000
CPU times: user 36.9 s, sys: 238 ms, total: 37.1 s
Wall time: 35.9 s
```

　ここでは特に、学習に伴う特徴変数(z_1, z_2)の値の変化を捉えるために、9〜12行目の処理を加えています。特徴変数(z_1, z_2)というのは、全結合層に含まれる2つのノードからの出力値で、それぞれの画像における「縦棒」「横棒」の存在を示すものと期待して用意したものでした。パラメーターの修正を1回行うごとに、トレーニングデータのすべての画像に対する(z_1, z_2)の値を取得して、リストhidden_vals_historyに追加していきます。手順 01 の [OCE-05] で用意したモデルは、オプションget_hidden_output=Trueを指定することで、特徴変数の値を返すように実装してありました。

上記の出力結果を見ると、100％の正解率を達成しており、すべての画像を正しく分類することに成功しているようです。次のコードを実行すると、学習中の正解率と誤差関数の値の変化をグラフに表示します。実行結果は、図4.13になります。

```
1: df = DataFrame({'Accuracy': acc_history})
2: df.index.name = 'Steps'
3: _ = df.plot(figsize=(6, 4))
4:
5: df = DataFrame({'Loss': loss_history})
6: df.index.name = 'Steps'
7: _ = df.plot(figsize=(6, 4))
```

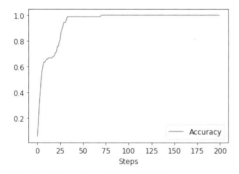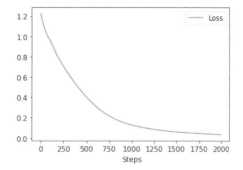

図4.13　学習に伴う正解率と誤差関数の変化

05

　最後に、学習後の特徴変数(z_1, z_2)の様子を確認します。これ以降のコードはグラフ表示が目的なので、コードの説明は割愛して、実行結果のみを紹介します。まず、この次の **[OCE-15]** は、200ステップの学習が終わった段階での、トレーニングデータのすべての画像に対する(z_1, z_2)の値を散布図に表示します。実行結果は図4.14のようになります。

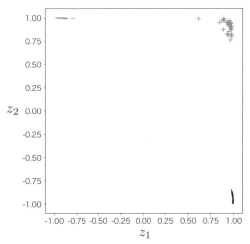

図4.14 学習後の特徴変数(z_1, z_2)の分布

　ここでは、3種類の画像に対して、それぞれに対応する記号「｜」「―」「＋」で散布図を描いています。この結果を見ると、z_1（横軸）は縦棒の有無（$z_1 = -1$は縦棒なしで、$z_1 = 1$は縦棒あり）、z_2（縦軸）は横棒の有無（$z_2 = -1$は横棒なしで、$z_2 = 1$は横棒あり）に対応していることがわかります。想定通り、分類に必要な画像の特徴を示す、「特徴変数」としての役割を果たしているようです。後段の線形多項分類器からすれば、この(z_1, z_2)平面上のデータを3種類に分類するというのは、明らかに容易な作業です。100％の正解率を達成しているのも納得できます。

　ここで重要なのは、どの変数がどの特徴に対応するかという割り当てが自動で行われたという点です。図4.12の前段では、畳み込みフィルターとプーリング層を用いることで、「縦棒」と「横棒」という画像の特徴を抽出しましたが、この段階で出力されるデータは、依然として、図4.11に示したような画像データにすぎません。後段の「拡張された出力層」により、これらの画像を「縦棒」と「横棒」に分類して整理する作業が行われたことになります。

　また、この次の **[OCE-16]** では、学習の進捗に伴う特徴変数(z_1, z_2)の値の変化を複数のグラフに表示します。図4.15のように、学習が進むにつれて、それぞれの変数の値が±1に収束していく様子が観察できます。さらに、**[OCE-17]** では、図4.15の変化をなめらかなアニメーションとして表示します。アニメーションの様子は紙面に掲載できないので、実際にノートブックを実行して確認してください。Colaboratoryの環境でアニメーションを作成するコードの例としても参考になるでしょう。

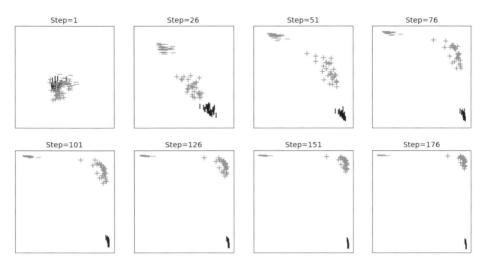

図4.15 学習に伴う特徴変数(z_1, z_2)の値の変化

4.2.2 畳み込みフィルターの動的な学習

　ここまで、畳み込みフィルターを用いて「縦棒」と「横棒」という特徴を抽出することで、図4.6に示したORENISTデータセットの画像を分類することに成功しました。次のステップは、これをMNISTの手書き文字データに適用することですが、ここで1つ問題が発生します。図4.6の画像データであれば、「縦棒」と「横棒」を抽出するフィルターを用いればよいと見た目から判断することができます。しかしながら、手書き文字（数字）の特徴を抽出するために必要なフィルターがどのようなものかは、それほど簡単にはわかりません。

　この問題は、フィルターそのものを最適化の対象とすることで解決されます。つまり、5×5サイズのフィルターに含まれる25個の値をパラメーターとみなして、勾配降下法による最適化の対象に含めてしまいます。これにより、画像を分類するための適切なフィルターが自動的に構成されるというわけです。

　さきほどのコードでは、手順 **03** の **[OCE-08]** ～ **[OCE-10]** のコードを用いて、わざわざ、畳み込みフィルターに含まれるパラメーターを勾配降下法による修正の対象外としました。この手順を取り除けば、フィルターに含まれる値についても勾配降下法による最適化が行われます。さらに、この場合は、フィルターの値を手動で設定する必要はありません。他のパラメーターと同様に、乱数で初期化した状態から学習を開始します。

ここではまず、さきほどのコードを修正して、ORENISTデータセットに対して、フィルターの動的な学習を試してみます。フォルダー「Chapter04」にある次のノートブックを用いて、説明を進めます。

- 3. ORENIST dynamic filter classification.ipynb

　なお、ORENISTデータセットの画像はとてもシンプルなため、畳み込みフィルターによる特徴の抽出が不十分でも、全結合層によって十分に分類できる可能性があります。そこで、このノートブックでは、全結合層を省略して、プーリング層からの出力をそのままソフトマックス関数による線形多項分類器に入力します。さらにまた、プーリング層による画像の圧縮率を大きくして、プーリング層からの出力は1 × 1サイズの画像、すなわち、1ピクセルだけという極端な構成にします。全体としては、図4.16のような構成になります。

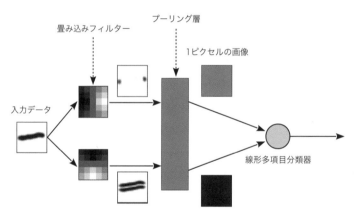

図4.16　畳み込みフィルターを動的に学習するためのモデル

　この場合、畳み込みフィルターによる特徴抽出がうまくいかなければ、分類処理はとてもうまくは行きません。実際にコードを実行しながら、どのような結果になるかを確認してみましょう。

01

　ライブラリーのインストールとモジュールのインポート、そして、ORENISTデータセットをダウンロードする部分は、前項のノートブック「2. ORENIST classification example.ipynb」と同じなので説明を割愛します。

　次に、図4.16のモデル`DynamicFilterClassificationModel`を定義します。

```
 1: class DynamicFilterClassificationModel(nn.Module):
 2:   @nn.compact
 3:   def __call__(self, x, get_logits=False,
 4:                get_filter_output=False, get_pooling_output=False):
 5:     x = x.reshape([-1, 28, 28, 1])
 6:     x = nn.Conv(features=2, kernel_size=(5, 5), use_bias=False,
 7:                 name='ConvLayer')(x)
 8:     x = jnp.abs(x)
 9:     if get_filter_output:
10:       return x
11:     x = nn.max_pool(x, window_shape=(28, 28), strides=(28, 28))
12:     if get_pooling_output:
13:       return x
14:     x = x.reshape([x.shape[0], -1]) # Flatten
15:     x = nn.Dense(features=3)(x)
16:     if get_logits:
17:       return x
18:     x = nn.softmax(x)
19:     return x
```

　前項の手順 **01** の **[OCE-05]** で定義したモデルと比較して、違いを確認するとよい
でしょう。今回は、6〜7行目の関数nn.Conv()で畳み込みフィルターを適用する際
に、nameオプションで'ConvLayer'という名前を付けています。後ほど、学習後の
フィルターの値を取り出して確認する際に、フィルターに対するパラメーター値を見分
けやすくしています。また、前項のモデルでは、絶対値を適用した後に、ReLUを用い
て0.2より小さい値を強制的に0にするという処理を加えていました。ここでは、その処
理は除いて、絶対値の適用だけを行なっています（8行目）。

　その後、11行目でプーリング層の処理を行いますが、ここでは、window_shapeオ
プションとstridesオプションに(28, 28)という値を指定しています。これは、
28×28ピクセルのブロックを1ピクセルに置き換えるという意味になります。結果と
して、図4.16にあるように、プーリング層からは1ピクセルの2枚の画像が得られます。
関数nn.max_pool()は、各ブロックをその中のピクセルの最大値で置き換えるもの
でしたので、畳み込みフィルターから得られた画像から、最も濃いピクセルの値を抽出
することになります。その後は、この2つの画像データ（すなわち、2つのピクセル値）
を一列に並べた1次元リストの形式にして（14行目）、全結合層を介さずに、直接に線形

多項分類器に入力します（15〜18行目）。

モデルからの出力を変更するオプションには次のものがあります。

- `get_logits`：ソフトマックス関数に入力する直前のロジットの値を出力
- `get_filter_output`：畳み込みフィルターを通過した直後の画像データを出力
- `get_pooling_output`：プーリング層を通過した直後の画像データを出力

02

　この後の学習処理は、これまでの一般的な多項分類器とまったく同じです。パラメーターの初期値を生成して、TrainStateオブジェクトを作成した後（**[ODF-05]** と **[ODF-06]**）、カテゴリカル・クロスエントロピーによる誤差関数`loss_fn()`を定義して、勾配降下法によるパラメーターの修正を1回だけ実施する関数`train_step()`を用意します（**[ODF-07]** と **[ODF-08]**）。

　その後、関数`train_step()`を繰り返し実行して、学習処理を進めます（**[ODF-09]**）。ここでは、**[ODF-10]** で学習中の正解率と誤差関数の値の変化をグラフに表示した結果を図4.17に示します。これを見ると、最終的に100％の正解率を達成していることがわかります。

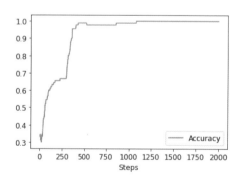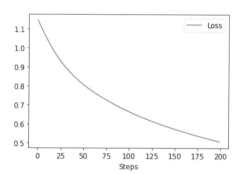

図4.17　学習に伴う正解率と誤差関数の変化

　最後に、学習後のフィルターの様子を確認します。次のコードは、サンプルとして9種類の画像データを入力して、畳み込みフィルターから出力された画像を表示します。また、学習後のフィルターの値も画像として表示します。

```
1: conv_output = jax.device_get(
2:     state.apply_fn({'params': state.params}, images[:9],
3:                    get_filter_output=True))
4: filter_vals = jax.device_get(state.params['ConvLayer']['kernel'])
...（以下省略）...
```

2〜3行目では、オプションget_filter_output=Trueを指定することで、畳み込みフィルターからの出力画像を取得しています。4行目は、畳み込みフィルターに対応する部分のパラメーターの値を取得しています。

このコードを実行すると、図4.18が表示されます。畳み込みフィルターを通過した画像を見ると、以前の図4.9ほど明確ではありませんが、それぞれのフィルターによって縦棒と横棒の色が濃くなっており、縦棒と横棒のそれぞれを強調するフィルターが確かに得られています。

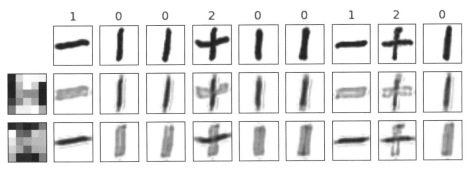

図4.18 学習後の畳み込みフィルターを適用した結果

次の **［ODF-12］** では、同様の処理をプーリング層を通過した画像について行います。実行結果は、図4.19になります。これは、図4.18のそれぞれの画像について、最も値の大きいピクセル、すなわち、最も濃い色のピクセルを取り出した画像にあたります。これを見ていると、それぞれの画像について、縦棒と横棒の存在を示すバイナリー変数が割り当てられているようにも思えてきます。そこで、それぞれの画像の値を具体的にチェックしてみると、今の場合、8.0という値がしきい値になっていることがわかりました。図4.19において、縦棒がある画像では、上側の値が8.0以上で、横棒がある画像では、下側の値が8.0以上になっているのです。そこで、次の **［ODF-13］** では、このしきい値を境にして、画像の値を強制的に±1のバイナリー値に置き換えてみます。

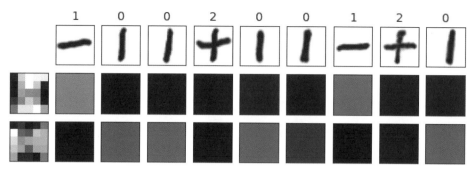

図4.19 プーリング層を通過した後の画像データ

　この実行結果は、図4.20になります。これを見ると、白と黒の組み合わせパターンが、3つの画像の種類と正確に対応しています。最終的に線形多項分類器が受け取るのは、あくまで、図4.19のデータですが、ここから3種類の画像を分類するのは容易であることが理解できるでしょう。

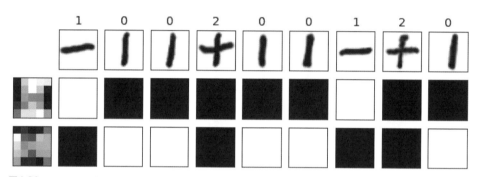

図4.20 バイナリー値に強制変換した結果

　次節では、これと同じ手法をMNISTの画像データセットに適用します。ただし、ここで用いたような極端なプーリング層は使用しません。16種類の畳み込みフィルターと画像のサイズを半分に圧縮するプーリング層、そして、1,024個のノードを持つ全結合層など、より実践的なニューラルネットワークを構成していきます。

畳み込みフィルターを用いた
手書き文字の分類

　ここでは、畳み込みフィルターを動的に学習する手法を用いて、MNISTの手書き文字データセットの分類を行います。「3.2.1 単層ニューラルネットワークを用いた多項分類器」では、図3.9に示した1,024個のノードからなる隠れ層を用いることで、テストセットに対して98％前半の正解率を達成しました。この隠れ層の前段に畳み込みフィルターとプーリング層を追加することで、この結果がさらに向上することを確認します。

　また、Flaxには、TrainStateオブジェクトの内容をチェックポイントファイルとして保存する機能があります。このファイルには、学習中のパラメーター値に加えて、最適化アルゴリズムの内部状態など、学習途中のモデルを復元して学習処理を再開するために必要な情報がすべて含まれています。この後のノートブックでは、学習済みのモデルの情報をチェックポイントファイルとして保存する方法についても説明します。

4.3.1　単層CNNによる手書き文字の分類

　それでは、畳み込みフィルターを動的に学習する手法をMNISTデータセットに適用するコードを実装していきましょう。前述のように、「3.2.1 単層ニューラルネットワークを用いた多項分類器」で用いた図3.9のニューラルネットワークに対して、隠れ層の前段に畳み込みフィルターとプーリング層を追加します。使用するフィルターの数は任意ですが、ここでは、例として、16種類のフィルターを適用します。全体の構造は、図4.21のようになります。これは、畳み込みフィルターとプーリング層をそれぞれ1層だけ用いた、単層CNNの例になります。

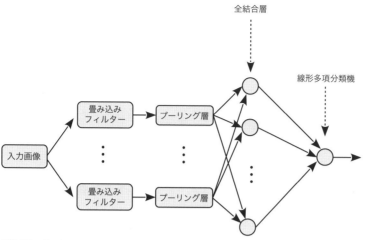

全結合層

線形多項分類機

畳み込み
フィルター

プーリング層

入力画像

畳み込み
フィルター

プーリング層

図4.21　畳み込みフィルターとプーリング層を追加したニューラルネットワーク

　ここからは、フォルダー「Chapter04」の中にある次のノートブックを用いて、説明を進めます。

- 4. MNIST dynamic filter classification.ipynb

　このノートブックは、GPUを接続したランタイムを使用します。無償版のColaboratoryを使用している場合は、**ノートブックの使用が終わったら、「ランタイム」メニューの「ランタイムを接続解除して削除」を選択して、接続を解除しておくようにしましょう。**
　このノートブックで実施する学習処理の手順は、モデルの定義を除けば、「2.3.3 JAX/Flax/Optaxによる線形多項分類器の実装」で説明したノートブック「3. MNIST softmax estimation.ipynb」、もしくは、「3.2.1 単層ニューラルネットワークを用いた多項分類器」で説明したノートブック「2. MNIST single layer network.ipynb」と同じです。そこで、モデルの定義部分と、ここで新しく説明するチェックポイントファイルの保存方法を中心に解説します。

- -

01

　モデルを定義する部分のコードは、次になります。ここでは、図4.21のニューラルネットワーク`SingleLayerCNN`を実装しています。

```
 1: class SingleLayerCNN(nn.Module):
 2:     @nn.compact
 3:     def __call__(self, x, get_logits=False):
 4:         x = x.reshape([-1, 28, 28, 1])
 5:         x = nn.Conv(features=16, kernel_size=(5, 5), use_bias=True,
 6:                     name='ConvLayer')(x)
 7:         x = nn.relu(x)
 8:         x = nn.max_pool(x, window_shape=(2, 2), strides=(2, 2))
 9:         x = x.reshape([x.shape[0], -1]) # Flatten
10:         x = nn.Dense(features=1024)(x)
11:         x = nn.relu(x)
12:         x = nn.Dense(features=10)(x)
13:         if get_logits:
14:             return x
15:         x = nn.softmax(x)
16:         return x
```

「4.2.2 畳み込みフィルターの動的な学習」の手順 **01** で説明した、ORENISTデータセットの分類に用いたモデル **[ODF-04]** に類似した構造ですが、いくつかの重要な違いがあるので、詳しく説明していきます。

まず、4行目で、1次元の画像データを28 × 28ピクセルの2次元形式に変更して、5〜6行目の関数nn.Conv()で畳み込みフィルターを適用します。featuresオプションとkernel_sizeオプションの設定から、5 × 5サイズの16種類のフィルターを用いることがわかります。そして、**[ODF-04]** との大きな違いとして、use_bias=Trueというオプション指定があります[*6]。また、この直後に、関数nn.relu()でReLUを適用しています。これにより、畳み込みフィルターを適用した後に、「定数（バイアス）を加えて、Reluを適用する」という処理が加わります。これには、いったいどのような効果があるのでしょうか？

「4.1.2 JAX/Flax/Optaxによる畳み込みフィルターの適用」では、静的なフィルターを適用する際に、フィルターの効果を強調するために「0.2を引いてReLUに代入する」という操作を加えました。手順 **03** の **[OCF-06]** の7行目にあるx = nn.relu(x-0.2)という部分です。実は、これと同様の効果が得られます。事前に与えられた静的なフィルターであれば、その効果が最大限に得られる値（0.2）を手動で見つけること

---

*6　use_biasオプションはデフォルト値がTrueなので、この指定は省略することもできます。

もできますが、今の場合、学習後のフィルターがどうなるかはまだわからないので、引くべき値は事前には決められません。ここでは、その値もまた学習対象のパラメーターになります。ここで加えられる定数（バイアス）をbとした場合、図4.22のように、$-b$以下の値が強制的に0に置き換えられます。バイアスbの値は、16個のフィルターのそれぞれについて個別に与えられます。

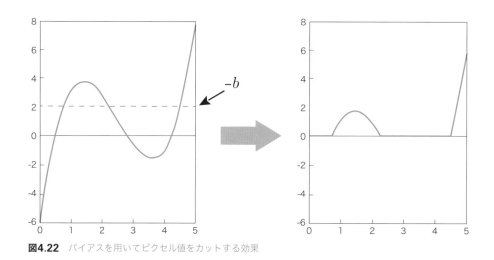

図4.22 バイアスを用いてピクセル値をカットする効果

　さらに、**[ODF-04]** とのもう1つの違いとして、畳み込みフィルターの適用直後に絶対値を取る処理が省略されています。ORENISTデータセットの場合は、畳み込みフィルターによって縦と横のエッジを取り出した画像を得るという目的がありましたので、絶対値を取って、負の値になった部分を強制的に正の値に変換しました。一方、今の場合は、画像を得ることが目的ではなく、「画像の分類に適切な特徴」を抽出することが目的です。したがって、必ずしも絶対値を取る必要はありません。この場合、フィルターを適用した後のデータには負の値が含まれており、画像データとしての意味はなくなりますが、「画像の特徴を抽出したデータ」としては、意味があるものと考えます。

　この後、8行目のプーリング層で画像サイズを14×14に縮小した後に、9行目では、16種類のフィルターから得られた16枚の画像データをすべて一列に並べた1次元リストの形式に変換します。このデータを元にして、1,024個のノードを持つ隠れ層（10〜11行目）とソフトマックス関数による線形多項分類器（12〜15行目）で、最終的な分類処理を行います。ここでは、隠れ層の活性化関数には、ReLUを用いています。

　これでモデルが定義できたので、この後は、これまでと同様に、カテゴリカル・クロスエントロピーを誤差関数として学習処理を行います。MNISTデータセットを用いた

学習処理なので、ミニバッチによる学習処理で、テストセットに対する正解率と誤差関数の値も記録していきます。そして、学習の結果は、図4.23のようになります。16エポック分の学習により、テストセットに対して98%後半（98.7〜98.8%程度）の正解率を達成しています。畳み込みフィルターを導入する以前の正解率は98%前半でしたので、わずかながら正解率が向上しています。

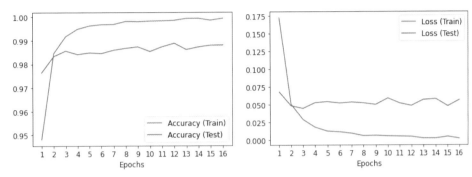

図4.23　学習に伴う正解率と誤差関数の変化

02

　本節の冒頭で説明したように、Flaxには、TrainStateオブジェクトの内容をチェックポイントファイルとして保存する機能があります。ここでは参考として、さきほど学習したモデルの情報をチェックポイントファイルとして保存する手順を説明します。前提として、Flaxが提供するcheckpointsモジュールをインポートしておく必要がありますが、このノートブックでは、はじめに **[MDF-02]** でモジュールをインポートする際に、train_stateモジュールとあわせて、次のようにインポートしてあります[*7]。

[MDF-02]

```
9: from flax.training import train_state, checkpoints
```

　ここでは、Googleドライブにチェックポイントファイルを保存します。そこで、GoogleドライブのフォルダーをColaboratoryの実行環境にマウントします。

---

*7　checkpointsモジュールをインポートする際に「WARNING:absl:GlobalAsyncCheckpointManager is not imported correctly.....」という警告が表示されることがあります。この後の処理には影響しないので、ここでは無視しておいてください。

```
1: from google.colab import drive
2: drive.mount('/content/gdrive')
```

　これは、「1.2.1 実行環境の準備」で実施した手順と同じものです。図1.18で説明したように、Googleドライブのアカウントを選択して、マウントの処理を進めてください。その後、次のコマンドを実行すると、マウントしたフォルダー内にチェックポイントファイルが保存されます。

[MDF-15] チェックポイントファイルを保存

```
1: checkpoints.save_checkpoint(
2:     ckpt_dir='/content/gdrive/My Drive/checkpoints',
3:     prefix='SingleLayerCNN_checkpoint_',
4:     target=state, step=16, overwrite=True)
--------------------------------------------------------------------------------
'/content/gdrive/My Drive/checkpoints/SingleLayerCNN_checkpoint_16'
```

　4行目のtargetオプションで、保存する対象のTrainStateオブジェクトを指定します。そのほかのオプションは、次のとおりです。まず、ckpt_dirオプションでチェックポイントファイルを保存するディレクトリーを指定します。ここでは、Googleドライブの「マイドライブ」フォルダー直下の「checkpoints」というフォルダーに保存しています。該当のフォルダーがない場合は、自動で作成されます。prefixオプションは、保存するファイル名のプレフィックスの指定です。このプレフィックスにstepオプションで指定したステップ数の数値を付け加えたものがファイル名になります。
　ステップ数に指定する値は任意ですが、通常は、学習処理の進捗に応じた数値を指定します。ここでは、16エポック分の学習を終えた状態という意味で、step=16としています。保存先のディレクトリーに、同じプレフィックスでステップ数がこれより小さいものがあると、それらは削除されるので注意してください。最も学習が進んだチェックポイントファイルのみを保存するという動作になります。逆に、保存先のディレクトリーに、同じプレフィックスでステップ数がこれと同じか、もしくは、これより大きいものがあると、保存に失敗してエラーになります。このような場合は、上記の4行目のようにoverwrite=Trueを指定すると、既存のチェックポイントファイルをすべて削除した上で、新しいチェックポイントファイルを保存します。以前のチェックポイントファイルを残す設定については、「5.1.2 JAX/Flax/Optaxによる多層CNNの実装」

の手順 05 （[**MDL-12**] の解説部分）に説明があります。

保存されたチェックポイントファイルを確認すると、次のようになります。

```
1: !ls -lh '/content/gdrive/My Drive/checkpoints/'
--------------------------------------------------------------------------------
total 37M
-rw-──1 root root 37M Oct  2 08:57 SingleLayerCNN_checkpoint_16
```

37Mバイトのファイルが保存されていることがわかります。保存した内容を復元して再利用する方法については、次項で説明します。

4.3.2 動的に学習されたフィルターの確認

MNISTの手書き文字データセットに単層CNNを適用することで、テストセットに対して98％後半の正解率を達成しました。16種類の畳み込みフィルターを用意して、それぞれの内容を動的に学習したわけですが、最終的にどのようなフィルターが得られたのかを確認しておきます。フォルダー「Chapter04」にある次のノートブックを用いて、説明を進めます。

- 5. MNIST dynamic filter classification result.ipynb

01

JAX/Flax/Optaxのライブラリーをインストールした後、必要なモジュールをインポートして、MNISTのデータセットをダウンロードしておきます（[**MDR-01**] ～ [**MDR-03**]）。ここでは、テストセットのデータのみを使用するので、これらをまとめてDeviceArrayオブジェクトに変換しておきます。

[MDR-04] テストデータをオブジェクトに変換

```
1: test_images = jnp.asarray(test_images)
2: test_labels = jnp.asarray(test_labels)
```

チェックポイントファイルを復元する際は、復元先のTrainStateオブジェクトをあらかじめ用意する必要があります。ここでは、さきほどと同じモデルを定義して、パラメーターの初期値の生成とTrainStateオブジェクトの作成を行います。まず、モデルSingleLayerCNNの定義は次のようになります。

[MDR-05] ニューラルネットワークのモデルを定義

```
 1: class SingleLayerCNN(nn.Module):
 2:     @nn.compact
 3:     def __call__(self, x, get_filter_output=False, get_pooling_output=↵
False):
 4:         x = x.reshape([-1, 28, 28, 1])
 5:         x = nn.Conv(features=16, kernel_size=(5, 5), name='ConvLayer')(x)
 6:         x = nn.relu(x)
 7:         if get_filter_output:
 8:             return x
 9:         x = nn.max_pool(x, window_shape=(2, 2), strides=(2, 2))
10:         if get_pooling_output:
11:             return x
12:         x = x.reshape([x.shape[0], -1]) # Flatten
13:         x = nn.Dense(features=1024)(x)
14:         x = nn.relu(x)
15:         x = nn.Dense(features=10)(x)
16:         x = nn.softmax(x)
17:         return x
```

　前項の手順 01 の [MDF-05] で定義した内容と比較すると、出力内容を変更するオプションが異なることに気が付きます。[MDF-05] ではロジットの値を取得するget_logitsオプションがありましたが、今回は、畳み込みフィルターからの出力画像を取得するget_filter_outputオプションと、プーリング層からの出力画像を取得するget_pooling_outputオプションがあります。
　このようにモデルの定義が異なっていても、このモデルに付随するパラメーターの構造が変わらなければ問題はありません。次のコードで、パラメーターの初期値を生成して、TrainStateオブジェクトを作成します。

[MDR-06] パラメーターの初期値を生成し、**TrainState**オブジェクトを作成

```
1: variables = SingleLayerCNN().init(random.PRNGKey(0), test_images[0:1])
2:
4: state = train_state.TrainState.create(
5:     apply_fn=SingleLayerCNN().apply,
6:     params=variables['params'],
7:     tx=optax.adam(learning_rate=0.001))
8:
9: jax.tree_util.tree_map(lambda x: x.shape, state.params)
--------------------------------------------------------------------------------
FrozenDict({
    ConvLayer: {
        bias: (16,),
        kernel: (5, 5, 1, 16),
    },
    Dense_0: {
        bias: (1024,),
        kernel: (3136, 1024),
    },
    Dense_1: {
        bias: (10,),
        kernel: (1024, 10),
    },
})
```

9行目では、パラメーター値を保存したディクショナリー（FrozenDictオブジェクト）の構成を表示していますが、この出力結果は、前項の **[MDF-05]** で定義したモデルの場合と正確に一致しています。なお、実際に使用するパラメーターの値については、この後、チェックポイントファイルから復元するため、1行目で生成する初期値は実際には使用しません。そのため、乱数のシードについては、JAXでの乱数の取り扱い方法に厳密に従う必要はありません。ここでは、事前に用意された特定のシード値（random.PRNGKey(0)）を使用しています。

これで、復元先のTrainStateオブジェクトが用意できました。

Chapter 4　畳み込みフィルターによる画像の特徴抽出

　前項で保存したチェックポイントファイルを復元するために、さきほどと同じ方法で、GoogleドライブのフォルダーをColaboratoryの実行環境にマウントします。

[MDR-07] Googleドライブのフォルダーをマウント

```
1: from google.colab import drive
2: drive.mount('/content/gdrive')
```

　念の為、先ほど保存したチェックポイントファイルが存在することを確認します。

[MDR-08] チェックポイントを確認

```
1: !ls -lh '/content/gdrive/My Drive/checkpoints/'
--------------------------------------------------------------------------------
total 37M
-rw-─1 root root 37M Oct  2 06:38 SingleLayerCNN_checkpoint_16
```

　そして、次のコマンドで、チェックポイントファイルを復元します。

[MDR-09] チェックポイントを復元

```
1: state = checkpoints.restore_checkpoint(
2:     ckpt_dir='/content/gdrive/My Drive/checkpoints',
3:     prefix='SingleLayerCNN_checkpoint_',
4:     target=state)
```

　4行目のtargetオプションで復元先のTrainStateオブジェクトを指定します。指定したTrainStateオブジェクトを複製して、チェックポイントファイルの内容を復元した、新しいTrainStateオブジェクトが返却されるので、これを変数stateに上書きで保存しています。ckpt_dirオプションとprefixオプションは、チェックポイントファイルを保存する際の指定と同じです。stepオプションでファイル名末尾のステップ数を指定することもできますが、省略した場合は、ステップ数が最大のチェックポイントファイルを復元します。

　これで、学習済みのモデルを復元したTrainStateオブジェクトが得られました。この後は、このTrainStateオブジェクトから学習済みのパラメーター値を読み出したり、モデルを使った予測処理を実施することができます。次の例を見てみましょう。

[MDR-10] TrainStateオブジェクトから値を取り出し

```
1: filter_vals = jax.device_get(state.params['ConvLayer']['kernel'])
2:
3: filter_output = jax.device_get(
4:     state.apply_fn({'params': state.params}, test_images[:9],
5:                 get_filter_output=True))
6:
7: pooling_output = jax.device_get(
8:     state.apply_fn({'params': state.params}, test_images[:9],
9:                 get_pooling_output=True))
```

　1行目では、学習済みの畳み込みフィルターについて、そのフィルターの値を取り出しています。手順 01 の [MDR-05] の5行目で、畳み込みフィルターのレイヤーに対して、nameオプションで'ConvLayer'という名前をつけてあったことを思い出してください。3～5行目、および、7～9行目は、それぞれ、サンプルとして9種類の画像データを入力して、畳み込みフィルターからの出力画像、および、プーリング層からの出力画像を取得しています。

　この後の [MDR-11] と [MDR-12] では、これらの結果を画像として表示しており、それぞれ、図4.24、図4.25の結果が得られます。最上段がオリジナルの画像データで、その下に16種類のフィルターを適用した結果が表示されています。左端はそれぞれのフィルターを画像化して表示したものです。

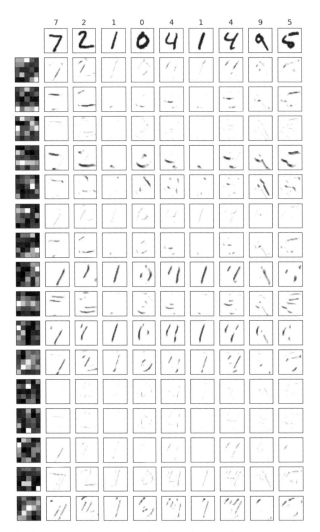

図4.24 畳み込みフィルターを適用した画像イメージ

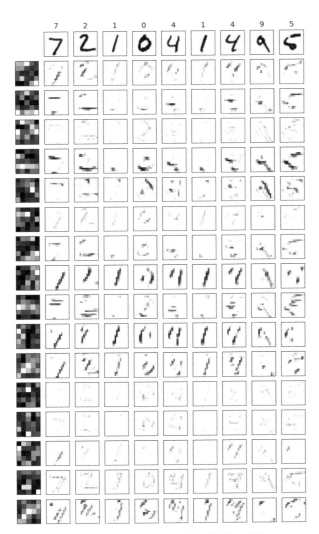

図4.25 畳み込みフィルターとプーリング層を適用した画像イメージ

　それぞれのフィルターがどのような役割を果たしているかは、それほど明瞭ではありませんが、図4.24をよく見ると、特定方向のエッジを抽出するフィルターの存在などが確認できます。また、図4.25は、プーリング層で画像を縮小した結果になります。「3.2.1 単層ニューラルネットワークを用いた多項分類器」の図3.9に示したモデルでは、最上段の画像データをそのまま隠れ層（全結合層）に入力しましたが、ここでは、その下にある16枚の画像データを全結合層に入力することになります。これら16種類のデータにより、元の画像データだけではわからなかった新たな特徴がつかめるというわけです。このようにして得られたフィルターの具体的な働きを理解するのは、それほど簡単ではありませんが、この後の「5-2 学習済みフィルターの解釈」では、学習後のフィ

ルターの役割を解釈するいくつかの手法を紹介しています。

　最後にここで、今回得られた学習済みのモデルについて、追加の情報を確認しておきます。このモデルの正解率は約99％ですので、テスト用データの中には正しく分類できなかったものもあります。それらは、どのぐらい「惜しい」間違いだったのでしょうか？　──このモデルの最終的な出力値はソフトマックス関数による確率値、すなわち、入力画像が「0」〜「9」のそれぞれの文字である確率になります。この確率が最大の文字を実際の予測結果として採用しているわけですが、ここでは、正しく分類できなかったデータについて、すべての文字に対する確率値を確認してみます。

　[MDR-13] では、正しく分類できなかったデータ10個について、学習済みモデルが出力する確率値を取得して、それらを棒グラフに表示しています。これを実行すると、図4.26の結果が得られます。それぞれの画像の上の数字は、「予測/正解」を示してお

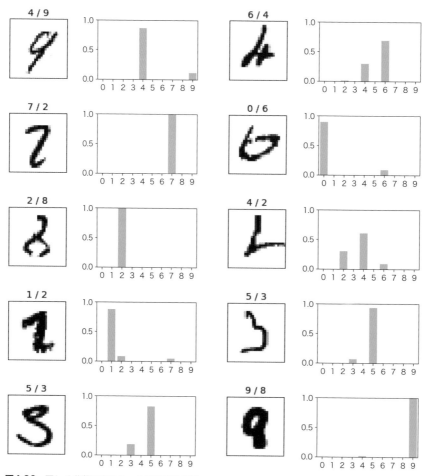

図4.26　正しく分類できなかった画像の確率値

り、その右の棒グラフは「0」〜「9」の確率を表します。これらの中には、正解の数字に対してもある程度の確率値を示しているものがあるようです[*8]。

　単純な文字認識アプリケーションであれば、確率が最大のもので予測するというのは、妥当な利用方法と言えるでしょう。しかしながら、分類結果を分析する上では、この例のように、すべての文字に対する確率を見ることで新たな知見が得られることもあるでしょう。

第4章のまとめ

　本章では、畳み込みフィルターとプーリング層を用いて、画像データから分類に必要な「特徴量」を取り出す仕組みを説明しました。はじめに、縦と横のエッジを抽出する固定的なフィルターを用いて、ORENISTデータセットから「縦棒」と「横棒」という特徴量を取り出す事で、3種類のデータを適切に分類できることを確認しました。さらに、フィルターを構成する値を勾配降下法による最適化の対象とすることで、畳み込みフィルターそのものを動的に学習できることを確認しました。その後、この仕組みをMNISTの手書き数字の画像データの分類に応用することで、テストセットに対して98％後半の正解率を達成しました。

　また、JAX/Flax/Optaxによる実装では、学習済みのモデルの情報をチェックポイントファイルとして保存する方法を説明しました。これにより、学習済みのパラメーター値を後から復元して利用できるようになりました。

---

*8　GPUを用いた環境では、実行ごとに学習結果が変わる可能性があるため、図4.26の内容はノートブックを実行するごとに異なる場合があります。

Chapter 05

畳み込みフィルターの
多層化による性能向上

第5章のはじめに

　本章では、いよいよ、第1章の冒頭で紹介したCNN（畳み込みニューラルネットワーク）の全体を完成させます（図5.1）。前章では、「畳み込みフィルター→プーリング層→全結合層→出力層（線形多項分類器）」という処理を積み重ねることで、MNISTの手書き文字データセットについて98％後半の正解率を実現しました。ここからさらに正解率を向上することを目指して、畳み込みフィルターを多層化する処理を加えます。また、これまでにない新しい要素として、全結合層と出力層の間に入る「ドロップアウト層」についても説明します。

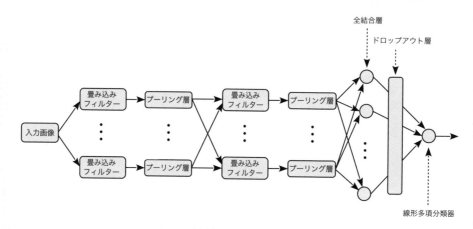

図5.1　完成したCNNの全体像

　また、その他の話題として、動的に学習された畳み込みフィルターの役割を解釈するテクニック、学習済みモデルの一部を転用する「転移学習」、さらには、DCGANによる画像生成モデルなど、少し高度な話題にも踏み込みます。

5-1 畳み込みニューラルネットワークの完成

ここでは、畳み込みフィルターを多層化した完成版のCNNを構成して、これをMNISTの手書き文字データセットの分類に適用します。また、ブラウザー上で入力した手書き文字を認識する簡単なアプリケーションを作成します。

5.1.1 多層型の畳み込みフィルターによる特徴抽出

「4.3.2 動的に学習されたフィルターの確認」の図4.25を見るとわかるように、入力画像データに対して、畳み込みフィルターとプーリング層を適用することにより、フィルターの個数分の新たな画像データが得られます。この例では、オリジナルの画像データは、16枚の画像データに分解されたことになります。これらの画像データは、それぞれ、文字の種類を判別するために役立つ、何らかの「特徴」を表すものと考えられます。

それでは、これらの画像に対して、さらにもう一度、畳み込みフィルターとプーリング層を適用すると何が起きるでしょうか。ここからさらに、新しい特徴が抽出される可能性はないでしょうか？──ある意味、素朴な発想ですが、これが畳み込みフィルターを多層化する目的に他なりません。前章でも見たように、フィルターの構造そのものを学習によって最適化していくので、どのような特徴を抽出するべきかを事前に考える必要はありません。まずは、トレーニングセットのデータを用いて最適化を行い、テストセットに対する正解率がどこまで向上するかを見ながら、フィルターの数や大きさをチューニングしていくというアプローチが可能です。

本章では、畳み込みフィルターとプーリング層を2段に重ねた2層CNNモデルを実装して、勾配降下法による最適化処理を実施することで、どのような結果が得られるかを確認します。ここでは、その準備として、2段階のフィルターが画像データにどのように作用するのかを整理しておきます。話を具体的にするために、1段目と2段目の畳み込みフィルターの数をそれぞれ、32個、および、64個として説明を進めます。

まず、図5.2は、1段目と2段目のフィルターの構成を示した図です。28 × 28ピクセルの入力画像に、1段目の「畳み込みフィルター+プーリング層」を適用すると、32個の14 × 14ピクセルの画像データが得られます。「4.1.2 JAX/Flax/Optaxによる畳み込みフィルターの適用」の手順 **02** の説明（**[OCF-05]** の手前部分）を思い出すと、1段目

のフィルター群は、モデルのパラメーター値としては、[5，5，1，32]（[フィルターサイズ（縦，横），入力レイヤー数，出力レイヤー数]）というサイズの多次元リスト形式になります。

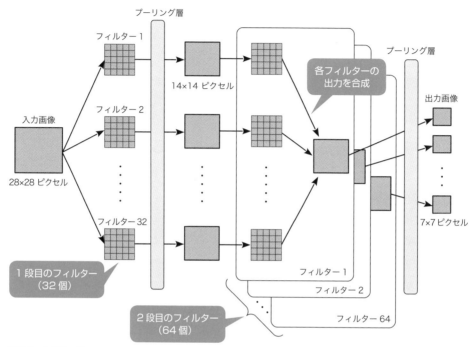

図5.2 2段階の畳み込みフィルターの構成

　そして、2段目のフィルターを適用する際は、この32個の画像データを「32個のレイヤーからなる1つの画像データ」と考えます。同じく、「4.1.2 JAX/Flax/Optaxによる畳み込みフィルターの適用」の図4.7に示したように、複数のレイヤーを持つ画像データにフィルターを適用する際は、それぞれのレイヤーに対して異なるフィルターを適用した結果を合成します。今の例で言うと、64個ある2段目のフィルターは、それぞれが内部的に32個のフィルターを持ちます。これら2段目のフィルター群は、モデルのパラメーター値としては、[5，5，32，64]サイズの多次元リスト形式になります。最終的に、2段目の「畳み込みフィルター＋プーリング層」からは、64個の7×7ピクセルの画像データが出力されます。

　また、本章で登場する新しい構成要素にドロップアウト層があります。これは、全結合層のノード群と出力層（線形多項分類器）の間に位置するもので、少し特別な役割を持ちます。勾配降下法では、誤差関数の勾配ベクトルを計算して、その反対方向にパラメーターを修正しました。この時、全結合層のノード群と出力層の間の接続を一定の割

合でランダムに切断した状態で、誤差関数とその勾配ベクトルの値を計算します（図5.3）。これでは、勾配ベクトルの値が正しく計算されず、最適化処理がうまく行われないような気がしますが、これがまさにドロップアウト層の役割です。「2.1.3 テストセットを用いた検証」で説明したように、トレーニングセットのデータだけが持つ特徴に対して過剰な最適化が行われると、テストセットに対する正解率が向上しなくなることがあります。特に、CNNのように多数のパラメーターを持つニューラルネットワークでは、このようなオーバーフィッティングの現象が発生しやすくなります。ドロップアウト層は、勾配ベクトルを計算する際に全結合層の一部のノードを切断することで、オーバーフィッティングを回避する効果があることが知られています。

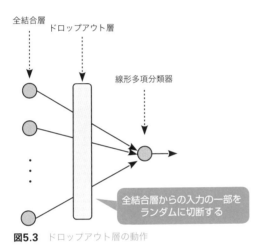

図5.3 ドロップアウト層の動作

5.1.2 JAX/Flax/Optaxによる多層CNNの実装

それでは、「畳み込みフィルター＋プーリング層」を2段に重ねた2層CNNモデルをJAX/Flax/Optaxのコードで実装していきます。フォルダー「Chapter05」の中にある次のノートブックを用いて、説明を進めます。

- 1. MNIST double layer CNN classification.ipynb

このノートブックは、GPUを接続したランタイムを使用します。無償版のColaboratoryを使用している場合は、**ノートブックの使用が終わったら、「ランタイム」メニューの「ランタイムを接続解除して削除」を選択して、接続を解除しておくようにしましょう。**

　処理の流れとしては、モデルの定義が変わることを除けば、「4.3.1 単層CNNによる手書き文字の分類」で説明したノートブック「4. MNIST dynamic filter classification.ipynb」と同じですが、今回のモデルはドロップアウト層を含むため、この部分の取り扱いに注意が必要です。ドロップアウト層では、学習時に全結合層と出力層の結合をランダムに切断しますが、学習済みのモデルを使って予測処理を行う際、あるいは、テストセットに対する性能を評価する際は、このような切断は不要です。全結合層からのすべての出力を用いて計算する必要があります。そこで、ドロップアウト層の働きを制御するブール値のフラグを組み込んでおき、テストセットに対する性能を評価する際は、ドロップアウト層の処理をスキップするように実装します。

　また、このノートブックでは、TrainStateオブジェクトの属性値に学習が完了したエポック数を格納しておき、どこまで学習が進んだかを記録できるようにします。さらに、1エポック分の学習が終わるごとに、その時点のTrainStateオブジェクトの状態をチェックポイントファイルに出力しておき、必要な際は、後から学習処理を再開できるように実装します。

01

　はじめに、JAX/Flax/Optaxのライブラリーをインストールした後（**[MDL-01]**）、次のコードで必要なモジュールをインポートします。

[MDL-02] モジュールのインポート

```
 1: import numpy as np
 2: import matplotlib.pyplot as plt
 3: from pandas import DataFrame
 4: from tensorflow.keras.datasets import mnist
 5: from functools import partial
 6:
 7: import jax, optax
 8: from jax import random, numpy as jnp
 9: from flax import linen as nn
10: from flax.training import train_state, checkpoints
```

```
11:
12: plt.rcParams.update({'font.size': 12})
```

10行目のcheckpointsモジュールは、チェックポイントファイルを定期的に保存するために使用します。5行目のpartialモジュールは、ここではじめて登場するものですが、この後の手順 **04** で説明するように、引数の一部でブール値のフラグを受け取る関数に対して、事前コンパイル機能を適用する際に必要になります。

この後は、MNISTのデータセットをダウンロードして、バッチに分割する関数create_batches()を用意します（**[MDL-03]**、**[MDL-04]**）。この部分は、これまでと同じです。

02

そして、本書の冒頭に示した、図5.1のニューラルネットワークDoubleLayerCNNを定義します。

[MDL-05] ニューラルネットワークのモデルを定義

```
 1: class DoubleLayerCNN(nn.Module):
 2:     @nn.compact
 3:     def __call__(self, x, get_logits=False, eval=True):
 4:         x = x.reshape([-1, 28, 28, 1])
 5:
 6:         x = nn.Conv(features=32, kernel_size=(5, 5), use_bias=True)(x)
 7:         x = nn.relu(x)
 8:         x = nn.max_pool(x, window_shape=(2, 2), strides=(2, 2))
 9:
10:         x = nn.Conv(features=64, kernel_size=(5, 5), use_bias=True)(x)
11:         x = nn.relu(x)
12:         x = nn.max_pool(x, window_shape=(2, 2), strides=(2, 2))
13:
14:         x = x.reshape([x.shape[0], -1]) # Flatten
15:         x = nn.Dense(features=1024)(x)
16:         x = nn.relu(x)
17:
18:         x = nn.Dropout(0.5, deterministic=eval)(x)
19:
20:         x = nn.Dense(features=10)(x)
21:         if get_logits:
```

```
22:            return x
23:        x = nn.softmax(x)
24:        return x
```

　この部分のコードは、「4.3.1 単層CNNによる手書き文字の分類」の手順 **01** で単層CNNモデルを定義したコード **[MDF-05]** と比較するとよいでしょう。ここでは、10〜12行目で2段目の畳み込みフィルターとプーリング層が追加されている点と、18行目にドロップアウト層（関数nn.Dropout()）が追加されている点が異なります。

　18行目の関数nn.Dropout()の最初の引数は、全結合層からの出力をランダムに切断する際に、その割合を指定するものです。この例では、0.5、すなわち、半数のノードからの出力を切断します。また、deterministicオプションにTrueを指定すると、ドロップアウト層の処理はスキップされます。今回の実装では、モデルを呼び出す際にeval=Falseを指定すると、ドロップアウト層の処理が適用されます。つまり、モデルの学習処理を行う際は明示的にeval=Falseを指定します。一方、3行目にあるように、evalオプションのデフォルト値はTrueにしてあるので、学習済みのモデルで予測する際やテストセットに対する性能を評価する際は、evalオプションの指定は省略するという使い方になります。もちろん、明示的にeval=Trueを指定しても構いません。

　また、ドロップアウト層では、切断するノードの割合に応じて、ノードからの出力を大きくするという操作が自動的に行われます。たとえば、半数のノードを切断した場合、残りのノードからの出力は2倍にして伝達します。これにより、出力層に入力する値が、全体としては減少しないように調整が行われます。そのほかには、これまでと同様に、オプションget_logits=Trueを指定することで、ソフトマックス関数で確率値に変換する直前のロジットの値を返します。

　モデルが定義できたので、パラメーターの初期値を生成して構成を確認します。

[MDL-06] パラメーターの初期値を生成

```
1: key, key1 = random.split(random.PRNGKey(0))
2: variables = DoubleLayerCNN().init(
3:     key1, train_images[0:1], {'dropout': random.PRNGKey(0)})
4:
5: jax.tree_util.tree_map(lambda x: x.shape, variables['params'])
-----------------------------------------------------------------------
FrozenDict({
    Conv_0: {
        bias: (32,),
```

```
        kernel: (5, 5, 1, 32),
    },
    Conv_1: {
        bias: (64,),
        kernel: (5, 5, 32, 64),
    },
    Dense_0: {
        bias: (1024,),
        kernel: (3136, 1024),
    },
    Dense_1: {
        bias: (10,),
        kernel: (1024, 10),
    },
})
```

　3行目のオプション{'dropout': random.PRNGKey(0)}は、ドロップアウト層に受け渡す乱数のシードを与えています。ドロップアウト層は切断するノードを乱数で決定する際に乱数のシードを必要とするので、ドロップアウト層を呼び出す処理では、このようなオプションが必要になります[*1]。ただし、ここでは、実際にドロップアウト層を用いた計算を行うわけではないので、事前に用意された特定のシード値random.PRNGKey(0)を用いています。

　パラメーター構成の出力結果からは、[5, 5, 1, 32]（1段目）、および、[5, 5, 32, 64]（2段目）というフィルター値の多次元リストの構造が読み取れます。先に説明したように、[フィルターサイズ(縦，横)，入力レイヤー数，出力レイヤー数]に対応した構造です。

03

　次は、パラメーター値を格納したTrainStateオブジェクトを作成しますが、ここで少し新しい手順が発生します。

---

*1　厳密には、今回はevalオプションのデフォルト値がTrueなので、この部分では乱数のシードを与えなくても問題ありません。関数nn.Dropout()は、deterministic=Trueを指定した場合は、乱数のシードを必要としないためです。

[MDL-07] モデルの学習状態を管理するTrainStateオブジェクトを作成

```
 1: class TrainState(train_state.TrainState):
 2:     epoch: int
 3:     dropout_rng: type(random.PRNGKey(0))
 4:
 5:
 6: key, key1 = random.split(key)
 7:
 8: state = TrainState.create(
 9:     apply_fn=DoubleLayerCNN().apply,
10:     params=variables['params'],
11:     tx=optax.adam(learning_rate=0.001),
12:     dropout_rng=key1,
13:     epoch=0)
```

　1〜3行目は、標準のTrainStateクラスを拡張して、epoch、および、dropout_rngをいう属性値を追加した、新しいクラスを定義しています。今回は、TrainStateクラスの中に、学習が完了したエポック数と、ドロップアウト層に受け渡す乱数のシードを格納するために、このような拡張を行います。6〜13行目は、TrainStateオブジェクトを作成するこれまでの手順と似ていますが、新しく定義したクラスを使用している点と、12〜13行目で追加の属性値を格納している点が異なります。これらの属性値の利用方法は、この後の手順で説明します。

　TrainStateオブジェクトが用意できたので、ここで一旦、学習を開始する前の初期状態のチェックポイントファイルを保存しておきます。

[MDL-08] 初期状態のチェックポイントファイルを保存

```
 1: checkpoints.save_checkpoint(
 2:     ckpt_dir='./checkpoints/', prefix='DoubleLayerCNN_checkpoint_',
 3:     target=state, step=state.epoch, overwrite=True)
----------------------------------------------------------------------------
'checkpoints/DoubleLayerCNN_checkpoint_0'
```

　ここでは、一時保存領域として、Colaboratory実行環境のローカルディスクを使用しています。Googleドライブのフォルダーに保存しているわけではありません。なお、保存先のディレクトリーに同じプレフィックスのチェックポイントファイルがあると、それらは削除されます。既存のチェックポイントファイルからTrainStateオブジェクト

を復元して学習を再開したい場合は、この手順はスキップしてください。

04

　この後は、「2.3.3 JAX/Flax/Optaxによる線形多項分類器の実装」の手順 **05** 〜手順 **06** （**[MSE-08]** 〜 **[MSE-10]**）と同様に、誤差関数loss_fn()、パラメーターの修正を1回だけ行う関数train_step()、1エポック分の学習処理を行う関数train_epoch()を定義していきます。この際、ドロップアウト層を制御するevalオプションの取り扱いが加わります。そこで、これまでの実装内容の復習を兼ねて、それぞれの実装を詳しく見ていきましょう。

　はじめに、誤差関数loss_fn()は次のようになります。

[MDL-09] 誤差関数を定義

```
1: @partial(jax.jit, static_argnames=['eval'])
2: def loss_fn(params, state, inputs, labels, dropout_rng, eval):
3:     logits = state.apply_fn(
4:         {'params': params}, inputs, get_logits=True, eval=eval,
5:         rngs={'dropout': dropout_rng})
6:     loss = optax.softmax_cross_entropy(logits, labels).mean()
7:     acc = jnp.mean(jnp.argmax(logits, -1) == jnp.argmax(labels, -1))
8:     return loss, acc
```

　[MSE-08] と比べると、2行目の引数にdropout_rngとevalが追加されています。これらは、3〜5行目でモデルを呼び出す際に使用します。手順 **02** で説明したように、ドロップアウト層の機能を使用する際はeval=Falseを指定します。また、ドロップアウト層は切断するノードを乱数で決定するために、乱数のシードを必要とします。このためのシードをdropout_rngで受け取って、5行目のオプションでモデルに受け渡します。

　そして、1行目にある、事前コンパイル機能を適用するための指定方法がこれまでと異なります。これまでに説明したように、事前コンパイル機能を適用する関数は、DeviceArrayオブジェクトのみを受け取る必要があります。今回は、引数evalでブール値を受け取るために、そのままでは事前コンパイル機能が適用できません。そこで、1行目の方法により、引数evalを**静的引数**として指定した上で事前コンパイル機能を適用します。

　「静的引数」というのは少しわかりにくい用語ですが、実際の動作としては、eval=

Trueの場合とeval=Falseの場合を別々の関数とみなして、個別に事前コンパイルを
実行する形になります。変数evalの内容を値が確定した定数とみなせば、事前コンパ
イル機能を適用する条件が満たされるというわけです。Pythonの整数型など、ブール
値以外の変数についても同様の指定ができますが、異なる値ごとに個別に事前コンパイ
ル処理が行われるので、さまざまな値をとる変数に適用すると、むしろ処理速度が低下
する場合があります。ブール値を取る変数などに限定して使用するのがよいでしょう。

　続いて、パラメーターの修正を1回だけ行う関数train_step()は、次のようにな
ります。

[MDL-10] パラメーターの修正を1回だけ行う関数を定義

```
 1: @partial(jax.jit, static_argnames=['eval'])
 2: def train_step(state, inputs, labels, eval):
 3:     if not eval:
 4:         new_dropout_rng, dropout_rng = random.split(state.dropout_rng)
 5:         (loss, acc), grads = jax.value_and_grad(loss_fn, has_aux=True)(
 6:             state.params, state, inputs, labels, dropout_rng, eval)
 7:         new_state = state.apply_gradients(
 8:             grads=grads, dropout_rng=new_dropout_rng)
 9:     else:
10:         loss, acc = loss_fn(
11:             state.params, state, inputs, labels, random.PRNGKey(0), eval)
12:         new_state = state
13:
14:     return new_state, loss, acc
```

　[MSE-09] と比べると、2行目の引数にevalが追加されており、この値で処理内容
を分けている点が異なります。eval=Falseの場合は、3〜8行目で [MSE-09] と同
様の学習処理を行います。先ほど [MDL-09] で実装した誤差関数loss_fn()は、新
たな引数dropout_rngとevalを持っていましたが、evalについては、2行目で受け
取った値（今の場合はeval=False）をそのまま使えば問題ありません。

　dropout_rngには乱数のシードを渡す必要がありますが、ここでは、TrainState
オブジェクトのdropout_rng属性に格納されたシードを分割して（4行目）、得られ
たシードの一方を使用します。もう一方のシードについては、次回に使用するために、
TrainStateオブジェクトに再保存しておきます。この処理は、7〜8行目で、勾配降下法
のアルゴリズムでパラメーター値を修正した、新しいTrainStateオブジェクトを生成す
る際に行います。8行目にあるように、勾配降下法に使用する勾配ベクトルの値grads

に加えて、追加で更新したい属性値をオプション指定することができます。

　一方、eval=Trueの場合は、性能評価のために、テストセットに対する誤差関数と正解率の値を計算することが目的なので、勾配ベクトルの計算は行わずに、直接、誤差関数loss_fn()を呼び出しています（9〜12行目）。この場合、ドロップアウト層の処理はスキップされるので、乱数のシードは実際には使用されません。そのため、11行目では、事前に用意された特定のシード値random.PRNGKey(0)を使用しています。また、TrainStateオブジェクトを更新する必要もないので、14行目で返却する、パラメーター更新後の新しいTrainStateオブジェクトnew_stateには、現在のTrainStateオブジェクトをそのまま代入しています。

　なお、以前の実装 **[MSE-09]** では、テストセットに対する性能評価が目的の場合でも、勾配降下法によるパラメーターの更新が実行されて、パラメーター更新後の新しいTrainStateオブジェクトが返却されました。ただし、train_step()を呼び出す側の関数train_epoch()で、受け取ったTrainStateオブジェクトを破棄していたので、実際上の問題はありません。その意味では、今回の実装においても、学習時と評価時で処理を分けることは必須ではありません。ただ、今回は、変数evalによって学習時と評価時が区別できるので、評価時に勾配ベクトルを計算するという無駄な処理を省くように実装しています。1行目の事前コンパイル機能の適用方法は、先ほどの誤差関数の場合（**[MDL-09]**）と同じです。

　最後に、1エポック分の学習処理を行う関数train_epoch()は、次になります。

[MDL-11] 1エポック分の学習処理を行う関数を定義

```
1: def train_epoch(state, input_batched, label_batched, eval):
2:     loss_history, acc_history = [], []
3:     for inputs, labels in zip(input_batched, label_batched):
4:         new_state, loss, acc = train_step(state, inputs, labels, eval)
5:         if not eval:
6:             state = new_state
7:         loss_history.append(jax.device_get(loss).tolist())
8:         acc_history.append(jax.device_get(acc).tolist())
9:     return state, np.mean(loss_history), np.mean(acc_history)
```

　この内容は、以前の **[MSE-10]** とほぼ同じです。4行目で関数train_step()を呼び出す際に、変数evalを追加で受け渡す点だけが異なります。変数evalの値が次々と受け渡されていくところが少し複雑ですが、全体として、学習時の処理と評価時の処理が適切に区別されていることを確認しておいてください。

　続いて、関数train_epoch()を繰り返し呼び出すことで、複数エポックにわたる学習を実行する関数fit()を定義します。この部分は、「2.3.3 JAX/Flax/Optaxによる線形多項分類器の実装」の手順 07 にある **[MSE-11]** と同じ内容で構わないのですが、ここでは、次の機能を追加で実装します。

- 最新のチェックポイントファイルを復元して、その時点から学習を再開する
- 1エポック分の学習が終わるごとに、その時点のチェックポイントファイルを保存する

　これにより、関数fit()を繰り返し実行することで、簡単に追加の学習処理が行えるようになります。ここでは、簡単にするために、Colaboratory実行環境のローカルディスクにチェックポイントファイルを保存していますが、Googleドライブのフォルダーに保存する、あるいは、他のクラウドストレージにコピーして保存するなどの応用も考えられます。そうすれば、関数fit()の実行中に実行時間の制限でColaboratoryでの実行が停止しても、保存済みのチェックポイントファイルを用いて、後から学習を再開することができます。具体的な実装は、次のようになります。

[MDL-12] 複数エポックにわたる学習処理を行う関数を定義

```
 1: def fit(state, ckpt_dir, prefix,
 2:         train_inputs, train_labels, test_inputs, test_labels,
 3:         epochs, batch_size):
 4:
 5:     state = checkpoints.restore_checkpoint(
 6:         ckpt_dir=ckpt_dir, prefix=prefix, target=state)
 7:
 8:     train_inputs_batched = create_batches(train_inputs, batch_size)
 9:     train_labels_batched = create_batches(train_labels, batch_size)
10:     test_inputs_batched = create_batches(test_inputs, batch_size)
11:     test_labels_batched = create_batches(test_labels, batch_size)
12:
13:     loss_history_train, acc_history_train = [], []
14:     loss_history_test, acc_history_test = [], []
15:
16:     for epoch in range(state.epoch + 1, state.epoch + 1 + epochs):
17:         # Training
```

```
18:        state, loss_train, acc_train = train_epoch(
19:            state, train_inputs_batched, train_labels_batched, eval=False)
20:        loss_history_train.append(loss_train)
21:        acc_history_train.append(acc_train)
22:
23:        # Evaluation
24:        _ , loss_test, acc_test = train_epoch(
25:            state, test_inputs_batched, test_labels_batched, eval=True)
26:        loss_history_test.append(loss_test)
27:        acc_history_test.append(acc_test)
28:
29:        print ('Epoch: {}, Loss: {:.4f}, Accuracy: {:.4f} / '.format(
30:            epoch, loss_train, acc_train), end='', flush=True)
31:        print ('Loss(Test): {:.4f}, Accuracy(Test): {:.4f}'.format(
32:            loss_test, acc_test), flush=True)
33:
34:        state = state.replace(epoch=state.epoch+1)
35:        checkpoints.save_checkpoint(
36:            ckpt_dir=ckpt_dir, prefix=prefix,
37:            target=state, step=state.epoch, overwrite=True, keep=5)
38:
39:    history = {'loss_train': loss_history_train,
40:               'acc_train': acc_history_train,
41:               'loss_test': loss_history_test,
42:               'acc_test': acc_history_test}
43:
44:    return state, history
```

以前の実装 **[MSE-11]** に追加した部分を説明すると、はじめに、5〜6行目で最新の
チェックポイントファイルを復元します。1行目の引数ckpt_dirとprefixでチェッ
クポイントファイルを保存したディレクトリーとファイル名のプレフィックスを受け取
ります。はじめて実行する場合は、手順 **03** の **[MDL-08]** で保存した、初期状態の
チェックポイントファイルが使用されます。そして、16行目のforループでは、復元し
たTrainStateオブジェクトから学習済みのエポック数を取得して、そこからエポック数
のカウントを開始して、引数epochsで指定されたエポック数分の学習を行います。

　1エポック分の学習が終わると、34行目で、TrainStateオブジェクトに記録された学
習済みのエポック数を更新します。TrainStateオブジェクトの属性値を更新する際は、

この例のように、replace()メソッドを使用します（*2）。属性値を更新した新しい TrainStateオブジェクトが返るので、これを変数stateに上書きで保存します。その後、35〜37行目で、現在のTrainStateオブジェクトの情報を新しいチェックポイントファイルに保存します。オプションkeep=5は、以前のチェックポイントファイルを5世代分残して、それ以前のものは削除するという指定になります。最新のものを含めて、5つのチェックポイントファイルが残ります。この際、ファイル名末尾のステップ数が大きいものが、より新しいチェックポイントファイルとみなされます。

06

それでは、関数fit()を実行して、実際に学習を行ってみましょう。下記のように、ckpt_dirとprefixには、手順 **03** の **[MDL-08]** で初期状態のチェックポイントファイルを保存した際の設定値を指定します。

[MDL-13] 学習処理

```
1: %%time
2: ckpt_dir = './checkpoints/'
3: prefix = 'DoubleLayerCNN_checkpoint_'
4: state, history = fit(state, ckpt_dir, prefix,
5:                        train_images, train_labels, test_images, test_labels,
6:                        epochs=16, batch_size=128)
```

```
Epoch: 1, Loss: 0.1428, Accuracy: 0.9554 / Loss(Test): 0.0420, ↵
Accuracy(Test): 0.9857
Epoch: 2, Loss: 0.0449, Accuracy: 0.9864 / Loss(Test): 0.0269, ↵
Accuracy(Test): 0.9909
Epoch: 3, Loss: 0.0296, Accuracy: 0.9909 / Loss(Test): 0.0240, ↵
Accuracy(Test): 0.9918
Epoch: 4, Loss: 0.0226, Accuracy: 0.9929 / Loss(Test): 0.0259, ↵
Accuracy(Test): 0.9912
Epoch: 5, Loss: 0.0168, Accuracy: 0.9947 / Loss(Test): 0.0282, ↵
Accuracy(Test): 0.9915
Epoch: 6, Loss: 0.0138, Accuracy: 0.9953 / Loss(Test): 0.0360, ↵
Accuracy(Test): 0.9902
```

----

*2　手順 **04** の **[MDL-10]** の8行目では、state.apply_gradients()で勾配降下法を適用する際に、オプション指定でdropout_rng属性の値を更新しました。属性値の変更のみを単独で行う場合は、こちらのreplace()メソッドを使用します。

```
Epoch: 7, Loss: 0.0119, Accuracy: 0.9962 / Loss(Test): 0.0260, ↵
Accuracy(Test): 0.9919
Epoch: 8, Loss: 0.0110, Accuracy: 0.9965 / Loss(Test): 0.0329, ↵
Accuracy(Test): 0.9914
Epoch: 9, Loss: 0.0092, Accuracy: 0.9969 / Loss(Test): 0.0340, ↵
Accuracy(Test): 0.9909
Epoch: 10, Loss: 0.0097, Accuracy: 0.9968 / Loss(Test): 0.0253, ↵
Accuracy(Test): 0.9935
Epoch: 11, Loss: 0.0061, Accuracy: 0.9981 / Loss(Test): 0.0314, ↵
Accuracy(Test): 0.9919
Epoch: 12, Loss: 0.0065, Accuracy: 0.9979 / Loss(Test): 0.0298, ↵
Accuracy(Test): 0.9922
Epoch: 13, Loss: 0.0062, Accuracy: 0.9981 / Loss(Test): 0.0410, ↵
Accuracy(Test): 0.9903
Epoch: 14, Loss: 0.0077, Accuracy: 0.9972 / Loss(Test): 0.0326, ↵
Accuracy(Test): 0.9929
Epoch: 15, Loss: 0.0073, Accuracy: 0.9977 / Loss(Test): 0.0376, ↵
Accuracy(Test): 0.9916
Epoch: 16, Loss: 0.0056, Accuracy: 0.9983 / Loss(Test): 0.0301, ↵
Accuracy(Test): 0.9940
CPU times: user 40.9 s, sys: 3.35 s, total: 44.3 s
Wall time: 44.2 s
```

　実行結果を見ると、16エポック分の学習後、テストセットに対して99％を超える正解率を達成しています。この次の **[MDL-14]** で学習中の正解率と誤差関数の値の変化をグラフに表示すると、図5.4のような結果になります。

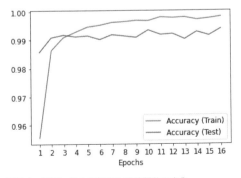 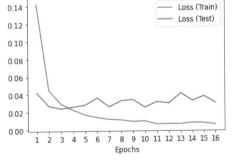

図5.4　学習に伴う正解率と誤差関数の変化

この後のコード（**[MDL-15]** 〜 **[MDL-18]**）では、最新のチェックポイントファイルをGoogleドライブのフォルダーにも保存しておきます。「4.3.1 単層CNNによる手書き文字の分類」の手順 **02**（**[MDF-14]** 〜 **[MDF-16]**）と同じ流れなので説明は割愛しますが、ここで保存したチェックポイントファイルはこの後の手順でも利用します。ノートブックの手順に従って保存作業を進めておいてください。保存されるファイルは /content/gdrive/My Drive/checkpoints/DoubleLayerCNN_checkpoint_16になります。

5.1.3 手書き文字の認識アプリケーション

さきほど学習した機械学習モデルを利用して、新たな手書き文字を自動認識するアプリケーションを作成してみましょう。ここでは、Colaboratoryのノートブック上に実装していますが、これと同じ仕組みをWebアプリケーションとして実装することもそれほど難しくはないでしょう。フォルダー「Chapter05」の中にある次のノートブックを用いて、説明を進めます。

- 2. Handwritten digit recognizer.ipynb

01

JAX/Flax/Optaxのライブラリーをインストールして、必要なモジュールをインストールした後（**[HDR-01]**、**[HDR-02]**）、チェックポイントファイルの復元先となるTrainStateオブジェクトを用意するために、さきほどと同じモデルDoubleLayerCNNを定義します。

[HDR-03] ニューラルネットワークのモデルを定義

```
1: class DoubleLayerCNN(nn.Module):
2:     @nn.compact
3:     def __call__(self, x, get_pooling_output1=False, get_pooling_output2=↵
False):
4:         x = x.reshape([-1, 28, 28, 1])
5:
6:         x = nn.Conv(features=32, kernel_size=(5, 5), use_bias=True)(x)
```

```
 7:          x = nn.relu(x)
 8:          x = nn.max_pool(x, window_shape=(2, 2), strides=(2, 2))
 9:          if get_pooling_output1:
10:              return x
11:
12:          x = nn.Conv(features=64, kernel_size=(5, 5), use_bias=True)(x)
13:          x = nn.relu(x)
14:          x = nn.max_pool(x, window_shape=(2, 2), strides=(2, 2))
15:          if get_pooling_output2:
16:              return x
17:
18:          x = x.reshape([x.shape[0], -1]) # Flatten
19:          x = nn.Dense(features=1024)(x)
20:          x = nn.relu(x)
21:          x = nn.Dense(features=10)(x)
22:          x = nn.softmax(x)
23:          return x
```

ただし、前項の手順 02 の **[MDL-05]** で定義したモデルと比較すると、いくつかの違いがあります。ここでは、モデルの学習処理は行わないため、学習時のみに必要となるドロップアウト層が省略されており、3行目にあった、ドロップアウト層を制御するためのevalオプションがなくなっています。代わりに、モデルからの出力を変更する次のオプションが追加されています。

- `get_pooling_output1`：1段目のプーリング層から出力された画像データを取得
- `get_pooling_output2`：2段目のプーリング層から出力された画像データを取得

前章でも触れましたが、モデルが使用するパラメーターの構造が変わらない範囲であれば、モデルの定義を変更しても問題ありません。このような自由度があるのも、モデルとパラメーターが分離されたFlaxの仕組みのメリットと言えるでしょう。

モデルが定義できたら、TrainStateオブジェクトを作成します。この部分は、前項の手順 02 の **[MDL-06]** と手順 03 の **[MDL-07]** をまとめた、次のコードで行います。

```
 1: class TrainState(train_state.TrainState):
 2:     epoch: int
 3:     dropout_rng: type(random.PRNGKey(0))
 4:
 5:
 6: variables = DoubleLayerCNN().init(random.PRNGKey(0), jnp.zeros([1, 28*28]))
 7:
 8: state = TrainState.create(
 9:     apply_fn=DoubleLayerCNN().apply,
10:     params=variables['params'],
11:     tx=optax.adam(learning_rate=0.001),
12:     dropout_rng=random.PRNGKey(0),
13:     epoch=0)
14:
15: jax.tree_util.tree_map(lambda x: x.shape, state.params)
----------------------------------------------------------------------------
FrozenDict({
    Conv_0: {
        bias: (32,),
        kernel: (5, 5, 1, 32),
    },
    Conv_1: {
        bias: (64,),
        kernel: (5, 5, 32, 64),
    },
    Dense_0: {
        bias: (1024,),
        kernel: (3136, 1024),
    },
    Dense_1: {
        bias: (10,),
        kernel: (1024, 10),
    },
})
```

　このノートブックではMNISTデータセットをダウンロードしていないので、6行目で使用するサンプルデータは、0を並べたダミーデータを使用しています。上記の出力結果から、パラメーターの構造は、前項の手順 02 の **[MDL-06]** で出力したものと正

確に一致していることがわかります。

02

　この後は、「4.3.2 動的に学習されたフィルターの確認」の手順 **02**（**[MDR-07]** ～
[MDR-09]）と同様の流れで、チェックポイントファイルを復元します（**[HDR-05]**～
[HDR-07]）。さらに、手書き文字を入力するフォームを表示するJavaScriptを定義し
て実行します（**[HDR-08]**、**[HDR-09]**）。**[HDR-09]** を実行すると、図5.5の左の
フォームが表示されるので、マウスを使って好きな数字を手書きすると、$28 \times 28 = 784$
ピクセルの画像データ（モノクロ2階調）が1次元リストとして、変数imageに保存さ
れます。「Clear」ボタンを押すと、画像を初期化することができます。

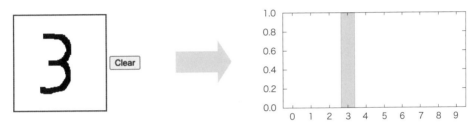

図5.5　手書きの数字を認識する様子

　その後、次のコードにより、変数imageに保存された画像データを学習済みのモデル
に入力して、「0」～「9」のそれぞれの数字である確率を求めます。

[HDR-10] 手描き文字データから予測を行う

```
 1: input_data = image.reshape([1, 28*28])
 2: predictions = jax.device_get(
 3:     state.apply_fn({'params': state.params}, input_data))
 4: predictions = predictions[0]
 5:
 6: fig = plt.figure(figsize=(6, 3))
 7: subplot = fig.add_subplot(1, 1, 1)
 8: subplot.set_xticks(range(10))
 9: subplot.set_xlim([-0.5, 9.5])
10: subplot.set_ylim([0, 1])
11: _ = subplot.bar(range(10), predictions, align='center')
```

このコードを実行すると、図5.5の右のように、得られた結果が棒グラフとして表示されます。この例では、正確に「3」の文字が識別されていることがわかります。さきほどのフォームに異なる文字を書いて、再度、**[HDR-10]** を実行すると、新しい結果が得られます。

なお、上記のコードの1行目では、変数imageの内容を [1，784]サイズの2次元リスト形式に変換しています。Flaxで定義したモデルは、一般に複数のデータを受けとってバッチで予測処理を行うので、ここでは、データ数が1つだけのバッチを構成しています。

03

最後に、ここで入力した画像データが1段目と2段目のフィルターによって、どのように変化しているのかを確認します。まず、次のコードで、1段目と2段目のそれぞれのプーリング層を通過した直後のデータを取得します。

[HDR-11] フィルター通過後の画像データを確認

```
1: pooling_output_1 = jax.device_get(
2:     state.apply_fn({'params': state.params}, input_data,
3:                 get_pooling_output1=True))
4:
5: pooling_output_2 = jax.device_get(
6:     state.apply_fn({'params': state.params}, input_data,
7:                 get_pooling_output2=True))
```

この後の **[HDR-12]** と **[HDR-13]** は取得したデータを画像として表示します。これらを実行すると、図5.6と図5.7のような画像が表示されます。

図5.6 1段目のフィルターを通過した画像データ

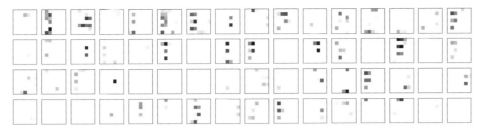

図5.7 2段目のフィルターを通過した画像データ

　図5.7にある64個の画像データを結合したものが、最終的に全結合層に入力されることになりますが、この図だけを見ていると、なぜこれで99％もの精度で分類できるのかと、不思議な気持ちになるかもしれません。実際のところ、これらがどのような特徴を表しているのかは、まだよくわかっていない部分もあります。人間が気づかない隠された特徴を抽出する、ディープラーニングの面白さが感じられる結果かもしれません。

学習済みフィルターの解釈

　前節の最後に、動的に学習された畳み込みフィルターがどのような特徴を表している
かは、まだよくわからない部分もあると説明しました。しかしながら、学習後の畳み込
みフィルターの性質を後付けで解釈するいくつかの手法が知られています。ここでは、
フィルターの出力を最大化する入力画像を構成する方法、そして、入力画像のどの部分
が予測結果に強い影響を与えているかを可視化する方法の2つの例を紹介します。
「1.2.2 JAXによる勾配ベクトルの計算例」で紹介した、JAXの微分計算機能を活用して
いきますので、微分を計算する関数jax.grad()の使い方を復習しておいてください。

5.2.1 フィルターの出力を最大化する画像の構成

　「4.1.2 JAX/Flax/Optaxによる畳み込みフィルターの適用」の図4.9では、ORENIST
データセットに縦と横のエッジを取り出す畳み込みフィルターを適用することで、画像
の分類に適した特徴を取り出しました。ORENISTデータセットの図形的な特徴を考え
ると、これら2種類のフィルターが分類処理に有効に働くことは、直感的にも明らかで
す。たとえば、縦棒の画像は、縦のエッジを抽出するフィルターを通すと色が残り、逆
に横のエッジを抽出するフィルターを通すとほとんど色が残りません。

　逆に考えると、ある畳み込みフィルターに対して、そのフィルターを適用した結果、
なるべく多くの部分に色が残る画像を探し出せば、それは、そのフィルターが抽出する
「特徴」を強く持った画像であると考えられます。つまり、動的に学習したフィルターに
対して、そのような画像を見つけ出すことで、そのフィルターが表す特徴を理解できる
可能性があります。ここでは、そのような画像を生成する処理を実装して、どのような
画像が得られるかを実際に確認してみます。

　なお、これを行うには、入力画像のピクセル値をチューニング対象のパラメーターと
した勾配降下法を実装する必要があります。たとえば、まず、特定のフィルターから出
力される画像のピクセル値の平均値Mを計算します。これを入力画像のピクセル
値$\mathbf{x} = (x_1, \cdots, x_{784})^{\mathrm{T}}$の関数とみなして、それぞれのピクセル値で偏微分した値をな
らべた勾配ベクトルを計算します。

$$\nabla M(x_1, \cdots, x_{784}) = \begin{pmatrix} \dfrac{\partial M}{\partial x_1} \\ \vdots \\ \dfrac{\partial M}{\partial x_{784}} \end{pmatrix} \qquad (5.1)$$

この勾配ベクトル∇MはMが増加する方向を示すので、ϵを適当な正の値として、入力画像のピクセル値を次のように修正すると、Mがより大きくなる入力画像が得られます。

$$\mathbf{x}^{\mathrm{new}} = \mathbf{x} + \epsilon \nabla M \qquad (5.2)$$

これを何度か繰り返すことにより、特定のフィルターが表す特徴を強く持った入力画像が得られます。これは、一般的な機械学習の学習処理（勾配降下法）とは異なりますが、JAXの微分計算機能を用いれば、（5.1）の勾配ベクトルを計算するのは難しくありません。フォルダー「Chapter05」の中にある次のノートブックでは、（5.2）の修正処理を独自に実装して、いくつかのサンプル画像を生成します。

- 3. CNN interpretation - image generation.ipynb

ここでは、このノートブックの主要部分をピックアップして解説します。はじめに、ORENISTデータセットの分類に用いた、縦と横のエッジを取り出すフィルターに上記の手法を適用して、この手法がうまくいくことを確認します。その後、MNISTデータセットで動的に学習したフィルターに同じ方法を適用してみます。

01

JAX/Flax/Optaxのライブラリーをインストールして、必要なモジュールをインポートした後（**[CII-01]**、**[CII-02]**）、次のコードで、縦と横のエッジを取り出す固定的なフィルターを適用するモデル`FixedConvFilterModel`を用意します。

[CII-03] ニューラルネットワークのモデルを定義

```
1: class FixedConvFilterModel(nn.Module):
2:     @nn.compact
3:     def __call__(self, x):
4:         x = x.reshape([-1, 28, 28, 1])
5:         x = nn.Conv(features=2, kernel_size=(5, 5), use_bias=False)(x)
```

```
6:         x = jnp.abs(x)
7:         x = nn.relu(x-0.2)
8:         return x
```

これは、「4.1.2 JAX/Flax/Optaxによる畳み込みフィルターの適用」の手順 **03** の **[OCF-06]** で定義したモデルと本質的に同じです。ORENISTのデータセットを入力すると、図4.9のように縦と横のエッジを取り出した画像が出力されます。続いて、パラメーターの初期値を生成した後に、畳み込みフィルターのパラメーター値として、図4.5（**縦と横のエッジをより太い幅で抽出するフィルター**）のフィルター値をセットしたTrainStateオブジェクトstateを作成します（**[CII-04]**、**[CII-05]**）。

そして、次のコードで、(5.2) の修正を繰り返す処理を実装します。

[CII-06] フィルターを通過した値から画像を生成

```
1: @jax.jit
2: def filter_output_mean(image, i):
3:     filter_output = state.apply_fn(
4:         {'params': state.params}, jnp.asarray([image]))
5:     return jnp.mean(filter_output[0, :, :, i])
6:
7:
8: def create_pattern(i):
9:     key = random.fold_in(random.PRNGKey(0), i)
10:     image = random.normal(key, (28, 28)) * 0.1 + 0.5
11:
12:     epsilon = 1000
13:     for _ in range(20):
14:         image += epsilon * jax.grad(filter_output_mean)(image, i)
15:         epsilon *= 0.9
16:
17:     image -= jnp.min(image)
18:     image /= jnp.max(image)
19:
20:     return jax.device_get(image)
```

まず、2〜5行目では、画像データを入力すると、特定のフィルターから出力されるピクセル値の平均値を返す関数filter_output_mean()を定義しています。今回は、2種類のフィルターがあるので、引数i=0,1でどちらのフィルターを用いるかを指定し

ます。3〜4行目でフィルターからの出力画像を取得していますが、得られるデータは、[入力画像数, 縦, 横, 出力レイヤー]というサイズのリスト形式になっています。入力画像は1枚だけなので、5行目では [0, :, :, i]という指定により、i番目のフィルターからの出力を取り出して、その平均値を計算しています。

関数filter_output_mean()は、第1引数が画像データになっているので、第1引数についての微分を計算すれば、（5.1）の勾配ベクトルが得られます。この理解のもとに、8〜20行目で定義している関数create_pattern()を見ると、14行目がちょうど（5.2）の修正処理にあたることがわかります。9〜10行目で初期イメージを乱数で生成して、変数epsilonに格納されたϵの値を徐々に小さくしながら、（5.2）の修正処理を繰り返します（12〜15行目）。このようにして得られた画像のピクセル値は、0〜1の値の範囲を超える可能性があるので、17〜18行目で0〜1の範囲に調整しています。

なお、9行目では、これまでと少し異なる方法で乱数のシードを生成しています。関数random.fold_in()は、第1引数で指定したシード値（この例ではrandom.PRNGKey(0)）から、新しいシード値を生成するものですが、第2引数で指定した整数値に応じて生成する値を変化させます。結果として、i=0,1のそれぞれに対して、再現性のある形で異なるシード値を与えることができます。

その後の **[CII-07]** では、関数filter_output_mean()を実行して、実際に画像を生成・表示します。結果は、図5.8のようになります。それぞれ、画像全体に渡って縦と横のエッジを持つイメージが生成されており、まさに、縦横のエッジという特徴を最大限に持った画像が得られています。

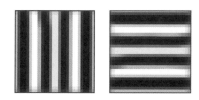

図5.8 縦横のエッジを取り出すフィルターに対応する入力画像

02

この手法が想定通りに機能することがわかったので、次は、前節で学習した2層CNNモデルの畳み込みフィルターに同じ手法を適用します。ここで使用するモデルは、次になります。

```
 1: class DoubleLayerCNN(nn.Module):
 2:     @nn.compact
 3:     def __call__(self, x, get_filter_output1=False, ↵
get_filter_output2=False):
 4:         x = x.reshape([-1, 28, 28, 1])
 5:
 6:         x = nn.Conv(features=32, kernel_size=(5, 5), use_bias=True)(x)
 7:         x = nn.relu(x)
 8:         if get_filter_output1:
 9:             return x
10:         x = nn.max_pool(x, window_shape=(2, 2), strides=(2, 2))
11:
12:         x = nn.Conv(features=64, kernel_size=(5, 5), use_bias=True)(x)
13:         x = nn.relu(x)
14:         if get_filter_output2:
15:             return x
16:         x = nn.max_pool(x, window_shape=(2, 2), strides=(2, 2))
17:
18:         x = x.reshape([x.shape[0], -1]) # Flatten
19:         x = nn.Dense(features=1024)(x)
20:         x = nn.relu(x)
21:         x = nn.Dense(features=10)(x)
22:         x = nn.softmax(x)
23:         return x
```

「5.1.3 手書き文字の認識アプリケーション」の手順 01 の **[HDR-03]** で定義したモデルと本質的には同じですが、ここでは、get_filter_output1オプションとget_filter_output2オプションで、1段目、および、2段目の畳み込みフィルターからの出力画像（プーリング層を適用する直前の画像）を得られるようにしてあります。これらの出力画像について、ピクセル値の平均値を最大化する入力画像を生成します。

　この後は、TrainStateオブジェクトを作成して、「5.1.2 JAX/Flax/Optaxによる多層CNNの実装」の手順 06 でGoogleドライブに保存したチェックポイントを復元します（**[CII-09]** 〜 **[CII-12]**）。そして、手順 01 の **[CII-06]** と同様に、(5.2) の修正処理を繰り返す処理を実装します。

[CII-13] フィルターを通過した値から画像を生成

```
 1: @jax.jit
 2: def first_filter_output_mean(image, i):
 3:     filter_output = state.apply_fn(
 4:         {'params': state.params}, jnp.asarray([image]),
 5:         get_filter_output1=True)
 6:     return jnp.mean(filter_output[0, :, :, i])
 7:
 8:
 9: @jax.jit
10: def second_filter_output_mean(image, i):
11:     filter_output = state.apply_fn(
12:         {'params': state.params}, jnp.asarray([image]),
13:         get_filter_output2=True)
14:     return jnp.mean(filter_output[0, :, :, i])
15:
16:
17: def create_pattern(filter_output_mean, i):
18:     key = random.fold_in(random.PRNGKey(0), i)
19:     image = random.normal(key, (28, 28)) * 0.1 + 0.5
20:
21:     epsilon = 1000
22:     for _ in range(50):
23:         image += epsilon * jax.grad(filter_output_mean)(image, i)
24:         epsilon *= 0.9
25:
26:     image -= jnp.min(image)
27:     image /= jnp.max(image)
28:
29:     return jax.device_get(image)
```

ここでは、1段目のフィルターからの出力画像の平均値を計算する関数first_filter_output_mean()と2段目のフィルターからの出力画像の平均値を計算する関数second_filter_output_mean()を個別に用意しています。対応する入力画像を生成する関数create_pattern()は、本質的にはさきほどの手順 **01** の **[CII-06]** での実装と同じですが、勾配ベクトルを計算する対象の関数を引数で指定できるように拡張してあります。

この後の **[CII-14]** と **[CII-15]** では、これを用いて、それぞれのフィルターに対応

Chapter 5　畳み込みフィルターの多層化による性能向上

する入力画像を生成・表示します。実行結果は、図5.9、図5.10のようになります。いずれも幾何学的なパターンを示しており、それぞれのフィルターは何らかの図形的な特徴を抽出していることがわかります。

　2つの図を比較すると、1段目のフィルターは比較的シンプルなストライプ模様が多いのに対して、2段目のフィルターでは、より複雑なパターンの図形になっていることが確認できます。カラー写真を分類する実用的な畳み込みニューラルネットワークでは、さらに多くのフィルターを多段に重ねていきますが、後段のフィルターになるほど、より抽象度の高い情報を抽出すると考えられています。なお、得られた画像の中には、ほぼランダムなノイズ状のものもあります。この部分に対応するフィルターは適切な学習が行われておらず、文字の認識に有用な特徴が取り出せていない可能性が考えられます。

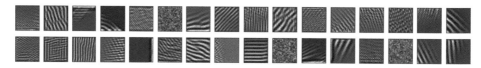

図5.9　1段目のフィルターに対応する入力画像

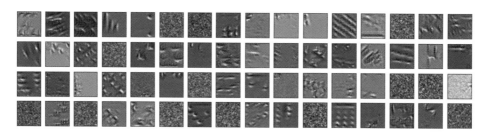

図5.10　2段目のフィルターに対応する入力画像

5.2.2　予測への影響が大きい領域の検出

　前項では、特定のフィルターに対して、そのフィルターからの出力の平均値が大きくなる画像を生成しました。その一方で、実際に予測を行う入力画像の場合は、それぞれのフィルターからの出力値は部分的に大きくなったり小さくなったりします。そこで、すべてのフィルターの出力を平均化した画像を作成すれば、もとの画像に対して、どの部分の情報が特に大きく抽出されているかがわかるかもしれません。前節で作った2層

CNNモデルの場合、2段目のフィルターからは64種類の画像データが出力されますが、i番目の画像データを$\mathbf{x}_i$ $(i = 1, 2, \cdots, 64)$として、これらを次式で合成した画像を考えるわけです。

$$\mathbf{x} = \frac{1}{64} \sum_{i=1}^{64} \mathbf{x}_i \tag{5.3}$$

　出力される画像のサイズは、前段のプーリング層によって14×14に縮小されていますが、ここでは、これを縦横に2倍に拡大して、28×28の入力画像にマッピングするものとします。——しかしながら、実際にこの方法を実装しても、特に有用な情報は得られません。たとえば、数字の「1」の画像を入力した場合、フィルターを通過した後の画像も、平均的には、数字が描かれた縦棒部分とその周辺の出力が大きくなります。言い換えると、畳み込みフィルターは、数字のあらゆる部分から情報を抽出しているわけです。

　実は、本当に重要なのは、フィルターからの出力画像そのものではなく、「その出力画像が正解となるラベル値の予測に有用なのか」という点です。今回の2層CNNモデルの場合、2段目の畳み込みフィルターからの出力画像は、その後にある全結合層と出力層（線形多項分類器）によって、「0」〜「9」のそれぞれである確率値に変換されます。したがって、「1」の画像であれば、正解となる「1」の確率値にもっとも影響のあるフィルターを見つけ出す必要があります。その後、元の入力画像において、そのフィルターからの出力が大きくなっている部分を確認すれば、「1」を表す縦棒の中で、正解の予測に強い影響を与える部分が発見できるかもしれません。

　正解ラベルに対する確率値への影響というのは、勾配ベクトルの計算で測ることができます。たとえば、「1」の画像を入力した際に、1番目のフィルターからの出力値$\mathbf{x}_1$を2倍にしてその後のレイヤーに入力したものとします。この時、「1」である確率が特に大きくなれば、このフィルターからの出力は、正解の予測に大きな影響があると言えます。あるいは、2番目のフィルターからの出力値$\mathbf{x}_2$を大きくしても、「1」である確率がそれほど変化しなければ、このフィルターからの出力は、正解の予測には影響しません。逆に、「1」である確率が減少した場合は、このフィルターからの出力は、むしろ、不正解を招く影響があるということになります。

　この考え方を一般化すると、次のような手続きを考えることができます。

① 各フィルターからの出力画像を$\mathbf{x}_i$ $(i = 1, 2, \cdots, 64)$として、これらから正解ラベルに対する確率値Pを計算する関数$P(\mathbf{x}_1, \mathbf{x}_2, \cdots, \mathbf{x}_{64})$を用意する

②勾配ベクトル $\nabla P(\mathbf{x}_1, \mathbf{x}_2, \cdots, \mathbf{x}_{64})$ を計算する

→勾配ベクトルの各成分は、対応する出力画像のピクセル値を大きくした際に、正解ラベルに対する確率値がどれほど増加するかを示している

③勾配ベクトル $\nabla P(\mathbf{x}_1, \mathbf{x}_2, \cdots, \mathbf{x}_{64})$ の成分の中で、i 番目の出力画像に対応する成分（i 番目の出力画像のピクセル値で偏微分した成分）の平均値を M_i とする

→M_i が大きいほど、i 番目のフィルターからの出力は、正解の予測に大きな影響を与える

④それぞれのフィルターからの出力画像 $\mathbf{x}_i$ を対応する重み M_i を掛けて足し合わせる（ただし、$M_i < 0$ となるフィルターからの出力画像は無視する）

仮に、この結果として、図5.11のような画像が得られたとします。この場合、「1」を表す縦棒の上下の先端部分は正解の予測に大きな影響を持っており、全結合層以降の部分は、ここに色があることを持って、この画像が「1」だと判断しているものと想像ができます。

図5.11 入力画像（左）と正解ラベルの確率値への影響が大きい領域（右）の例

ここでは、このような考え方が本当に有効かどうか、上記の手続きを実装して確認しますが、具体的にどのような手順で実装すればよいか想像できるでしょうか？ ——これを実現するには、2層CNNのモデル全体を前半と後半のブロックに分割した上で、後半部分を利用して上記の関数 $P(\mathbf{x}_1, \mathbf{x}_2, \cdots, \mathbf{x}_{64})$ を定義する必要があります（図5.12）。

前半ブロックのモデル O_1 は、入力画像 $\mathbf{x}$ に対して、2段目の畳み込みフィルターからの出力画像データ $(\mathbf{x}_1, \mathbf{x}_2, \cdots, \mathbf{x}_{64})$ を出力します。

$$(\mathbf{x}_1, \mathbf{x}_2, \cdots, \mathbf{x}_{64}) = O_1(\mathbf{x}) \tag{5.4}$$

そして、この画像データをあらためて後半ブロックのモデルに入力します。後半ブロックのモデル O_2 は、入力されたデータから最終的な予測結果（各数字に対する10種類の確率値）を出力します。

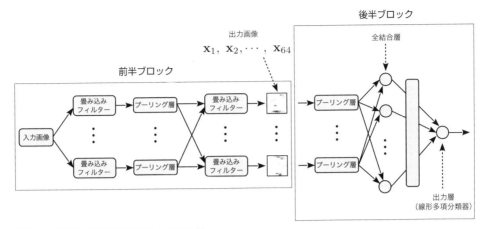

図5.12 2層CNNモデルを前半と後半に分割

$$(P_1,\ P_2,\ \cdots,\ P_{10}) = O_2(\mathbf{x}_1, \mathbf{x}_2, \cdots, \mathbf{x}_{64}) \tag{5.5}$$

　後半ブロックのモデルは正しい予測をすると仮定すると、予測結果の最大値が、正解ラベルに対する確率値になります。したがって、前述の関数$P(\mathbf{x}_1, \mathbf{x}_2, \cdots, \mathbf{x}_{64})$は、次のように組み立てることができます。

$$P(\mathbf{x}_1, \mathbf{x}_2, \cdots, \mathbf{x}_{64}) = \max(P_1,\ P_2,\ \cdots,\ P_{10})$$
$$= \max(O_2(\mathbf{x}_1, \mathbf{x}_2, \cdots, \mathbf{x}_{64})) \tag{5.6}$$

　これをPythonの関数として実装して、JAXの微分計算機能を適用すれば、前述の手続きが実装できます。フォルダー「Chapter05」の中にある次のノートブックでは、この手続き全体を実装して、いくつかのサンプル画像を生成しています。

- 4. CNN interpretation - sensitive area detection.ipynb

　先ほど説明したように、ここでは、2層CNNモデルを前半と後半のブロックに分割して定義する必要があります。これらのモデルのパラメーター構成は、元になる2層CNNモデルとは異なるので、パラメーターの移植作業が必要になります。このようなテクニックを含めて、このノートブックの主要部分をピックアップして解説します。

　[CIS-01] 〜 **[CIS-03]** で、ライブラリーのインストールや必要なモジュールのインポートなどの準備をしたら、まずは、「5.1.2 JAX/Flax/Optaxによる多層CNNの実装」の手順 **06** で保存した2層CNNモデルのチェックポイントファイルから、学習済みのパラメーター値を取得します。**[CIS-04]**、**[CIS-05]** でGoogleドライブをマウントしてチェックポイントファイルの存在を確認した後、次のコードを実行します。

[CIS-06] チェックポイントファイルから値を読み込む

```
1: state_dict = checkpoints.restore_checkpoint(
2:     ckpt_dir='/content/gdrive/My Drive/checkpoints/',
3:     prefix='DoubleLayerCNN_checkpoint_',
4:     target=None)
5:
6: restored_params = state_dict['params']
7:
8: jax.tree_util.tree_map(lambda x: x.shape, restored_params)
--------------------------------------------------------------------
{'Conv_0': {'bias': (32,), 'kernel': (5, 5, 1, 32)},
 'Conv_1': {'bias': (64,), 'kernel': (5, 5, 32, 64)},
 'Dense_0': {'bias': (1024,), 'kernel': (3136, 1024)},
 'Dense_1': {'bias': (10,), 'kernel': (1024, 10)}}
```

　1行目の関数checkpoints.restore_checkpoint()は、これまでは、チェックポイントファイルからTrainStateオブジェクトを復元するために使っており、targetオプションに復元先のTrainStateオブジェクトを指定していました。一方、ここでは、4行目にあるように、target=Noneとしています。この場合は、TrainStateオブジェクトを復元するのではなく、チェックポイントファイルに含まれるさまざまな情報を通常のディクショナリーとして取得します。特に、モデルのパラメーター値は、'params'をキーとするツリーに含まれており、6行目でその内容を変数restored_paramsに保存した後、8行目でツリーの構成を確認しています。

　2層CNNモデルの構成を思い出すと、出力結果から、次の対応関係がわかります。

- restored_params['Conv_0']：1段目の畳み込みフィルターのパラメーター
- restored_params['Conv_1']：2段目の畳み込みフィルターのパラメーター
- restored_params['Dense_0']：全結合層のパラメーター
- restored_params['Dense_1']：出力層（線形多項分類器）のパラメーター

これで、必要なパラメーター値が取り出せました。

続いて、図5.12のように前半と後半のブロックを分割したモデルDoubleLayerCNN2を定義します。

[CIS-07] ニューラルネットワークのモデルを定義

```
 1: class DoubleLayerCNN2(nn.Module):
 2:     def setup(self):
 3:         self.first_block = FirstBlock()
 4:         self.second_block = SecondBlock()
 5:
 6:     def __call__(self, x):
 7:         x = self.first_block(x)
 8:         x = self.second_block(x)
 9:         return x
10:
11:
12: class FirstBlock(nn.Module):
13:     @nn.compact
14:     def __call__(self, x):
15:         x = x.reshape([-1, 28, 28, 1])
16:
17:         x = nn.Conv(features=32, kernel_size=(5, 5))(x)
18:         x = nn.relu(x)
19:         x = nn.max_pool(x, window_shape=(2, 2), strides=(2, 2))
20:
21:         x = nn.Conv(features=64, kernel_size=(5, 5))(x)
22:         x = nn.relu(x)
23:         return x
24:
25:
26: class SecondBlock(nn.Module):
27:     @nn.compact
28:     def __call__(self, x):
29:         x = nn.max_pool(x, window_shape=(2, 2), strides=(2, 2))
30:         x = x.reshape([x.shape[0], -1])  # flatten
31:         x = nn.Dense(features=1024)(x)
```

```
32:         x = nn.relu(x)
33:         x = nn.Dense(features=10)(x)
34:         x = nn.softmax(x)
35:         return x
```

　ここでは、12〜23行目が前半ブロック、そして、26〜35行目が後半ブロックのモデルになります。それぞれ、FirstBlock、および、SecondBlockという名前を付けてあります。定義内容を見ると、2層CNNモデルの定義から、対応する部分の関数を抜き出していることがわかります。それでは、1〜9行目は何を定義しているのでしょうか? Flaxでは、個別に定義された複数のモデルを組み合わせて、新しいモデルを構成することが可能で、ここでは、前半ブロックと後半ブロックを結合して、2層CNNモデル全体を再構成したモデルをDoubleLayerCNN2という名前で定義しています。

　2〜4行目にあるように、setup()メソッドで、結合したい個別のモデルオブジェクトをインスタンス変数に格納しておき、__call__()メソッドでは、インスタンス変数に格納したモデルオブジェクトを順番に呼び出していきます。この__call__()メソッドには、@nn.compactの指定が付いていない点に注意してください。このようにして構成したモデルは、全体を結合した1つのモデルとして使用するだけではなく、この中に含まれるモデルを個別に呼び出すこともできます。具体的な方法は、この後ですぐに説明します。

　全体を結合したモデルに対して、パラメーターの初期値を生成して、構成を確認します。

[CIS-08] パラメーターの初期値を生成して構成を確認

```
1: variables = DoubleLayerCNN2().init(random.PRNGKey(0), ↵
jnp.zeros([1, 28*28]))
2:
3: jax.tree_util.tree_map(lambda x: x.shape, variables['params'])
-------------------------------------------------------------------------------
FrozenDict({
    first_block: {
        Conv_0: {
            bias: (32,),
            kernel: (5, 5, 1, 32),
        },
        Conv_1: {
            bias: (64,),
```

```
            kernel: (5, 5, 32, 64),
        },
    },
    second_block: {
        Dense_0: {
            bias: (1024,),
            kernel: (3136, 1024),
        },
        Dense_1: {
            bias: (10,),
            kernel: (1024, 10),
        },
    },
})
```

　手順 **01** の **[CIS-06]** の出力結果と比較すると、含まれるパラメーター自体は同じですが、ディクショナリーの構成が異なることに気がつきます。ここで定義した DoubleLayerCNN2では、内部に含まれる2つのモデルごとに、ディクショナリーのツリーが分かれており、各ツリーのキー（'first_block'、および、'second_block'）は、対応するブロックのモデルオブジェクトを格納したインスタンス変数の名前に一致しています。

- variables['params']['first_block']：前半ブロックのモデルのパラメーター
- variables['params']['second_block']：後半ブロックのモデルのパラメーター

　そこで、変数restored_paramsに保存してあった学習済みのパラメーター値から、それぞれに対応する部分を取り出して、この新しいモデルDoubleLayerCNN2に移植します。具体的には、次のコードになります。

[CIS-09] 学習済みのパラメーターを移植

```
1: new_params = unfreeze(variables['params'])
2: new_params['first_block']['Conv_0'] = restored_params['Conv_0']
3: new_params['first_block']['Conv_1'] = restored_params['Conv_1']
4: new_params['second_block']['Dense_0'] = restored_params['Dense_0']
```

```
 5: new_params['second_block']['Dense_1'] = restored_params['Dense_1']
 6: new_params = freeze(new_params)
 7:
 8: state = train_state.TrainState.create(
 9:     apply_fn=DoubleLayerCNN2().apply,
10:     params=new_params,
11:     tx=optax.adam(learning_rate=0.001))
```

　ここでは、新しいモデルの（乱数で初期化された）パラメーター値を通常のディクショナリーに変換した後に（1行目）、対応するパートごとに学習済みのパラメーター値をコピーしています（2〜5行目）。こうして得られたディクショナリーを再度、FrozenDictオブジェクトに戻して（6行目）、これをパラメーター値として格納したTrainStateオブジェクトを作成しています（8〜11行目）。

　これで、パラメーターの移植ができました。ここで作成したTrainStateオブジェクトを用いれば、元の2層CNNと同じ学習済みのパラメーター値を用いた計算ができます。次は、全体を結合した1つのモデルとして呼び出す例になります。

```
1: output = state.apply_fn({'params': state.params}, jnp.zeros([3, 28*28]))
2: output.shape
--------------------------------------------------------------------------------
(3, 10)
```

　ここでは、0が並んだダミー画像を3つ含むデータを入力して、得られた結果のリストサイズを表示しています。[3，10]サイズ、すなわち、$P_1 \sim P_{10}$に対応する10個の予測値を3つ含む形になっており、想定通りに機能していることがわかります。そして、特定のブロックを呼び出す例は次になります。

```
1: output = state.apply_fn({'params': state.params}, jnp.zeros([3, 28*28]),
2:                    method=lambda m, x :m.first_block(x))
3: output.shape
--------------------------------------------------------------------------------
(3, 14, 14, 64)
```

　上記の2行目にあるmethodオプションで呼び出すブロックを指定します。first_blockの部分は、呼び出したいブロックのモデルを格納したインスタンス変数に対応

します^(*3)。ここでは、前半ブロックを呼び出しており、出力結果を見ると、3つの入力データに対して、それぞれから、64種類の14 × 14ピクセルの画像データが得られていることがわかります。

　同様にして、後半ブロックを呼び出す例は、次のようになります。入力データの形式は、前半ブロックからの出力と同じ形式になる点に注意してください。

```
1: output = state.apply_fn({'params': state.params}, ↵
jnp.zeros([3, 14, 14, 64]),
2:                          method=lambda m, x :m.second_block(x))
3: output.shape
--------------------------------------------------------------------
(3, 10)
```

　出力結果は、モデル全体からの出力値と同じ形式になっており、前半ブロックと後半ブロックを結合することで、2層CNNモデルが再現できていることがわかります。

- -

03

　パラメーターの移植に関する説明が長くなりましたが、いよいよ完成が近づいてきました。後半ブロックのモデルが使えるようになったので、これを用いて、（5.6）の関数 $P(\mathbf{x}_1, \mathbf{x}_2, \cdots, \mathbf{x}_{64})$ を次のように定義することができます。

[CIS-10] 予測の最大値を取得

```
1: def max_prediction(filter_output):
2:     predictions = state.apply_fn(
3:         {'params': state.params}, jnp.asarray([filter_output]),
4:         method=lambda m, x :m.second_block(x))
5:     return jnp.max(predictions[0])
```

　1行目の引数 filter_output には、1つの入力画像（手書き数字画像）を前半ブロックのモデルに入力して得られる、64種類の画像データを受け渡します。これを1つだけのデータからなるバッチにして、後半ブロックのモデルに入力します（2〜4行目）。すると、[1, 10]サイズのリスト形式で10種類の確率値が得られるので、その最大値を返却します（5行目）。

*3　methodオプションの書き方が特殊に見えますが、ここでは、決まった形として理解しておいてください。

この関数の微分、すなわち、勾配ベクトル$\nabla P(\mathbf{x}_1, \mathbf{x}_2, \cdots, \mathbf{x}_{64})$を用いて、先に説明した手続きを実装すると、次のようになります。

[CIS-11] 予測への影響が大きい部分を検出

```
 1: def create_heatmap(state, image):
 2:     filter_outputs = state.apply_fn(
 3:         {'params': state.params}, jnp.asarray([image]),
 4:         method=lambda m, x :m.first_block(x))
 5:     filter_output = filter_outputs[0]
 6:     # filter_output.shape = (14, 14, 64)
 7:
 8:     filter_grads = jax.grad(max_prediction)(filter_output)
 9:     # filter_grads.shape = (14, 14, 64)
10:
11:     num_filters = 64
12:     weight = np.zeros(num_filters)
13:     for i in range(num_filters):
14:         weight[i] = max(0, jnp.mean(filter_grads[:, :, i]))
15:
16:     heatmap_image = np.zeros([14, 14])
17:     for i in range(num_filters):
18:         heatmap_image += filter_output[:, :, i] * weight[i]
19:     heatmap_image /= np.max(heatmap_image)
20:
21:     return heatmap_image
```

1行目の引数stateとimageには、それぞれ、さきほど用意したTrainStateオブジェクトと、処理対象の手書き数字画像を受け渡します。2〜5行目では、受け取った画像を前半ブロックのモデルに入力して、2段目の畳み込みフィルターを通過した64種類の画像データ（$\mathbf{x}_1, \mathbf{x}_2, \cdots, \mathbf{x}_{64}$に相当するデータ）を受け取ります。6行目のコメントにあるように、変数filter_outputには、[14, 14, 64]サイズのリスト形式で受け取ったデータが保存されます。

8行目では、このデータを関数max_prediction()の微分に入力して、勾配ベクトル$\nabla P(\mathbf{x}_1, \mathbf{x}_2, \cdots, \mathbf{x}_{64})$の値を受け取ります。結果は、入力データ（filter_output）と同じ[14, 14, 64]サイズのリスト形式になっており、それぞれの要素は、入力データの各ピクセル値を変化させた時の関数max_prediction()の出力値への影響度を表します。

この後は、11～14行目で、64種類のフィルターそれぞれについて、対応するピクセル値の部分の平均値を計算して、出力画像$\mathbf{x}_i$に対する重みM_iとします。平均値が負になる場合は、重みを0とします。コードでは、変数weight[i]に重みM_iの値を保存しています。最後に、得られた重みで出力画像を合成して、ピクセル値の範囲を0～1に調整して返却します（16～21行目）。

04

これですべての準備ができました。この次の **[CIS-12]** では、「0」～「9」のそれぞれの数字についてサンプル画像を選択して、関数create_heatmap()で正解ラベルの確率値への影響が大きい領域を可視化します。実行結果は、図5.13のようになります[*4]。ここでは、オリジナルの画像、フィルターの出力を重み付けして合成した画像、そして、結果を見やすくするために、カラー画像に変換したものが表示されています。この結果を見ると、たとえば、「1」については縦棒の上端部分に影響が集中しています。あるいは、「2」であれば右下の横棒、「0」であれば右上部分など、それぞれに目立つ部分があります。

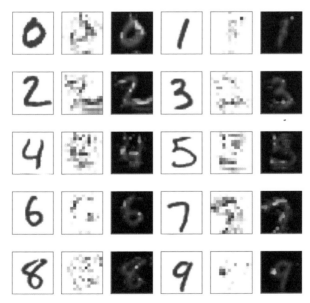

図5.13 正解ラベルの確率値への影響が大きい領域

[*4] モデルの予測が正しく、正解ラベルに対する確率値が最大になるという前提については、サンプルとして選んだ画像について個別に確認しています。

この結果を見ると、このモデルは文字全体の形状を見ているのではなく、特定の部位だけを見て判別しているのではないかという疑問がわいてきます。——これが本当であることを確かめるために、前項で作成した「手書き文字の認識アプリケーション」を用いて、特定部分だけの画像を入力してみました。結果は、図5.14の通りで、「1」「2」「0」について、さきほど指摘した部位だけで、対応する判定が行われています。これらは、機械学習モデルを「騙す」画像の例と言えるでしょう。

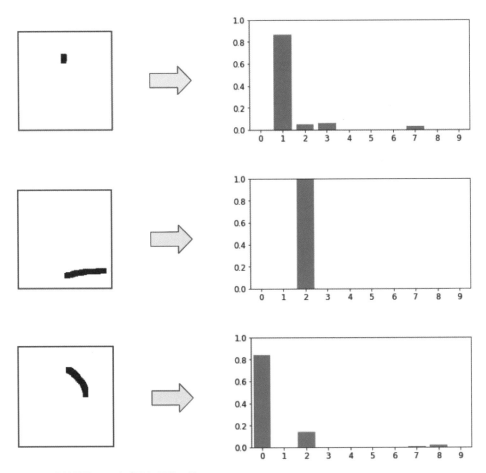

図5.14　機械学習モデルを「騙す」画像の例

　この結果は、学習に使用したデータセットが「0」〜「9」の数字だけからなるという事実に起因します。たとえば、「2」について言うと、「0」〜「9」の中で右下に長い横棒がある図形は「2」しかないため、この機械学習モデルは、この情報だけで「2」が判別できることを学習したのです。人間であれば、そのほかの様々な文字を知っているので、

それらすべてから区別するために、図形全体を見て判断するはずですが、今の場合、そのような学習は行われていません。機械学習モデルの特性は、学習に使用したデータで決まることがよくわかる例です。

　ただし、p.59のコラム「乱数のシードを管理する理由」でも説明したように、GPUを使った環境では、学習の結果は実行ごとに変わる可能性があります。ノートブック「1. MNIST double layer CNN classification.ipynb」による学習処理を何度か繰り返して、それぞれについて、図5.13の結果がどのように変わるかを観察してみてください。10種類の数字を判別するために必要な情報（モデルが注目するポイント）の選択には、さまざまなパターンがあることがわかるでしょう。

　本書のメインテーマである、手書き文字を分類するCNNの構成とその分析はここまでになります。ここでもう一度、本章の冒頭にある図5.1を振り返りながら、それぞれのパーツの役割を再確認してください。はじめてこの図を見た時は、よく意味がわからなかったものが、今では実感を持って理解できるようになったのではないでしょうか。「ディープラーニング」は、決して魔法の仕組みではなく、意外と素朴な仕組みでできていることがわかったことでしょう。素朴な仕組みでありながら、大量のデータを用いて大量のパラメーターを最適化することで、驚くほど高精度な結果が得られる点が、ディープラーニングの奥深い所とも言えるのです。

ここでは、本書のメインテーマであるCNNとJAX/Flax/Optaxをより深く理解して使いこなすための追加の話題を紹介します。具体的には、学習済みモデルの一部を転用する転移学習、そして、オートエンコーダによるアノマリー検知、DCGANによる画像生成モデルについて説明します。

5.3.1 転移学習によるCIFAR-10（カラー写真画像）の分類

　本章では、多層型のCNNを用いて、MNISTデータセット、すなわち、グレースケールの画像データを分類することに成功しました。一方、現実の画像認識処理では、カラー画像を分類したいことの方が多いかもしれません。これまでに学んだ手法をカラー画像に応用するのは、それほど難しいことではありませんが、複雑な画像を高い精度で分類するには、畳み込みフィルターを何層にも重ねたモデルが必要なため、学習処理に時間がかかるとともに、十分な数のトレーニングデータがなければ、オーバーフィッティングが発生して適切に学習することができなくなります。

　このような際に利用できるテクニックのひとつが転移学習です。ここでは、一般公開されている、Residual Network（ResNet）の画像分類モデルを利用するので、この例で具体的に説明します。ResNetは、2016年に発表されたモデルで、一定の規則で畳み込みフィルターのレイヤーを積み重ねた後、最後に、線形多項分類器で分類処理を行う構造を持っており、まさに本書で説明した多層CNNの一例になります。バッチ正規化、および、スキップ接続と呼ばれるテクニックを導入することで、分類の精度が飛躍的に向上したことで有名になりました。モデルの構造が論文で公開されていることから、これと同じものを独自に実装することも可能で、GitHubでは、Nicholas Vadivelu氏がJAX/Flaxで実装したモデルが公開されています [*5]。ImageNetと呼ばれる、1,000種類のラベル値を持つカラー画像をトレーニングデータとして学習したパラメーター値とあわせて利用することができます。

　一方、今、自分の手元には、自社で販売している製品の写真画像など、ImageNetと

---

*5　リポジトリのURLはhttps://github.com/n2cholas/jax-resnet

は異なる独自の画像データがあり、製品カテゴリーなどを自動で判別する分類モデルを作りたいとします。この画像をさきほどのGitHubリポジトリからダウンロードしたResNetに投入しても、当然ながら製品のカテゴリーを判別することはできません。ResNetは、学習に使用したデータ（今の場合は、ImageNet）が持つラベル値しか出力できないためです。そこで、少し大胆なアイデアですが、次のような方法を考えてみます。

まず、ResNetのモデルの最後にある線形多項分類器は、1,000種類のラベル値を判別するので、1,000個の1次関数にソフトマックス関数を組み合わせたノードです。Flaxのlinenモジュールで実装するなら、次のようなコードになるでしょう。

```
1: x = nn.Dense(features=1000)(x)
2: x = nn.softmax(x)
3: return x
```

そこで、この部分を新しい多項分類器に置き換えてしまいます。たとえば、10種類のカテゴリーを判別するのであれば、1,024個のノードを含む全結合層と線形多項分類器を組み合わせた、次のような構成はどうでしょうか？（どこかで見たような構成ですね。）

```
1: x = nn.Dense(features=1024)(x)
2: x = nn.relu(x)
3: x = nn.Dropout(0.5, deterministic=eval)(x)
4: x = nn.Dense(features=10)(x)
5: x = nn.softmax(x)
6: return x
```

その上で、この新しいモデルを独自のトレーニングデータで学習します（図5.15）。ただし、モデル全体を再学習するわけではありません。「4.2.1 特徴変数による画像の分類」で見たように、JAX/Flax/Optaxの機能を組み合わせると、パラメーター値の特定部分を勾配降下法による修正の対象から除外することができます。ここでは、ResNetにもともと含まれている畳み込みフィルター群については、ImageNetで学習済みのパラメーター値をあらかじめ設定しておき、修正の対象からは除外しておきます。その上で、新しく追加した部分のみを学習します。——これにより、独自データの10種類のカテゴリーを分類するモデルが得られることはわかりますが、前段の畳み込みフィルターについて、学習済みのパラメーター値をそのまま使うことに意味はあるのでしょうか？

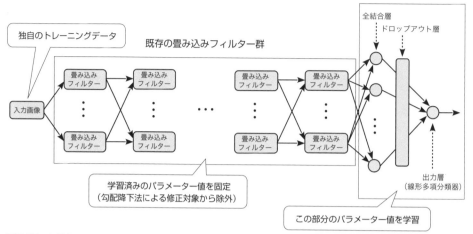

図5.15 転移学習の仕組み

　この点についてもまた、「4.2.1 特徴変数による画像の分類」の内容を思い出してください。ORENISTの画像セットは、縦棒・横棒という特徴をもっていたので、縦と横のエッジを取り出す固定的なフィルターを前段に配置することにより、後段の「全結合層＋線形多項分類器」はこれらのデータを容易に分類することができました。これと同様に、ResNetの畳み込みフィルター群は、1,000種類の正解ラベルを持つ画像データで学習されており、これらを高精度に分類するための特徴を取り出す機能を持っていると期待できます。今、手元にあるデータは、正解ラベルの種類は異なりますが、実在物のカラー画像という点では同じです。ResNetの畳み込みフィルターが取り出した特徴量を利用すれば、新しく追加した多項分類器は、元の画像データをそのまま入力するよりは、より高い精度で分類できるはずです。

　このように、学習済みの既存のモデルの一部を流用して、新しいモデルを構成・学習する手法を転移学習と呼びます。既存のモデルを分解して組み合わせる方法については、すでに、「5.2.2 予測への影響が大きい領域の検出」で説明しています。これまでに学んだ方法を組み合わせれば、JAX/Flax/Optaxで転移学習を実装するのはそれほど難しくはないはずです。フォルダー「Chapter05」の中にある次のノートブックで、これを実際に試してみましょう。

- 5. Transfer Learning with ResNet.ipynb

　このノートブックは、GPUを接続したランタイムを使用します。無償版のColaboratoryを使用している場合は、**ノートブックの使用が終わったら、「ランタイム」メニューの**

「ランタイムを接続解除して削除」を選択して、接続を解除しておくようにしましょう。

　このノートブックでは、CIFAR-10と呼ばれるカラー写真画像のデータセットを用いて、新しく追加する多項分類器の学習を行います。これは、32 × 32ピクセルのカラー画像データで、図5.16のように、「飛行機、自動車、鳥、猫、鹿、犬、蛙、馬、船、トラック」という10種類の正解ラベルが与えられています[*6]。ここでは、転移学習に関連した手順を中心に説明します。

飛行機
自動車
鳥
猫
鹿
犬
蛙
馬
船
トラック

図5.16　CIFAR-10に含まれる画像データ（一部）

01

　モデルを定義する前の事前準備は、MNISTデータセットの場合とほぼ同じです。ライブラリーをインストールして必要なモジュールをインポートした後、CIFAR-10のデータセットをダウンロードしたら、これをバッチに分割する関数create_batches()を用意します（**[TLR-01]** 〜 **[TLR-04]**）。ここで、Flaxのlinenモジュールで実装されたResNetのモデルをダウンロードして使用するためのライブラリーjax-resnetも追加でインストールしています。

---

*6　本当は、より独自性の高い製品画像などを用いるのがよいのですが、ここでは、一般公開されていて利用しやすいということで、CIFAR-10のデータセットを使用しています。

CIFAR-10の画像データは、[32, 32, 3]サイズのリスト形式で、RGBの3つのレイヤーを持ちます。それぞれのピクセル値が0〜1の浮動小数点の値で表されるように、さきほどの手順の中で変換してあります。トレーニングセットとテストセットのデータは、それぞれ、変数train_imagesと変数test_imagesに保存しています。正解ラベルはワンホット・エンコーディング形式に変換してあり、トレーニングセットとテストセットについて、それぞれ、変数train_labelsと変数test_labelsに保存しています。**[TLR-05]** を実行すると、図5.16に示したサンプル画像が表示されます。

続いて、次のコードで、ResNetのモデルと学習済みのパラメーター値をダウンロードします。

[TLR-06] ResNetのモデルと学習済みパラメーター値をダウンロード

```
1: resnet_tmpl, resnet_variables = pretrained_resnet(18)
2: resnet_model = resnet_tmpl()
3: Backbone = Sequential(resnet_model.layers[:-1])
4: Backbone_variables = slice_variables(
5:     resnet_variables, 0, len(resnet_model.layers) - 1)
```

この部分は、さきほどインストールしたライブラリーjax-resnetに固有の手順になります。ここでは、ResNetの畳み込みフィルター群（最後の線形多項分類器をのぞいた部分）のモデルオブジェクトが変数Backboneに保存されて、学習済みのパラメーター値が変数Backbone_variablesに保存されます。

それでは、変数Backboneに保存されたResNetの畳み込みフィルター群に、10種類のカテゴリーを判別する多項分類器を組み合わせた、新しいモデルResNetModelを定義しましょう。これは、次のコードで実現できます。

[TLR-07] ResNetに多項分類器を組み合わせたモデルを作成

```
 1: class ResNetModel(nn.Module):
 2:     def setup(self):
 3:         self.backbone = Backbone
 4:         self.head = Head()
 5:
 6:     def __call__(self, x, get_logits=False, eval=True):
 7:         x = jax.image.resize(x, [x.shape[0], 128, 128, 3], 'bilinear')
 8:         x = self.backbone(x)
 9:         x = self.head(x, get_logits=get_logits, eval=eval)
10:         return x
```

```
11:
12:
13: class Head(nn.Module):
14:     @nn.compact
15:     def __call__(self, x, get_logits=False, eval=True):
16:         x = nn.Dense(features=1024)(x)
17:         x = nn.relu(x)
18:         x = nn.Dropout(0.5, deterministic=eval)(x)
19:         x = nn.Dense(features=10)(x)
20:         if get_logits:
21:             return x
22:         x = nn.softmax(x)
23:         return x
```

「5.2.2 予測への影響が大きい領域の検出」の手順 **02** の **[CIS-07]** では、前半と後半のブロックを分割して、これらを再結合したモデルを定義しましたが、これと同じ手法を利用しています。13～23行目は、10種類のカテゴリーを分類する多項分類器で、前節で完成させた2層CNNモデルの全結合層から後の部分と同じです。ResNetの畳み込みフィルター群から出力される特徴量は、1次元のフラットなリスト形式になっており、そのままの形で全結合層に入力することができます。

そして、1～10行目では、変数Backboneに保存された畳み込みフィルター群のモデルと、ここで用意した多項分類器を結合したモデルResNetModelを定義しています。なお、CIFAR-10の画像データは、32 × 32ピクセルのサイズですが、モデルの学習が終わった後は、さまざまなサイズの画像データの分類に利用します。そこで、7行目では、入力画像を128 × 128ピクセルのサイズに拡大（もしくは、縮小）する処理を入れてあります。これにより、どのようなサイズの画像を入力しても、ResNetの畳み込みフィルター群は、128 × 128ピクセルの画像データを受け取ります。

02

モデルが定義できたら、パラメーターの移植作業を行います。パラメーターの初期値を生成した後に、ResNetの畳み込みフィルター群に対応する部分には、変数Backbone_variablesに保存してあった学習済みのパラメーター値をコピーします。なお、さきほど少し触れたように、ResNetのモデルには、バッチ正規化の仕組みが組み込まれています。これは、学習時に使用したデータの統計値を内部に保存しておき、モデル内部で処理中のデータに対する正規化（データの平均と分散がそろうように

値を変換する処理）を行います。変数Backbone_variablesには、バッチ正規化に
使用する統計値も保存されているので、これもコピーする必要があります。

　具体的な手順は、次になります。はじめに、乱数でパラメーターの初期値を生成しま
す。

[TLR-08] パラメーターの初期値を生成

```
1: key, key1 = random.split(random.PRNGKey(0))
2: variables = ResNetModel().init(
3:     key1, train_images[0:1], {'dropout': random.PRNGKey(0)})
```

　これまでは、変数variablesには、variables['params']以下にパラメーター
値が格納されていただけですが、バッチ正規化を使用するモデルでは、variables
['batch_stats']以下にデータの統計値が追加で格納されています。さらに、複数
のブロックを組み合わせたモデルの場合は、ブロックごとにツリーが分かれました。結
果として、次のような構成になります。

- variables['params']['head']：新しく追加した多項分類器のパラメーター値
- variables['params']['backbone']：畳み込みフィルター群のパラメー
  ター値
- variables['batch_stats']['backbone']：畳み込みフィルター群が使用
  する統計値

　畳み込みフィルター群に関連する部分は、対応するデータが変数Backbone_
variablesに保存されているので、これをコピーします。

[TLR-09] 元のモデルからパラメーター値と統計値をコピー

```
1: new_variables = unfreeze(variables)
2: new_variables['batch_stats']['backbone'] = Backbone_variables ⏎
['batch_stats']
3: new_variables['params']['batch_stats'] = Backbone_variables['params']
4: variables = freeze(new_variables)
```

　ここでは、変数variablesをFrozenDictから通常のディクショナリーに変換して、
対応する部分をコピーした後、再度、FrozenDictに戻しています。これで、TrainState
オブジェクトに格納するべきパラメーター値が用意できました。

　通常の流れであれば、次は、TrainStateオブジェクトを作成するところですが、その前にもうひとつ作業が残っています。畳み込みフィルター群のパラメーター値を勾配降下法による修正対象から除外するためのマスクが必要です。これは、「4.2.1 特徴変数による画像の分類」の手順 **03**（**[OCE-08]** 〜 **[OCE-10]**）に従います。

　このマスクは、パラメーター値を格納したvariables['params']と同じツリー構造を持つディクショナリーを作成して、データ部分に、True、もしくは、Falseを格納したもので、Trueの部分のパラメーターのみが勾配降下法による修正対象になります。今の場合は、次のコードで作成できます。

[TLR-10] 特定のパラメーターを除外するマスクを作成

```
1: params_mask = unfreeze(
2:     jax.tree_util.tree_map(lambda x: False, variables['params']))
3: params_mask['head'] = unfreeze(
4:     jax.tree_util.tree_map(lambda x: True, variables['params']['head']))
5: params_mask = freeze(params_mask)
6:
7: params_mask['head']
---------------------------------------------------------------------------
FrozenDict({
    Dense_0: {
        bias: True,
        kernel: True,
    },
    Dense_1: {
        bias: True,
        kernel: True,
    },
})
```

　1〜2行目は、variables['params']と同じツリー構造を持つディクショナリーを作成して、すべてのデータをデフォルト値Falseで埋めています。3〜4行目では、修正対象とするべき、variables['params']['head']以下の部分について、別途、すべてのデータをTrueで埋めたディクショナリーを作成して置き換えています。最後に、得られたディクショナリーをFrozenDictオブジェクトに変換しておきます（5行目）。

畳み込みフィルター群のパラメーターが多数あるため、得られたマスクparams_mask全体を表示するととても長い出力結果になります。6行目では、params_mask['head']以下のみを表示して、この部分にTrueがセットされていることを確認しています。出力結果を見ると、全結合層（'Dence_0'以下）と線形多項分類器（'Dence_1'以下）に対応したパラメーターがあることがわかります。

これで、TrainStateオブジェクトを作成する準備ができました。次のコードで、TrainStateオブジェクトを作成します。

[TLR-11] モデルの学習状態を管理するTrainStateオブジェクトを作成

```
 1: class TrainState(train_state.TrainState):
 2:     batch_stats: flax.core.FrozenDict
 3:     epoch: int
 4:     dropout_rng: type(random.PRNGKey(0))
 5:
 6:
 7: zero_grads = optax.GradientTransformation(
 8:     # init_fn(_)
 9:     lambda x: (),
10:     # update_fn(updates, state, params=None)
11:     lambda updates, state, params: (jax.tree_map(jnp.zeros_like, ↵
updates), ()))
12:
13: optimizer = optax.multi_transform(
14:     {True: optax.adam(learning_rate=0.001), False: zero_grads},
15:     params_mask)
16:
17: key, key1 = random.split(key)
18:
19: state = TrainState.create(
20:     apply_fn=ResNetModel().apply,
22:     params=variables['params'],
22:     batch_stats=variables['batch_stats'],
23:     tx=optimizer,
24:     dropout_rng=key1,
25:     epoch=0)
26:
27: jax.tree_util.tree_map(lambda x: x.shape, state.params['head'])
----------------------------------------------------------------------
```

```
FrozenDict({
    Dense_0: {
        bias: (1024,),
        kernel: (512, 1024),
    },
    Dense_1: {
        bias: (10,),
        kernel: (1024, 10),
    },
})
```

　1〜3行目では、追加の属性値を持ったTrainStateクラスを定義しています。バッチ正規化の統計値を格納するbatch_stats属性が必要な点が新しい要素になります。epoch属性とdropout_rng属性は「5.1.2 JAX/Flax/Optaxによる多層CNNの実装」の手順 **03** の **[MDL-07]** で用意したものと同じです。それぞれ、学習が完了したエポック数と、ドロップアウト層に受け渡す乱数のシードを格納します。ここでは、「5.1.1 多層型の畳み込みフィルターによる特徴抽出」で使用したノートブック「1. MNIST double layer CNN classification.ipynb」の実装を再利用して、1エポック分の学習が終わるごとにその時点のTrainStateオブジェクトの状態をチェックポイントファイルに出力するという使い方を想定しています。

　最後の27行目では、新しく追加した多項分類器のパラメーターの構造を表示しています。さきほどの **[TLR-10]** の出力結果と比較すると、パラメーターと対応するマスクの構造が一致していることが確認できます。TrainStateオブジェクトが用意できたので、ここで一旦、学習を開始する前の初期状態のチェックポイントファイルを保存しておきます。

[TLR-12] 初期状態のチェックポイントファイルを保存

```
1: checkpoints.save_checkpoint(
2:     ckpt_dir='./checkpoints/', prefix='ResNet_checkpoint_',
3:     target=state, step=state.epoch, overwrite=True)
--------------------------------------------------------------------------------
'checkpoints/ResNet_checkpoint_0'
```

　ここでは、一時保存領域として、Colaboratory実行環境のローカルディスクを使用しています。保存先のディレクトリーに同じプレフィックスのチェックポイントファイ

ルがあると、それらは削除されます。既存のチェックポイントファイルからTrainState
オブジェクトを復元して学習を再開したい場合は、この手順はスキップしてください。

04

　ここから先の実装は、「5.1.1 多層型の畳み込みフィルターによる特徴抽出」の手
順 **04** 〜手順 **05**（**[MDL-09]** 〜 **[MDL-12]**）と同じになります。次に定義する誤差関
数loss_fn()の内容だけが少し異なります。

[TLR-13] 誤差関数を定義

```
1: @partial(jax.jit, static_argnames=['eval'])
2: def loss_fn(params, state, inputs, labels, dropout_rng, eval):
3:     logits = state.apply_fn(
4:         {'params': params, 'batch_stats': state.batch_stats},
5:         inputs, eval=eval, get_logits=True, rngs={'dropout': dropout_rng})
6:     loss = optax.softmax_cross_entropy(logits, labels).mean()
7:     acc = jnp.mean(jnp.argmax(logits, -1) == jnp.argmax(labels, -1))
8:     return loss, acc
```

　3〜5行目でモデルを呼び出す際の第1引数において、パラメーター値に加えて、バッ
チ正規化で使用する統計値を受け渡しています（4行目）。なお、バッチ正規化を含む畳
み込みフィルター群も学習の対象とする場合は、学習に伴ってこの統計値も変化するの
で、そのための処理もコードに加える必要があります。今回は、バッチ正規化を含む部
分は固定してあるので、事前に用意された統計値を受け渡すだけで十分です。

　この後は、パラメーターの修正を1回だけ行う関数train_step()、1エポック分の
学習処理を行う関数train_epoch()、複数エポックにわたる学習を実行する関数
fit()を用意します。これらのコードは、「5.1.1 多層型の畳み込みフィルターによる
特徴抽出」の手順 **04** 〜手順 **05** の **[MDL-10]** 〜 **[MDL-12]** と同じコードが再利用で
きます。

05

　これですべての準備が整いました。このあとは、関数fit()を実行すれば、ミニバッ
チによる学習処理が行われます。ここでは、次のコードで、16エポック分の学習を行い
ます。

[TLR-17] 学習処理

```
1: %%time
2: ckpt_dir = './checkpoints/'
3: prefix = 'ResNet_checkpoint_'
4: state, history = fit(state, ckpt_dir, prefix,
5:                      train_images, train_labels, test_images, test_labels,
6:                      epochs=16, batch_size=64)
```

Epoch: 1, Loss: 0.9472, Accuracy: 0.6707 / Loss(Test): 0.7676, ⏎
Accuracy(Test): 0.7388
Epoch: 2, Loss: 0.7770, Accuracy: 0.7269 / Loss(Test): 0.7247, ⏎
Accuracy(Test): 0.7544
Epoch: 3, Loss: 0.7228, Accuracy: 0.7467 / Loss(Test): 0.7164, ⏎
Accuracy(Test): 0.7570
Epoch: 4, Loss: 0.6878, Accuracy: 0.7557 / Loss(Test): 0.6923, ⏎
Accuracy(Test): 0.7636
Epoch: 5, Loss: 0.6467, Accuracy: 0.7721 / Loss(Test): 0.6896, ⏎
Accuracy(Test): 0.7656
Epoch: 6, Loss: 0.6209, Accuracy: 0.7802 / Loss(Test): 0.6882, ⏎
Accuracy(Test): 0.7678
Epoch: 7, Loss: 0.5956, Accuracy: 0.7902 / Loss(Test): 0.6827, ⏎
Accuracy(Test): 0.7714
Epoch: 8, Loss: 0.5676, Accuracy: 0.7988 / Loss(Test): 0.6729, ⏎
Accuracy(Test): 0.7730
Epoch: 9, Loss: 0.5481, Accuracy: 0.8051 / Loss(Test): 0.6837, ⏎
Accuracy(Test): 0.7719
Epoch: 10, Loss: 0.5248, Accuracy: 0.8147 / Loss(Test): 0.6848, ⏎
Accuracy(Test): 0.7726
Epoch: 11, Loss: 0.5072, Accuracy: 0.8193 / Loss(Test): 0.6958, ⏎
Accuracy(Test): 0.7739
Epoch: 12, Loss: 0.4847, Accuracy: 0.8275 / Loss(Test): 0.6844, ⏎
Accuracy(Test): 0.7771
Epoch: 13, Loss: 0.4682, Accuracy: 0.8321 / Loss(Test): 0.7009, ⏎
Accuracy(Test): 0.7759
Epoch: 14, Loss: 0.4474, Accuracy: 0.8396 / Loss(Test): 0.7097, ⏎
Accuracy(Test): 0.7768
Epoch: 15, Loss: 0.4323, Accuracy: 0.8472 / Loss(Test): 0.7167, ⏎
Accuracy(Test): 0.7794
Epoch: 16, Loss: 0.4168, Accuracy: 0.8500 / Loss(Test): 0.7195, ⏎
Accuracy(Test): 0.7748
```
```

```
CPU times: user 4min 46s, sys: 5.07 s, total: 4min 51s
Wall time: 4min 47s
```

　最終的に、テストセットに対して、約77％の正解率が得られました。学習中の正解率
と誤差関数の値の変化は、図5.17のようになります。これがどの程度すぐれた結果なの
かが気になりますが、畳み込みフィルター群を使用せずに、全結合層より後の部分だけ
で学習した場合は、64エポック分の学習で約45％の正解率になりました。畳み込み
フィルター群で適切な特徴量を取り出すことにより、正解率が大きく向上していること
がわかります。本書全体の復習になりますので、畳み込みフィルター群を用いない場合
の結果については、ぜひ自分で実装して確かめてみてください。

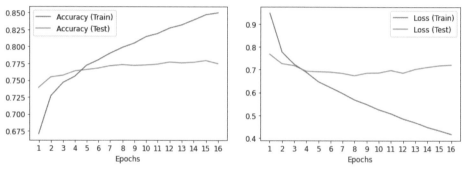

図5.17　学習に伴う正解率と誤差関数の変化

　この後のコードでは、CIFAR-10よりも大きなサイズのカラー画像について、学習済
みのモデルによる予測結果を確認しています。結果の一部を紹介すると、図5.18のよう
になります。比較的予測しやすい画像を選んではいますが、それぞれ、適切に予測でき
ていることがわかります [*7]。なお、実際に予測値を取得する部分のコードは、次のよう
になります。

---

*7　ここでは、ImageNetの公開データから取得したサンプル画像を使用しています。元々のResNetの学習に
　　使用したデータセットなので、転移学習の評価目的としては適切ではない点に注意してください。

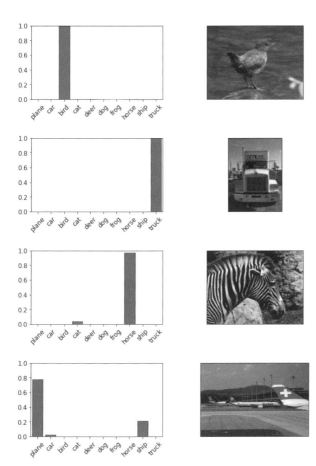

図5.18 学習済みのモデルによる予測結果

[TLR-23] 予測結果を表示

```
 1: import os
 2: from matplotlib import image
 3:
 4: basedir = './imagenet-sample-images/'
 5: label_text = ['plane', 'car', 'bird', 'cat', 'deer',
 6:               'dog', 'frog', 'horse', 'ship', 'truck']
 7: files = os.listdir('./imagenet-sample-images/')
 8: file_num = len(files)
 9:
10: for c, image_file in enumerate(files):
11:     img = image.imread(basedir + image_file)
12:     img = img.astype('float32') / 255
```

```
13:    prediction_vals = state.apply_fn(
14:        {'params': state.params, 'batch_stats': state.batch_stats},
15:        jnp.asarray([img]))
16:    prediction_vals = jax.device_get(prediction_vals[0])
... (以下省略) ...
```

　11行目で読み込んだ画像ファイルは、RGBの3つのレイヤーからなる、[縦，　横，3]サイズのリスト形式で、各ピクセル値は0〜255の整数値で表されています。学習に使用した画像データのピクセル値は0〜1の範囲の浮動小数点の値でしたので、ここで使用する画像データについても、12行目でピクセル値を0〜1の範囲の浮動小数点の値に変換しています。手順 **01** の **[TLR-07]** の7行目にあるように、モデル内のコードで画像サイズを128 × 128ピクセルに変換していますので、画像サイズについては、この段階で変換する必要はありません。また、13〜15行目でモデルを呼び出す際は、パラメーター値に加えて、バッチ正規化で使用する統計値も受け渡す点に注意してください。

　転移学習の説明はここまでになりますが、JAX/Flax/Optaxを利用すると、複数のモデルのブロックを組み合わせたり、パラメーターの一部のみを学習するなど、さまざまな処理を自由に組み合わせられることが理解できたと思います。やりたいことに合わせて機能を組み合わせるという、プログラミングの基本的な考え方を機械学習の処理にうまく適用した仕組みと言えるでしょう。

5.3.2 オートエンコーダによるアノマリー検知

　ここでは、ニューラルネットワークの応用例として、オートエンコーダを紹介します。これは、入力データから特徴量を取り出す「エンコーダ」と特徴量から入力データを再現する「デコーダ」を組み合わせた機械学習モデルで、異常データを検知する仕組みとして利用できます。そして、オートエンコーダからデコーダ部分だけを取り出して実装すると、さまざまな画像データを自動生成する仕組が作れます。画像データの自動生成については次項で説明することにして、ここではまず、その準備としてオートエンコーダの仕組みを解説しておきます。

　まず、図5.19が本項で説明するオートエンコーダの機械学習モデルになります。このモデルでは、MNISTの画像データを入力すると、同じサイズの画像データが出力されるようになっており、入力データと出力データがなるべく近いものになるように学習処

理を行います。フォルダー「Chapter05」の中にある次のノートブックを用いて、モデルの実装を見ながら、この処理が持つ実際の意味を説明していきます。

- 6. MNIST autoencoder example.ipynb

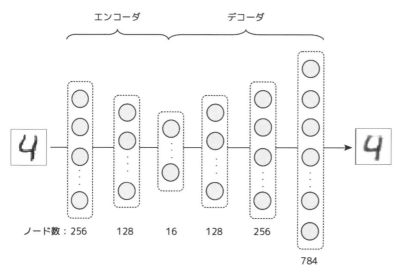

図5.19 オートエンコーダの機械学習モデル

01

はじめに、ライブラリーをインストールして必要なモジュールをインポートした後、MNISTデータセットをダウンロードして、これをバッチに分割する関数create_batches()を用意します（**[MAE-01]**～**[MAE-04]**）。その後、次のコードで図5.19に示したオートエンコーダのモデルAutoEncoderModelを定義します。

[MAE-05] オートエンコーダーのモデルを定義

```
1: class AutoEncoderModel(nn.Module):
2:     @nn.compact
3:     def __call__(self, x):
4:         x = nn.Dense(features=256)(x)
5:         x = nn.relu(x)
6:         x = nn.Dense(features=128)(x)
```

```
 7:        x = nn.relu(x)
 8:        x = nn.Dense(features=16)(x)
 9:        x = nn.relu(x)
10:        x = nn.Dense(features=128)(x)
11:        x = nn.relu(x)
12:        x = nn.Dense(features=256)(x)
13:        x = nn.relu(x)
14:        x = nn.Dense(features=784)(x)
15:        x = nn.sigmoid(x)
16:        return x
```

　このモデルは、$28 \times 28 = 784$個の値が並んだ1次元のリスト形式でMNISTの画像データを受け取り、これを4行目でノード数が256個の全結合層に入力します。その結果、このレイヤーからは、256個の値が出力されます。5行目にあるように、活性化関数にはReLUを使用します。その後、6〜13行目まで、同様の全結合層が続きます。各レイヤーのノード数は、「256→128→16→128→256」のように、一度、16個まで減少して、再度、256個へと増えていきます。

　そして最後に、14行目の全結合層はノード数が784個になっており、入力データと同じ784個の値が出力されます。このレイヤーの活性化関数はシグモイド関数になっており、出力される値は0〜1の浮動小数点の値です。つまり、出力されるデータの形式は入力データと一致しています。

02

　この後は、モデルの学習処理を進めます。パラメーターの初期値を生成してTrainStateオブジェクトを作成したら（**[MAE-06]**）、誤差関数loss_fn()を次のように定義します。

[MAE-07] 誤差関数を定義

```
1: @jax.jit
2: def loss_fn(params, state, inputs):
3:     predictions = state.apply_fn({'params': params}, inputs)
4:     loss = optax.l2_loss(predictions, inputs).mean()
5:     return loss
```

4行目の関数optax.l2_loss()は、以前に「1.2.4 JAX/Flax/Optaxによる最小二乗法の実装例」の手順 **07** の **[LSF-08]** で使用しました。これは2つの引数で与えられたデータの各要素について、それぞれの差の2乗を計算するものでした。つまり、ここでは、平均二乗誤差を誤差関数として使用しています。さらにここでは、正解ラベルとして入力データそのものを使用している点に注意してください。これにより、入力データと出力データの差が小さくなる、すなわち、出力データが入力データを再現するようにモデルを学習することができます。

この後は、パラメーターの修正を1回だけ行う関数train_step()、そして、1エポック分の学習処理を行う関数train_epoch()を定義します（**[MAE-08]**、**[MAE-09]**）。この部分は、これまでと同様です。また、その次の **[MAE-10]** では、学習後のモデルが出力する画像イメージを表示する関数show_result()を用意しています。

ここまでの準備の下、まずは、学習の初期の様子を観察するために、次のコードで1エポック分だけ学習してみます。

[MAE-11] 1エポック分だけ学習

```
1: %%time
2: train_images_batched = create_batches(train_images, 128)
3: state, loss = train_epoch(state, train_images_batched)
4: print('Loss: {:.4f}'.format(loss))
--------------------------------------------------------------------------------
Loss: 0.0225
CPU times: user 11.7 s, sys: 515 ms, total: 12.2 s
Wall time: 13.5 s
```

この次の **[MAE-12]** では、先ほど用意した関数show_result()で学習結果を表示します。実行結果は、図5.20のようになります。上段が入力データで、下段に対応する出力データがあります。入力データに類似したデータが出力されていることがわかります。まだ少し出力画像がぼやけているようなので、さらに追加で5エポック分の学習を行います。

図5.20　学習途中のオートエンコーダの出力

[MAE-13] 追加で5エポック分を学習

```
1: %%time
2: for _ in range(5):
3:     state, loss = train_epoch(state, train_images_batched)
4:     print('Loss: {:.4f}'.format(loss))
--------------------------------------------------------------------------
Loss: 0.0123
Loss: 0.0103
Loss: 0.0094
Loss: 0.0089
Loss: 0.0085
CPU times: user 38.6 s, sys: 2.48 s, total: 41.1 s
Wall time: 27.4 s
```

　この時点の学習結果は、図5.21のようになります（[MAE-14]）。かなり入力データに近い画像が得られる様になりましたので、学習処理はここで打ち切り、これを学習済みのモデルとして利用することにします。

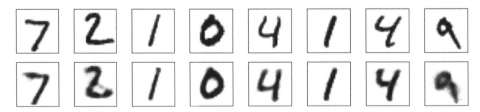

図5.21　学習後のオートエンコーダの出力

　この学習済みのモデルは、どのように利用できるのでしょうか？ ここでは、まず、手書きの画像を入力して、その出力イメージを確認してみます。はじめに、「5.1.3 手書き文字の認識アプリケーション」の手順 **02** で説明した **[HDR-08]**、**[HDR-09]** と同じコードを用いて、好きな画像をマウスで描き、変数imageに画像データを格納します（**[MAE-15]**、**[MAE-16]**）。学習済みモデルにこのデータを入力すると、対応する出力データが得られます（**[MAE-17]**）。

　たとえば、数字の「0」を描いて、このコードを実行すると、図5.22のような結果が得られます。入力データに類似したデータが出力されていることがわかります。それでは、この機械学習モデルに、数字以外の文字を入力するとどうなるでしょうか？ たとえば、アルファベットの「P」を描いて、さきほどのコードを実行すると、図5.23の結果が得られます。この場合、出力データは、アルファベットの「P」とはかなり異なる図形になっています。数字の「8」と「9」の中間のような図形です。

図5.22　手書き数字を学習済みのモデルに入力した結果

図5.23　数字以外の文字を学習済みのモデルに入力した結果

　実は、この結果は、最初から予想されたものでした。図5.19の機械学習モデルは、手書き数字の画像データで学習した結果、常に数字に似た画像を出力するようにチューニングされているのです。特に、中間部分のレイヤーでノード数が減少しているので、すべての情報をそのまま保持して出力することはできません。中央にあるノード数が最小のレイヤーには、「この画像が何の数字であるか」という抽象化された情報が保持されており、それ以降のレイヤーは、それに対応する数字の画像を生成する、画像生成のニューラルネットワークとして機能していると想像することができます。このような意

味で、図5.19の機械学習モデルでは、前半部分を「エンコーダ」(画像データを抽象化された符号情報に変換する機能を提供)、後半部分を「デコーダ」(抽象化された符号情報から画像データを再現する機能を提供)と呼びます。

　少し見方を変えると、これは、画像データの不可逆圧縮を行っていると考えることもできます。前半のエンコーダでは、784個の数値を16個の数値に圧縮しており、後半のデコーダでは、16個の数値から元の784個の数値を再現しています。不可逆圧縮なので元のデータを完全に再現することはできませんが、トレーニングセットに含まれる画像データについては、なるべく高い精度で再現できるようにチューニングされているのです。

　したがって、この機械学習モデルは、入力画像が(トレーニングセットの画像データに類似した)数字の画像かどうかを判定する仕組みとして利用できます。入力データと出力データを比較してその差が小さければ、入力データは数字の画像で、一方、入力データと出力データの差が大きければ、それは、数字の画像ではないと判定できます。具体的には、入力データ $\mathbf{x} = (x_1, \cdots, x_{784})^{\mathrm{T}}$ と出力データ $\mathbf{y} = (y_1, \cdots, y_{784})^{\mathrm{T}}$ について、次の平均二乗誤差を計算します。

$$E = \frac{1}{784} \sum_{i=1}^{784} (x_i - y_i)^2 \qquad (5.7)$$

　この値が事前に設定したしきい値を越えると、これは、数字ではない画像データだと判定します。具体的なしきい値の値は、いくつかのサンプルに対する結果を見ながら、個別に調整する必要があります。このように、トレーニングセットと大きく異なるデータ(異常データ)を検知することをアノマリー検知と言います。今回は、MNISTの画像データを用いましたが、この他のさまざまなデータについて、同様の手法が利用できます。ただし、エンコーダとデコーダの具体的な構成は、使用するデータの特性に合わせて、個別に設計する必要があるでしょう。

5.3.3 DCGANによる画像生成モデル

　前項で説明したオートエンコーダは、画像データを抽象化された符号情報に変換するエンコーダと、符号情報から画像データを再現するデコーダの組み合わせとみなすことができました。本項で説明するDCGANでは、画像を生成するモデルを生成器(Generator)と呼びますが、これは、オートエンコーダからデコーダ部分だけを取り出

したモデルと考えることができます。この後で説明するように、DCGANの生成器には、画像の種類に対応した抽象的な符号情報（潜在変数）を実際の画像イメージに変換するという働きがあり、これはちょうど、オートエンコーダにおけるデコーダの役割に対応しています。つまり、DCGANは、デコーダ部分だけを独立に学習する仕組みと考えることができます。

　DCGANは、「Deep Convolutional Generative Adversarial Network」の頭文字をとった用語で、生成器を学習するテクニックであるGAN（Generative Adversarial Network）に、畳み込みニューラルネットワークを組み合わせています。前項のオートエンコーダでは、エンコーダ、デコーダ共に、全結合層を積み重ねた単純な構造を持っており、これは一般に、フィードフォワード・ネットワークと呼ばれます。一方、ここでは、より高精度な画像が生成できることが知られているTransposed Convolution（転置畳み込み）を用いた生成器を利用します。

　この後のDCGANの実装については、フォルダー「Chapter05」の中にある次のノートブックを用いて説明を進めます。

- 7. MNIST DCGAN example.ipynb

　このノートブックは、GPUを接続したランタイムを使用します。無償版のColaboratoryを使用している場合は、**ノートブックの使用が終わったら、「ランタイム」メニューの「ランタイムを接続解除して削除」を選択して、接続を解除しておくようにしましょう。**

01

　はじめに、ライブラリーをインストールして必要なモジュールをインポートした後、MNISTデータセットをダウンロードして、これをバッチに分割する関数create_batches()を用意します（**[MDE-01]** 〜 **[MDE-04]**）。次に、生成器のモデルを定義しますが、実際のコードを見る前に、DCGANにおける生成器の構造を説明しておきます。

　まず、さきほど触れたTransposed Convolutionは、元の画像のピクセル同士の間隔を広げた上で畳み込みフィルターを適用するという操作を実現するもので、たとえば、図5.24のような処理ができます。この例では、下部にある画像は3×3のサイズですが、ピクセル間を広げた上で、3×3の大きさのフィルターを適用しており、結果として、上部にある6×6の画像が得られます。ピクセル間のすきまには、0が入っているものと考えてください。通常の畳み込みフィルターと同じく、複数レイヤーの画像にも適用でき

るので、たとえば、64レイヤーの7 × 7ピクセルの画像に対して32個のフィルターを適用すると、32レイヤーの14 × 14ピクセルの画像が得られます。これはちょうど、「5.1.1 多層型の畳み込みフィルターによる特徴抽出」の図5.2（**2段階の畳み込みフィルターの構成**）における2段目の「畳み込みフィルター＋プーリング層」と逆向きの変換にあたります。

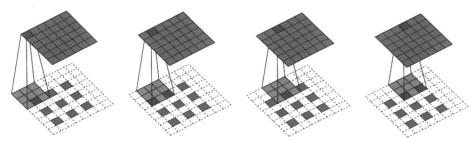

図5.24 Transposed Convolutionによる変換処理の例

したがって、Transposed Convolutionを利用すると、図5.2と逆向きの処理を行うニューラルネットワークが構成できます。図5.2では、28 × 28ピクセルの画像を入力すると、10個の確率値が得られましたが、これとは逆に、たとえば、64個の実数値を入力すると、28 × 28ピクセルの画像が出力されるというニューラルネットワークが構成できます。ここでは、図5.25のニューラルネットワークを構成して、MNISTデータセットに類似した手書き数字の画像を生成するように学習処理を行います。入力値となる64個の実数値の範囲には任意性がありますが、ここでは、−1 〜 1の範囲の浮動小数点の値を用います。この入力値は、潜在変数と呼ばれます。この段階では潜在変数の意味はまだよくわかりませんが、この点については、学習後のモデルの様子を見ながらあらためて解説します。

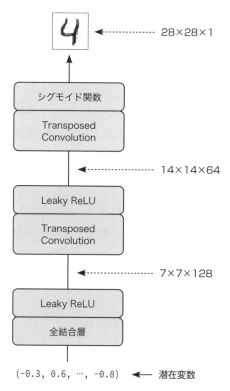

図5.25 画像データを生成する生成器（Generator）の構成

図5.25に「Leaky ReLU」とあるのは、活性化関数として、通常のReLUの代わりに、図5.26に示したLeaky ReLUを使用することを表します。通常のReLUでは、負の値は厳密に0に置き換えられますが、Leaky ReLUでは、負の値の部分はグラフの傾きが緩やかになります。理屈の上では通常のReLUでも構わないのですが、DCGANの学習処理はチューニングが難しく、綺麗な画像を生成するには、さまざまな工夫が必要となります。ReLUの代わりにLeaky ReLUを用いるのも、そのようなチューニングのテクニックの1つです。

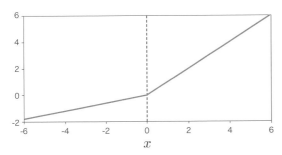

図5.26　Leaky ReLUのグラフ

　そして、次のコードで、図5.25の生成器をモデルGeneratorとして定義します。

[MDE-05] 生成器のモデルを定義

```
 1: class Generator(nn.Module):
 2:     @nn.compact
 3:     def __call__(self, x):
 4:         x = nn.Dense(features=7*7*128)(x)
 5:         x = nn.leaky_relu(x, 0.3)
 6:         x = x.reshape([-1, 7, 7, 128])
 7:         x = nn.ConvTranspose(features=64, kernel_size=(5, 5), strides=↵
(2, 2))(x)
 8:         x = nn.leaky_relu(x, 0.3)
 9:         x = nn.ConvTranspose(features=1, kernel_size=(5, 5), strides=↵
(2, 2))(x)
10:         x = nn.sigmoid(x)
11:         x = x.reshape([x.shape[0], -1])   # flatten
12:         return x
```

まず、4〜5行目の全結合層で、64個の入力値を$7 \times 7 \times 128 = 6272$個の実数値に変換して、それを6行目で、[7, 7, 128]サイズのリスト形式に変換します。これはちょうど、128レイヤーからなる7×7ピクセルの画像に対応します。その後、7〜8行目と9〜10行目のTransposed Convolutionにより、[7, 7, 128]サイズ→[14, 14, 64]サイズ→[28, 28, 1]サイズという2段階の変換を行って、MNISTデータセットと同じ形式の画像データを生成します。関数nn.ConvTranspose()はTransposed Convolutionを適用するものですが、stridesオプションで、ピクセル間を広げる際に隙間に挿入するピクセル数を調整します。ここでは、strides=(2, 2)を指定することで、変換後の画像サイズが縦横に2倍になるようにしています。kernel_sizeオプションは、フィルターのサイズを指定します。

　また、2段目のTransposed Convolutionでは、活性化関数にシグモイド関数を用いているので、出力値（それぞれのピクセル値）は、0〜1の浮動小数点の値になります。11行目は、得られた画像データをピクセル値を一列に並べた1次元のリスト形式に変換しています。関数nn.leaky_relu()のオプション値0.3は、図5.26で$x < 0$の部分の直線の傾きを指定します。

02

　次は、生成器を学習する際に、補助的に利用する識別器のモデルを定義します。ここでもまた、実際のコードを見る前に、DCGANにおける学習の手順を説明しておきます。

　DCGANでは、生成器のモデルを自然な画像が生成できるよう学習するために、識別器 (Discriminator) を組み合わせたユニークな方法を用います。これは、絵画の贋作を描く絵師と贋作を見抜く鑑定士の腕くらべに例えることができるでしょう（図5.27）。絵師は、鑑定士をだまそうとしてより本物に近い絵を描き、鑑定士は、そのような贋作を参考にして、より高い精度で贋作を見抜けるように自身を訓練していきます。

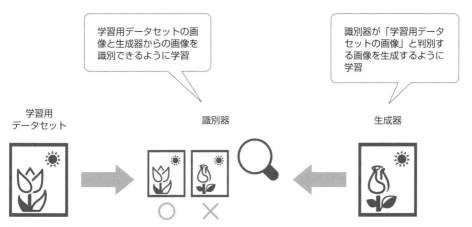

学習用
データセット　　　　　　　　　　　　識別器　　　　　　　　　　　　　　　　　生成器

学習用データセットの画
像と生成器からの画像を
識別できるように学習

識別器が「学習用データ
セットの画像」と判別す
る画像を生成するように
学習

図5.27　DCGANの学習プロセス

　具体的に説明すると、次のような手順になります。まず、生成器に含まれるパラメー
ターは、最初は乱数で初期化されるので、この時点で生成される画像は、ほぼランダム
なノイズ状の画像になります。ここで、生成器が生成した画像と本物のMNISTデータ
セットの画像を識別する機械学習モデルを用意します。これには、本書のメインテーマ
である、CNNによる画像分類の仕組みが利用できます。今の場合は、MNISTデータ
セットの画像とそれ以外の画像を識別すれば良いので、二項分類器を利用します。これ
が、DCGANにおける識別器です。初期状態の生成器が生成したランダムな画像と
MNISTデータセットの画像をトレーニングデータとして、これらを識別するように識
別器の学習を行います。

　そして、次のステップとして、この識別器をうまく「騙す」ように、生成器の学習を
行います。具体的には、生成器から生成した画像を識別器に入力して、それが本物であ
る（つまり、MNISTデータセットの画像である）確率Pを取得します。この時、生成器
に含まれるパラメーターの値を変更すると、生成される画像データが変化して、その結
果、確率Pの値も変化します。そこで、この確率Pがなるべく大きくなるように生成器
のパラメーターをチューニングすると、生成器から得られる画像は、識別器から見て本
物である確率がより大きい画像、すなわち、MNISTデータセットに類似した画像にな
ると期待ができます。

　DCGANの学習プロセスでは、この作業を交互に繰り返します。つまり、上記の作業
が終わった後に、あらためて生成器からいくつかの画像を生成して、これとMNIST
データセットの画像を組み合わせたものを新たなトレーニングセットとして、識別器の
追加学習を行います。これにより、識別器は、MNISTデータセットの画像をより高い
精度で判別できるようになります。そして、この精度の上がった識別器を用いて、生成

器の追加学習を行います。これを繰り返すことで、生成器が生成する画像データは、MNISTデータセットの画像にどんどん近づいていくというわけです。

　もちろん、これが期待通りにいくかどうかは、やってみないとわかりません。識別器の機械学習モデルを定義して、実際に試してみることにしましょう。次のコードで、識別器のモデルDiscriminatorを定義します。

[MDE-06] 識別器のモデルを定義

```
 1: class Discriminator(nn.Module):
 2:     @nn.compact
 3:     def __call__(self, x, get_logits=False, eval=True):
 4:         x = x.reshape([-1, 28, 28, 1])
 5:         x = nn.Conv(features=64, kernel_size=(5, 5), strides=(2, 2))(x)
 6:         x = nn.leaky_relu(x, 0.3)
 7:         x = nn.Conv(features=128, kernel_size=(5, 5), strides=(2, 2))(x)
 8:         x = nn.leaky_relu(x, 0.3)
 9:         x = x.reshape([x.shape[0], -1])  # flatten
10:         x = nn.Dropout(0.4, deterministic=eval)(x)
11:         x = nn.Dense(features=1)(x)
12:         if get_logits:
13:             return x
14:         x = nn.sigmoid(x)
15:         return x
```

　ここでは、図5.28のニューラルネットワークを使用しており、Leaky ReLUを活性化関数とする畳み込み層を2段階で適用しています。「5-1 畳み込みニューラルネットワークの完成」で完成させたモデルよりも単純な構成となっており、全結合層がなく、畳み込みフィルターの直後のプーリング層も省略されています。ただし、ここでは、関数nn.Conv()のオプションstrides=(2, 2)により、画像サイズの縮小を行っています。これは、元の画像の上で畳み込みフィルターを移動する際に、2ピクセルずつ移動するという指定で、これにより、得られる画像の縦横のサイズが半分になります。

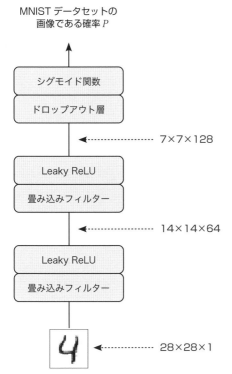

MNIST データセットの
画像である確率 P

シグモイド関数

ドロップアウト層

← ⋯⋯⋯⋯ 7×7×128

Leaky ReLU

畳み込みフィルター

← ⋯⋯⋯⋯ 14×14×64

Leaky ReLU

畳み込みフィルター

← ⋯⋯⋯⋯ 28×28×1

図5.28 画像データの識別器（Discriminator）の構成

　生成器と識別器のモデルが定義できたので、次のコードで、それぞれについてパラメーターの初期値を生成して、TrainStateオブジェクトを作成します。

[MDE-07] モデルの学習状態を管理する**TrainState**オブジェクトを生成

```
 1: class TrainState(train_state.TrainState):
 2:     sampling_rng: type(random.PRNGKey(0))
 3:
 4:
 5: latent_dim = 64
 6: key, key1, key2, key3, key4 = random.split(random.PRNGKey(0), 5)
 7:
 8: variables_gen = Generator().init(key1, jnp.zeros([1, latent_dim]))
 9: state_gen = TrainState.create(
10:     apply_fn=Generator().apply,
11:     params=variables_gen['params'],
12:     tx=optax.adam(learning_rate=0.001, b1=0.4, b2=0.8),
13:     sampling_rng=key2)
14:
```

```
15: variables_disc = Discriminator().init(
16:     key3, train_images[0:1], {'dropout': random.PRNGKey(0)})
17: state_disc = TrainState.create(
18:     apply_fn=Discriminator().apply,
19:     params=variables_disc['params'],
20:     tx=optax.adam(learning_rate=0.001, b1=0.4, b2=0.8),
21:     sampling_rng=key4)
```

　ここでは、TrainStateオブジェクトを拡張して、sampling_rng属性に乱数のシードを格納しています。ここに格納したシードは、ドロップアウト層を呼び出す際に必要となるシードのほかに、生成器から学習に使用するサンプル画像を生成する際に使用します。生成器は、潜在変数の値を元に画像を生成するので、必要とするサンプル画像の数だけ、元になる潜在変数の値を乱数で発生させます。5行目の変数latent_dimは潜在変数に含まれる実数値の個数を定義しており、この後のコードで使用します。

　また、12行目と20行目を見ると、勾配降下法のアルゴリズムであるAdam Optimizerに、これまでになかったオプションが追加されています。Adam Optimizerは、学習の進捗に応じて学習率の値を自動調整する機能がありますが、この調整方法をチューニングするオプションです。ここでは、これまでの学習経過を考慮する割合をデフォルトよりも減らしています [*8]。DCGANでは、学習が進むにつれて、生成器が作る画像、すなわち、トレーニングデータの内容が変化していきます。そのため、これまでの学習経過をあまり考慮しない方がうまく学習が進みます。

03

　次は、勾配降下法に使用する誤差関数を定義しますが、今回は、生成器を学習するための誤差関数と、識別器を学習するための誤差関数のそれぞれが必要になります。まず、生成器を学習するための誤差関数loss_gen()は次のようになります。

[MDE-08] 生成器の誤差関数を定義

```
1: @jax.jit
2: def loss_gen(params_gen, params_disc, inputs, labels):
3:     images = Generator().apply({'params': params_gen}, inputs)
4:     logits = Discriminator().apply(
```

---

*8　厳密にいうと、これらのオプションでは、学習率の値に加えて、モーメントの値が変化する割合を制御しています。Adam Optimizerのアルゴリズムの詳細は本書の説明範囲を超えるので、このあたりの説明は割愛します。

```
5:              {'params': params_disc}, images, get_logits=True, eval=True)
6:      loss = optax.sigmoid_binary_cross_entropy(logits, labels).mean()
7:      return loss
```

2行目の引数`params_gen`と`params_disc`は、それぞれ、生成器と識別器のパラメーター値を受け取ります。`inputs`と`labels`は、画像を生成する元となる潜在変数の値を並べたリスト（DeviceArrayオブジェクト）と対応する正解ラベルのリスト（DeviceArrayオブジェクト）です。正解ラベルtの値は、$t = 1$が本物（MNISTデータセットの画像）で、$t = 0$が偽物（生成器が作った画像）を表します。

ここでは、3行目で画像を生成して、4〜5行目でそれらに対する識別器の予測結果を取得した後、6行目で正解ラベルと比較したバイナリー・クロスエントロピーを計算しています。生成器を学習する立場からは、識別器の予測結果は「本物」になって欲しいので、正解ラベルはすべて$t = 1$に設定しておきます。この誤差関数`loss_gen()`の出力値が小さくなるように、生成器のパラメーター値`params_gen`を修正すれば、より本物に近い画像が生成できるようになるわけです（図5.29）。

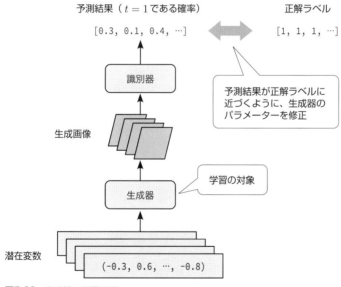

図5.29 生成器の学習処理

なお、これまでに定義してきた誤差関数では、モデルのTrainStateオブジェクトstateを受け取って、関数state.apply_fn()でモデルを呼び出していました。今回は、モデルが2種類あるため、実装をシンプルにするため、TrainStateオブジェクトは受け取らずに、モデルのオブジェクトをその場で生成して、apply()メソッドでモデルを呼び出しています。4〜5行目で識別器を呼び出す際は、eval=Trueを指定している点にも注意してください。生成器を学習するための誤差関数なので、識別器にはドロップアウト層を適用せずに予測してもらう必要があります。

　また、この誤差関数は、最初の引数が生成器のパラメーター値params_genになっているのも重要なポイントです。この後、関数jax.value_and_grad()で誤差関数を微分する際は、最初の引数を微分の対象とします。これにより、生成器のパラメーター値を修正するための勾配ベクトルが得られます。このように、1つの誤差関数の中で、さまざまなモデルの計算処理を混在できるのも、Flaxの柔軟性と言えるでしょう。

　そして、識別器を学習するための誤差関数loss_disc()は次のようになります。

[MDE-09] 識別器の誤差関数を定義

```
1: @jax.jit
2: def loss_disc(params_disc, inputs, labels, dropout_rng):
3:     logits = Discriminator().apply(
4:         {'params': params_disc}, inputs, get_logits=True, eval=False,
5:         rngs={'dropout': dropout_rng})
6:     loss = optax.sigmoid_binary_cross_entropy(logits, labels).mean()
7:     return loss
```

　2行目の引数params_discは識別器のパラメーター値を受け取ります。その後のinputsとlabelsは、学習データと対応する正解ラベルになりますが、ここでは、図5.30の手順で事前に作成したトレーニングデータを受け取ります。はじめに、MNISTデータセットから一定数の画像データをバッチで取得して、これらの正解ラベルを$t = 1$とします。次に、生成器にランダムな入力値（潜在変数の値）を与えて、同数の画像を生成した上で、これらの正解ラベルを$t = 0$とします。これらをひとつにまとめたものが、1回のバッチ処理で使用するトレーニングデータになります。

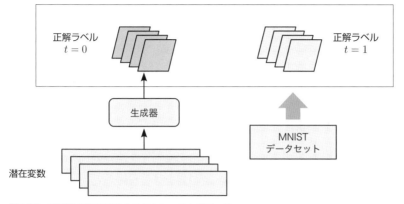

識別器のトレーニングデータ

正解ラベル
$t=0$

正解ラベル
$t=1$

生成器

MNIST
データセット

潜在変数

図5.30 識別器を学習するためのトレーニングデータ

　このトレーニングデータがあれば、この後の学習方法は、通常の画像識別モデルと同じです。3〜5行目で識別器による予測結果を取得して、6行目で、正解ラベルと比較したバイナリー・クロスエントロピーを計算します。この誤差関数は、最初の引数が識別器のパラメーター値params_discになっているので、これを微分することで、識別器のパラメーター値を修正するための勾配ベクトルが得られます。2行目の引数dropout_rngは、ドロップアウト層に受け渡す乱数のシードを受け取ります。識別器を学習する際は、識別器のドロップアウト層を有効にする点に注意してください。

- -

04

　生成器と識別器を学習するための誤差関数が用意できたので、これらを用いて、勾配降下法による学習処理を1回だけ行う関数を生成器と識別器のそれぞれについて作成します。生成器を学習する関数train_step_gen()は、次のようになります。

[MDE-10] 生成器を1回だけ学習する関数を定義

```
1: @partial(jax.jit, static_argnames=['batch_size'])
2: def train_step_gen(state_gen, state_disc, batch_size):
3:     global latent_dim
4:
5:     new_sampling_rng, key1 = random.split(state_gen.sampling_rng)
6:     random_inputs = random.uniform(
7:         key1, [batch_size, latent_dim], minval=-1, maxval=1)
8:     fake_labels = jnp.ones([batch_size, 1])
9:
```

```
10:    loss, grads = jax.value_and_grad(loss_gen)(
11:        state_gen.params, state_disc.params, random_inputs, fake_labels)
12:    new_state_gen = state_gen.apply_gradients(
13:        grads=grads, sampling_rng=new_sampling_rng)
14:
15:    return new_state_gen, loss
```

　手順 03 の **[MDE-08]** で説明した生成器の学習方法を思い出すと、ここでは、潜在変数の値を並べたリスト（DeviceArrayオブジェクト）と対応する正解ラベル（すべてを $t = 1$ にしたもの）を誤差関数loss_gen()に受け渡して、勾配ベクトルの値を計算する必要があります。5〜8行目では、潜在変数の値random_inputsを乱数で発生して、対応する正解ラベルfake_labelsを用意しています。ここで用意するデータ数batch_sizeは、2行目の引数で指定します。その前の引数state_genとstate_discは、生成器と識別器、それぞれのTrainStateオブジェクトを受け取ります。

　その後、10〜13行目では、これらのデータを用いて誤差関数loss_gen()の勾配ベクトルを計算して、生成器のパラメーター値を勾配降下法のアルゴリズムで修正します。最後に15行目で、修正されたパラメーター値を格納した新しいTrainStateオブジェクトを誤差関数の値とあわせて返します。

　なお生成するデータ数を指定する引数batch_sizeは、7行目と8行目でリストサイズを指定するために使っていますが、JAXの仕様上、この部分はDeviceArrayオブジェクトが使えず、batch_sizeは通常のPythonの整数として受け取る必要があります。そのため、1行目では、引数batch_sizeを静的引数に指定した上で事前コンパイル機能を適用しています。「5.1.2 JAX/Flax/Optaxによる多層CNNの実装」の手順 04 の **[MDL-09]** で説明したように、静的引数は、受け取った値ごとに、個別に事前コンパイル機能が適用されます。今の場合、batch_sizeには特定の値（batch_size=32）のみを指定するので、これは問題ありません。

　続いて、識別器を学習する関数train_step_disc()は、次のようになります。

[MDE-11] 識別器を1回だけ学習する関数を定義

```
1: @partial(jax.jit, static_argnames=['batch_size'])
2: def train_step_disc(state_disc, state_gen, real_images, batch_size):
3:     global latent_dim
4:
5:     new_sampling_rng, key1, key2 = random.split(state_disc.sampling_rng, 3)
6:     random_inputs = random.uniform(
```

```
 7:         key1, [batch_size, latent_dim], minval=-1, maxval=1)
 8:     generated_images = Generator().apply(
 9:         {'params': state_gen.params}, random_inputs)
10:     all_images = jnp.concatenate([generated_images, real_images])
11:     labels = jnp.concatenate([jnp.zeros([batch_size, 1]),
12:                               jnp.ones([batch_size, 1])])
13:
14:     loss, grads = jax.value_and_grad(loss_disc)(
15:         state_disc.params, all_images, labels, dropout_rng=key2)
16:     new_state_disc = state_disc.apply_gradients(
17:         grads=grads, sampling_rng=new_sampling_rng)
18:
19:     return new_state_disc, loss
```

　ここでは、手順 **03** の **[MDE-09]** で説明した識別器の学習方法を思い出してください。2行目の引数real_imagesでは、MNISTデータセットから選択したbatch_size個の画像データ（1回分のバッチデータ）を受け取ります。一方、5〜9行目では、乱数で生成した潜在変数を用いて、同数の画像データを生成器で作ります。10行目で、これらを1つにまとめたものを変数all_imagesに保存して、これをトレーニングデータとします。11行目は、対応する正解ラベルを変数labelsに保存します。

　14〜17行目では、これらのデータを用いて誤差関数loss_disc()の勾配ベクトルを計算して、識別器のパラメーター値を勾配降下法のアルゴリズムで修正します。最後に19行目で、修正されたパラメーター値を格納した新しいTrainStateオブジェクトを誤差関数の値とあわせて返します。2行目の引数state_discとstate_genは、識別器と生成器、それぞれのTrainStateオブジェクトを受け取ります。引数batch_sizeを静的引数に指定するのは、さきほどの **[MDE-10]** と同様です。

　そして、DCGANでは、train_step_gen()とtrain_step_disc()による学習処理を交互に行います。そこで、これらを1回ずつ実行する関数をtrain_step()として用意します。

[MDE-12] 生成器と識別器を1回ずつ実行する関数を用意

```
1: @jax.jit
2: def train_step(state_gen, state_disc, train_images_batch):
3:     batch_size = train_images_batch.shape[0]
4:
5:     # Train discriminator
```

```
 6:        state_disc, loss_disc = train_step_disc(
 7:            state_disc, state_gen, train_images_batch, batch_size)
 8:
 9:        # Train generator
10:        state_gen, loss_gen = train_step_gen(state_gen, state_disc, batch_size)
11:
12:        return state_gen, state_disc, loss_gen, loss_disc
```

　2行目の引数state_discとstate_genは、識別器と生成器、それぞれのTrain Stateオブジェクトを受け取り、引数train_images_batchは、図5.30に示したMNISTの画像データ（1回分のバッチデータ）を受け取ります。これらのデータを用いて、先ほど用意したtrain_step_disc()とtrain_step_gen()を順番に呼び出します。どちらもパラメーター値を更新した新しいTrainStateオブジェクトを返却するので、受け取った値を変数state_disc、および、変数state_genに上書きで保存した上で、それらを12行目で誤差関数の値とあわせて返します。

- -

05

　学習対象のモデルが2つあり、相互に組み合わせた計算処理が必要なため、なかなか複雑に感じたかもしれませんが、適切な誤差関数を定義した上で、勾配ベクトルの値を計算して、勾配降下法のアルゴリズムでパラメーター値を修正するという流れはこれまでと同じです。ここまでくれば、あとは、関数train_step()を繰り返し呼び出せば学習処理が進められます。次の関数train_epoch()は、バッチに分割したMNISTの画像データを受け取って、1エポック分の学習処理を行います。

［MDE-13］1エポック分だけ学習

```
 1: def train_epoch(state_gen, state_disc, input_batched):
 2:     loss_gen_history, loss_disc_history = [], []
 3:
 4:     for inputs in input_batched:
 5:         state_gen, state_disc, loss_gen, loss_disc = train_step(
 6:             state_gen, state_disc, inputs)
 7:         loss_gen_history.append(jax.device_get(loss_gen).tolist())
 8:         loss_disc_history.append(jax.device_get(loss_disc).tolist())
 9:
10:     loss_gen, loss_disc = np.mean(loss_gen_history), ↵
np.mean(loss_disc_history)
```

```
11:
12:        return state_gen, state_disc, loss_gen, loss_disc
```

　ここでは、学習後のTrainStateオブジェクトとあわせて、1エポックにわたる誤差関
数の平均値を計算して返しています。そして、次のコードで、16エポック分の学習処理
を実行します。

[MDE-14] 追加で16エポック分を学習

```
 1: %%time
 2: examples = []
 3: key, key1 = random.split(key)
 4: sample_inputs = 0.7 * random.uniform(key1, [8, latent_dim], minval=-1, ↵
maxval=1)
 5: examples.append(jax.device_get(
 6:     Generator().apply({'params': state_gen.params}, sample_inputs)))
 7:
 8: batch_size = 32
 9: train_images_batched = create_batches(train_images, batch_size)
10:
11: for epoch in range(1, 17):
12:     state_gen, state_disc, loss_gen, loss_disc = train_epoch(
13:         state_gen, state_disc, train_images_batched)
14:     print('Epoch: {}, Loss(discriminator, generator): {:.4f}, ↵
{:.4f}'.format(
15:         epoch, loss_disc, loss_gen), flush=True)
16:     examples.append(jax.device_get(
17:         Generator().apply({'params': state_gen.params}, sample_inputs)))
----------------------------------------------------------------------
Epoch: 1, Loss(discriminator, generator): 0.3964, 7.5410
Epoch: 2, Loss(discriminator, generator): 0.5836, 1.3960
Epoch: 3, Loss(discriminator, generator): 0.6110, 1.1904
Epoch: 4, Loss(discriminator, generator): 0.5984, 1.2117
Epoch: 5, Loss(discriminator, generator): 0.5905, 1.2557
Epoch: 6, Loss(discriminator, generator): 0.5841, 1.2812
Epoch: 7, Loss(discriminator, generator): 0.5787, 1.3192
Epoch: 8, Loss(discriminator, generator): 0.5712, 1.3494
Epoch: 9, Loss(discriminator, generator): 0.5712, 1.3617
Epoch: 10, Loss(discriminator, generator): 0.5700, 1.3649
Epoch: 11, Loss(discriminator, generator): 0.5676, 1.3714
```

```
Epoch: 12, Loss(discriminator, generator): 0.5628, 1.3897
Epoch: 13, Loss(discriminator, generator): 0.5649, 1.3874
Epoch: 14, Loss(discriminator, generator): 0.5635, 1.3965
Epoch: 15, Loss(discriminator, generator): 0.5638, 1.3911
Epoch: 16, Loss(discriminator, generator): 0.5630, 1.4012
CPU times: user 4min 20s, sys: 8.69 s, total: 4min 28s
Wall time: 4min 25s
```

　出力結果を見ると、学習を進めても誤差関数の値が減少していませんが、これは想定される結果です。生成器の学習が進むと、より判別の難しいトレーニングデータが生成されるので、識別器の判別精度は単純に上がり続けることはできず、誤差関数の値が下がり続けることにはなりません。生成器についても同様で、自身が生成する画像の質が向上すると同時に、識別器もそれを判別できるように学習が進むので、生成器の誤差関数も下がり続けることにはなりません。これらの相互作用の結果、生成器と識別器の両方の性能が向上するというわけです。

　上記のコードでは、4行目でランダムに用意した8種類の潜在変数の値を用いて、1エポック分の学習が終わるごとに、生成器から出力される画像をリストexamplesに保存しています。これにより、同一の入力値から出力される画像が変化する様子が記録されます。次の [MDE-15] を実行すると図5.31のような結果が表示されます。一番上の段は、学習を開始する前の初期状態で出力画像で、ほぼ何も

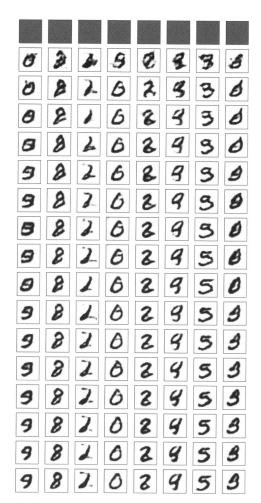

図5.31　生成器から出力される画像の変化

描かれていませんが、学習が進むにつれて、MNISTのデータセットに似た画像に変化していく様子が観察できます。

　その次の**[MDE-16]** では、8種類のランダムな入力値から得られた画像を表示します。実行するごとに異なる画像が表示されるので、繰り返し実行して、どのような画像が得られるか観察するとよいでしょう。ちなみに、今回の場合、生成器に対する入力値、すなわち、潜在変数の値は、64個の実数値の組みであり、これは、64次元空間の1点とみなすことができます。それでは、この空間上で、連続的に入力値を変化させると、対応する出力画像はどのように変化するでしょうか？

――容易に想像できるように、出力される画像の形は連続的に変化していきます。たとえば、図5.32は、**[MDE-16]** で出力された画像の例ですが、右端にある「5」と「8」の画像に対応する2つの入力値を考えて、この間を直線的に変化させてみます。この次の**[MDE-17]** では実際にこれを行っており、1行目の次の部分で、変化させる2つの画像を選ぶことができます。

図5.32　学習後のモデルで生成した画像の例

```
1: start, end = random_inputs[6], random_inputs[7]
```

　上記の[6]と[7]の部分が選択する画像のインデックス（0〜7）に対応します。これを実行すると、図5.33のような結果になります。ちょうど、画像のモーフィングのような効果が得られることがわかります。

図5.33　直線的に変化する入力値による出力画像

　この結果から、生成器に入力する潜在変数の値は、出力画像の形を特徴付ける情報を持っていることがわかります。64次元空間の中には、さまざまな数字に対応する領域が存在しており、図5.33のように、「5」の領域と「8」の領域の間には、これらの中間となる形の領域があります。あるいは、「5」の領域で入力値を細かく変動させると、「5」に

類似したさまざまな画像のバリエーションが得られるでしょう。さらに、このノートブックでは、入力値の空間になめらかな曲線を描いて、対応する出力画像を繋げたアニメーション画像を作成しています（**[MDE-18]**、**[MDE-19]**）。さまざまな数字がなめらかに変化するアニメーションが見られるので、ぜひ、ノートブックのコードを実行して確認してください。実行ごとに異なるアニメーションが得られるので、何度か実行して結果を比較するとよいでしょう。

第5章のまとめ

　本章では、畳み込みフィルターとプーリング層を2段に重ねた「2層CNN」を実装して、テストセットに対して99％を超える正解率を達成しました。このモデルの学習処理を実装するコードでは、学習状態を定期的にチェックポイントファイルに保存する処理を追加しました。これにより、何らかの理由で学習が中断した場合でも、後から学習処理を再開することができるようになりました。その後、学習済みのモデルを利用して、手書き数字を認識する簡単なアプリケーションを実装しました。

　そしてさらには、学習済みのフィルターを分析する2種類の方法を紹介しました。ここでは、JAXの微分機能を直接に利用して、フィルターの出力を最大化する画像の生成、そして、予測への影響が大きい領域を検出するコードを実装しました。また、少し高度な話題として、転移学習によるカラー写真画像の分類、オートエンコーダによるアノマリー検知、そして、DCGANによる画像生成モデルを説明しました。このような高度な処理が自由に実装できる点は、JAX/Flax/Optaxの大きな特徴と言えるでしょう。

Appendix

付録 A 「A Neural Network Playground」による直感的理解

　「A Neural Network Playground」（以下、Playground）は、2次元平面上のデータをニューラルネットワークで分類する様子をリアルタイムに観察できるWebアプリケーションです。JavaScriptを用いて実装されており、Webブラウザーから下記のURLにアクセスするだけで、すぐに試すことができます。

- Neural Network Playground（http://playground.tensorflow.org/）

　Playgroundでは、図A.1のような画面上で、複数の隠れ層からなる多層ニューラルネットワークが構成できます。2次元平面上のデータに対して、主に第3章で説明した二項分類器のアルゴリズムでデータの分類処理を行います。分類対象のデータは、図A.2のような事前に用意されたパターンから乱数を用いて生成します。

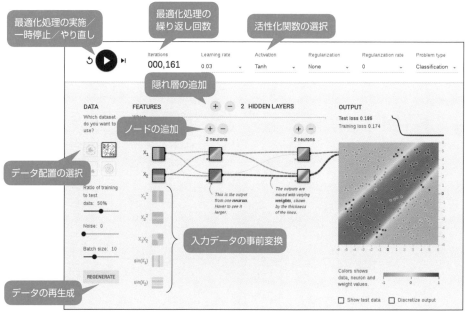

図A.1　「A Neural Network Playground」の操作画面

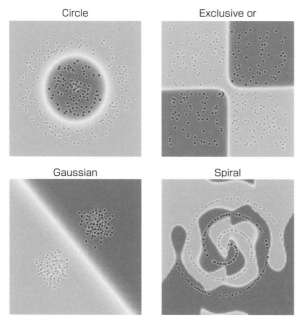

Circle Exclusive or

Gaussian Spiral

図A.2 分類対象データの生成パターン

例えば、図A.3は、「2.1.2 JAX/Flax/Optaxによるロジスティック回帰の実装」の図 2.8と同じものを再現した状態になります。データの座標(x_1, x_2)を「1次関数＋シグモイド関数」からなる出力層に与えることで、平面全体を直線で分割しています。

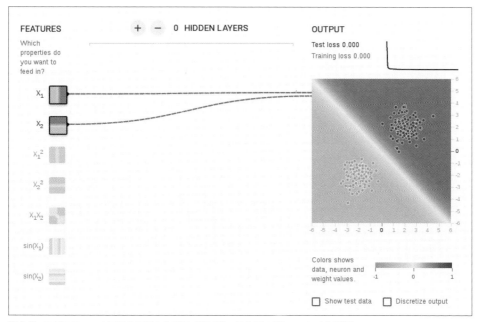

図A.3 ロジスティック回帰を再現した様子（「DATA」は左下の"Gaussian"を選択）

あるいは、図A.4は、「3.3.1 多層ニューラルネットワークの効果」の図3.15と同じものです。対角線上に配置されたデータを分類するには、図3.14のように出力層を拡張する必要がありましたが、これが正しく再現されていることがわかります。

　なお、ブラウザーの画面上では、パラメーターの最適化処理が進む様子にあわせて、データ分割の状態が変化していきます。実際にこの構成を用意して実行すると、しばらくの間でたらめに分類されていたものが、あるタイミングで突然、正しい分類に変化します。これは、「3.3.3 補足:パラメーターが極小値に収束する例」で説明したように、誤差関数の極小値のあたりをさまよっていたものが、あるタイミングで突然、最小値を見つけ出すという動きに対応します。パラメーターの最適化処理が進む様子をビジュアルに確認できるので、勾配降下法で学習が進む様子を直感的に理解できるでしょう。

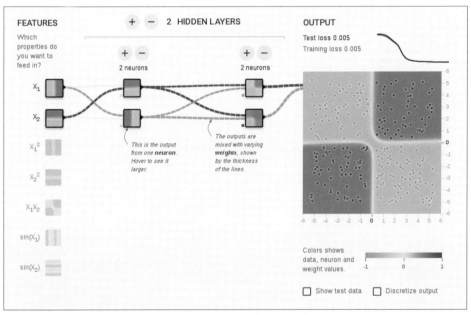

図A.4　隠れ層が2層のニューラルネットワークによる分類（「DATA」は右上の"Exclusive or"を選択）

　ちなみに、この構成において、新しいデータを生成しながら何度か実行していると、図A.5のような状態に陥ることがあります。これは、パラメーターが極小値に収束してしまい、それ以上の最適化が進まなくなった状態で、「3.3.3 補足：パラメーターが極小値に収束する例」の図3.21に相当するものになります。

　それでは、このデータに対して、隠れ層が1層だけの単層ニューラルネットワークを適用すると、どのようになるでしょうか？　「3.3.1 多層ニューラルネットワークの効果」の冒頭で説明したように、このデータは、隠れ層のノードが2個の単層ニューラル

ネットワークでは、正しく分類することはできません。図A.6の実行結果から、このような事実も簡単に確認することができます。

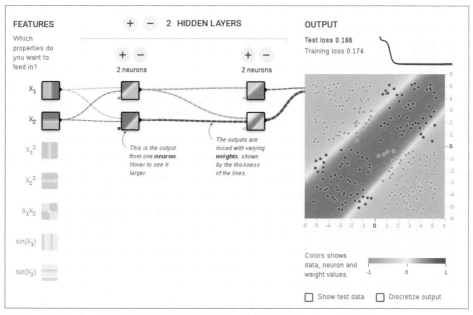

図A.5　パラメーターが極小値に収束した状態（「DATA」は右上の"Exclusive or"を選択）

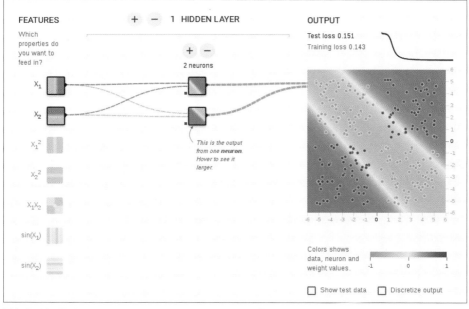

図A.6　隠れ層が1層のニューラルネットワークによる分類（「DATA」は右上の"Exclusive or"を選択）

A 「A Neural Network Playground」による直感的理解

この他にもPlaygroundでは、先ほどの図A.2のようなパターンのデータが生成できます。円形や渦巻き型のデータ配置について、隠れ層のノードをどのように用意すれば正しく分類できるのか、パズル感覚で試してみるのも面白いでしょう（図A.7）。図A.1に示したように、x_1^2や$\sin(x_1)$など、規定の関数を用いて入力データを事前に変換する機能もありますので、これらを組み合わせることもできます。

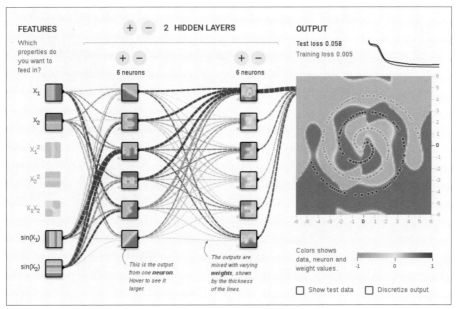

図A.7　渦巻き型のデータを分類する例（「DATA」は右下の"Spiral"を選択）

付録 B バックプロパゲーションによる勾配ベクトルの計算

　　JAX/Flax/Optaxをはじめとする機械学習ライブラリーには、勾配降下法によるパラメーターの最適化を自動的に実施する機能があります。「1.1.2 勾配降下法によるパラメーターの最適化」で説明したように、内部的には、誤差関数の勾配ベクトルを計算することで、誤差関数が小さくなる方向を見つけ出します。JAXを用いれば、CNNのような複雑なニューラルネットワークの勾配ベクトルもGPUで高速に計算できます。

　　ここでは、ニューラルネットワークにおける勾配ベクトルの計算方法について、数学が得意な方のために、理論的な観点から補足説明を行います。JAX内部の計算アルゴリズムそのものを説明するのではなく、その数学的な基礎となる「バックプロパゲーション」を中心に説明を進めます。合成関数の微分など、微分計算に関する基本的な知識が前提となります[*1]。

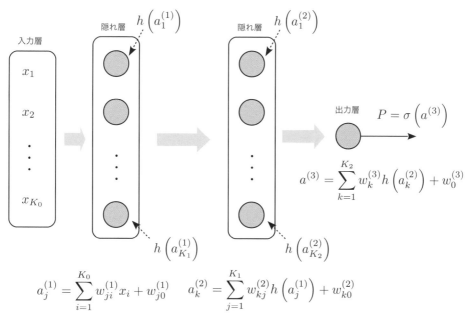

図B.1 2つの隠れ層を持つ多層ニューラルネットワーク

$$a_j^{(1)} = \sum_{i=1}^{K_0} w_{ji}^{(1)} x_i + w_{j0}^{(1)} \qquad a_k^{(2)} = \sum_{j=1}^{K_1} w_{kj}^{(2)} h\left(a_j^{(1)}\right) + w_{k0}^{(2)}$$

---

*1　これは、あくまで、数学好きの方向けの補足説明です。この説明がわからなくても、JAX/Flax/Optaxを使いこなすことはできますので安心してください。

話を具体的にするために、前ページの図B.1に示した、2つの隠れ層を持つ多層ニューラルネットワークの例で考えます。これは、「3.3.1 多層ニューラルネットワークの効果」の図3.14において、入力データの変数の数と隠れ層のノードの数を増やして、一般化したものになります。このニューラルネットワークにおいて、勾配ベクトルを計算する方法を考えていきます。

はじめに、計算の準備として、各種の変数を整理しておきます。まず、1層目の隠れ層のノードでは、入力データの1次関数が計算されます。この時、入力データを $(x_1, x_2, \cdots, x_{K_0})$ として、1次関数を次のように表します。

$$a_j^{(1)} = \sum_{i=1}^{K_0} w_{ji}^{(1)} x_i + w_{j0}^{(1)} \ \ (j = 1, \cdots, K_1) \tag{B.1}$$

$a_j^{(1)}$ を活性化関数 $h(x)$ に代入したものが、2層目の隠れ層に対する入力となります。そこで、2層目の1次関数を次のように表します。

$$a_k^{(2)} = \sum_{j=1}^{K_1} w_{kj}^{(2)} h\left(a_j^{(1)}\right) + w_{k0}^{(2)} \ \ (k = 1, \cdots, K_2) \tag{B.2}$$

活性化関数 $h(x)$ は、ハイパボリックタンジェントやReLUなどを用いるものと考えてください。$a_k^{(2)}$ を活性化関数 $h(x)$ に代入したものが、出力層に対する入力となりますので、同様に、出力層の1次関数を次のように表します。

$$a^{(3)} = \sum_{k=1}^{K_2} w_k^{(3)} h\left(a_k^{(2)}\right) + w_0^{(3)} \tag{B.3}$$

$a^{(3)}$ をシグモイド関数 $\sigma(x)$ に代入したものが、最終的な出力 P になります。

$$P = \sigma\left(a^{(3)}\right) \tag{B.4}$$

トレーニングセットのデータ群の中で、特に n 番目のデータを入力データとした場合の出力を P_n と表すと、誤差関数は、次のように計算されます。

$$E = -\sum_{n=1}^{N} \{t_n \log P_n + (1 - t_n) \log(1 - P_n)\} \tag{B.5}$$

これは、「2.1.1 確率を用いた誤差の評価」の（2.9）と同じもので、t_n は、n 番目のデータの正解ラベルです。この時、（B.5）における n 番目のデータからの寄与を取り出して、次のように表します。

$$E_n = -\{t_n \log P_n + (1 - t_n) \log(1 - P_n)\} \tag{B.6}$$

すると、誤差関数全体は、それぞれのデータからの寄与の和になります。

$$E = \sum_{n=1}^{N} E_n \tag{B.7}$$

勾配ベクトル ∇E は、偏微分で計算されるものですので、次の関係が成り立ちます。

$$\nabla E = \sum_{n=1}^{N} \nabla E_n \tag{B.8}$$

つまり、（B.6）に対する勾配ベクトル ∇E_n が個別に計算できれば、（B.8）によって、誤差関数全体の勾配ベクトルが得られます。そこで、この後は、（B.1）〜（B.4）は、n 番目のデータに対する計算式を表すものと考えて、次に対する勾配ベクトルを計算していきます。

$$E_n = -\{t_n \log P + (1 - t_n) \log(1 - P)\} \tag{B.9}$$

なお、ここで言う勾配ベクトルは、（B.9）を最適化対象のパラメーターの関数とみなして、それぞれのパラメーターで偏微分した結果を並べたベクトルです。今の場合、最適化対象のパラメーターには、次のものがあります。

- （B.1）に含まれるパラメーター：$w_{ji}^{(1)}, w_{j0}^{(1)}$
- （B.2）に含まれるパラメーター：$w_{kj}^{(2)}, w_{k0}^{(2)}$
- （B.3）に含まれるパラメーター：$w_k^{(3)}, w_0^{(3)}$

したがって、（B.9）をこれらのパラメーターで偏微分した結果が求まれば、勾配ベクトルが計算されたことになります。ただし、これらのパラメーターは、（B.1）〜（B.4）の関係式を通して（B.9）に入ってくるので、関数同士の依存関係を考えながら、合成関数の微分を実施する必要があります。

たとえば、(B.3) に含まれるパラメーター$w_k^{(3)}$, $w_0^{(3)}$ は、(B.3) の $a^{(3)}$ を通して (B.9) に入るので、次の関係が成り立ちます。

$$\frac{\partial E_n}{\partial w_k^{(3)}} = \frac{\partial E_n}{\partial a^{(3)}} \frac{\partial a^{(3)}}{\partial w_k^{(3)}} \tag{B.10}$$

$$\frac{\partial E_n}{\partial w_0^{(3)}} = \frac{\partial E_n}{\partial a^{(3)}} \frac{\partial a^{(3)}}{\partial w_0^{(3)}} \tag{B.11}$$

ここで、(B.10) と (B.11) の右辺に共通の1つ目の偏微分を $\delta^{(3)}$ という記号で表すと、これは次のように計算されます。

$$\delta^{(3)} := \frac{\partial E_n}{\partial a^{(3)}} = \frac{\partial E_n}{\partial P} \frac{\partial P}{\partial a^{(3)}} = -\left(\frac{t_n}{P} - \frac{1-t_n}{1-P}\right) \frac{\partial P}{\partial a^{(3)}}$$

$$= \frac{P-t_n}{P(1-P)} \frac{\partial P}{\partial a^{(3)}} = \frac{P-t_n}{P(1-P)} \sigma'\left(a^{(3)}\right) \tag{B.12}$$

シグモイド関数 $\sigma(x)$ の微分 $\sigma'(x)$ は、定義から直接計算することができて、具体的には次の形になります。

$$\sigma(x) = \frac{1}{1+e^{-x}} \ \rightarrow \ \sigma'(x) = \frac{e^{-x}}{(1+e^{-x})^2} \tag{B.13}$$

これで、$\delta^{(3)}$ は具体的に計算可能になりました。一方、(B.10) と (B.11) の右辺の2つ目の偏微分は、(B.3) からすぐに計算できます。

$$\frac{\partial a^{(3)}}{\partial w_k^{(3)}} = h\left(a_k^{(2)}\right), \ \ \frac{\partial a^{(3)}}{\partial w_0^{(3)}} = 1 \tag{B.14}$$

以上をまとめると、$w_k^{(3)}$, $w_0^{(3)}$ による偏微分は次のように計算されます。

$$\frac{\partial E_n}{\partial w_k^{(3)}} = \delta^{(3)} \times h\left(a_k^{(2)}\right), \ \ \frac{\partial E_n}{\partial w_0^{(3)}} = \delta^{(3)} \tag{B.15}$$

続いて、(B.2) に含まれるパラメーター $w_{kj}^{(2)}$, $w_{k0}^{(2)}$ を考えると、これは、(B.2) の $a_k^{(2)}$ を通して (B.9) に入ります。したがって、次の関係が成り立ちます。

$$\frac{\partial E_n}{\partial w_{kj}^{(2)}} = \frac{\partial E_n}{\partial a_k^{(2)}} \frac{\partial a_k^{(2)}}{\partial w_{kj}^{(2)}} \qquad \text{(B.16)}$$

$$\frac{\partial E_n}{\partial w_{k0}^{(2)}} = \frac{\partial E_n}{\partial a_k^{(2)}} \frac{\partial a_k^{(2)}}{\partial w_{k0}^{(2)}} \qquad \text{(B.17)}$$

ここで、（B.16）と（B.17）の右辺に共通の1つ目の偏微分を $\delta_k^{(2)}$ という記号で表すと、これは次のように計算されます。

$$\delta_k^{(2)} := \frac{\partial E_n}{\partial a_k^{(2)}} = \frac{\partial E_n}{\partial a^{(3)}} \frac{\partial a^{(3)}}{\partial a_k^{(2)}} = \delta^{(3)} \times w_k^{(3)} h'\left(a_k^{(2)}\right) \qquad \text{(B.18)}$$

ここで、最後の変形では、$\delta^{(3)}$ の定義（B.12）と、（B.3）の関係式を使用しました。活性化関数 $h(x)$ の微分 $h'(x)$ は、シグモイド関数と同様に、ハイパボリックタンジェントやReLUなど、それぞれの関数について具体的に計算することができます。これで、$\delta_k^{(2)}$ は具体的に計算可能になりました。（B.16）と（B.17）の右辺の2つ目の偏微分は、（B.2）から計算できますので、その結果を代入して、最終的に次の関係が得られます。

$$\frac{\partial E_n}{\partial w_{kj}^{(2)}} = \delta_k^{(2)} \times h\left(a_j^{(1)}\right), \quad \frac{\partial E_n}{\partial w_{k0}^{(2)}} = \delta_k^{(2)} \qquad \text{(B.19)}$$

これで、$w_{kj}^{(2)}, w_{k0}^{(2)}$ による偏微分が決まりました。最後に、（B.1）に含まれるパラメーター $w_{ji}^{(1)}, w_{j0}^{(1)}$ を考えると、これは、（B.1）の $a_j^{(1)}$ を通して（B.9）に入るので、次の関係が成り立ちます。

$$\frac{\partial E_n}{\partial w_{ji}^{(1)}} = \frac{\partial E_n}{\partial a_j^{(1)}} \frac{\partial a_j^{(1)}}{\partial w_{ji}^{(1)}} \qquad \text{(B.20)}$$

$$\frac{\partial E_n}{\partial w_{j0}^{(1)}} = \frac{\partial E_n}{\partial a_j^{(1)}} \frac{\partial a_j^{(1)}}{\partial w_{j0}^{(1)}} \qquad \text{(B.21)}$$

（B.20）と（B.21）の右辺に共通の1つ目の偏微分を $\delta_j^{(1)}$ という記号で表すと、これは次のように計算されます。

$$\delta_j^{(1)} := \frac{\partial E_n}{\partial a_j^{(1)}} = \sum_{k=1}^{K_2} \frac{\partial E_n}{\partial a_k^{(2)}} \frac{\partial a_k^{(2)}}{\partial a_j^{(1)}} = \sum_{k=1}^{K_2} \delta_k^{(2)} \times w_{kj}^{(2)} h'\left(a_j^{(1)}\right) \tag{B.22}$$

ここで、最後の変形では、$\delta_k^{(2)}$ の定義（B.18）と、（B.2）の関係式を使用しました。（B.20）と（B.21）の右辺の2つの偏微分は、（B.1）から計算できますので、その結果を代入して、最終的に次の関係が得られます。

$$\frac{\partial E_n}{\partial w_{ji}^{(1)}} = \delta_j^{(1)} \times x_i, \quad \frac{\partial E_n}{\partial w_{j0}^{(1)}} = \delta_j^{(1)} \tag{B.23}$$

これで、$w_{ji}^{(1)}$, $w_{j0}^{(1)}$ による偏微分が決まりました。少し計算が長くなりましたが、公式としてまとめると、次の手順ですべてのパラメーターによる偏微分、すなわち、勾配ベクトルが計算できることになります。

まずはじめに、出力層のパラメーターによる偏微分を次式で計算します。

$$\delta^{(3)} := \frac{\partial E_n}{\partial a^{(3)}} = \frac{P - t_n}{P(1-P)} \sigma'\left(a^{(3)}\right) \tag{B.24}$$

$$\frac{\partial E_n}{\partial w_k^{(3)}} = \delta^{(3)} \times h\left(a_k^{(2)}\right), \frac{\partial E_n}{\partial w_0^{(3)}} = \delta^{(3)} \tag{B.25}$$

次に、この結果を用いて、2つ目の隠れ層のパラメーターによる偏微分を次式で計算します。

$$\delta_k^{(2)} := \frac{\partial E_n}{\partial a_k^{(2)}} = \delta^{(3)} \times w_k^{(3)} h'\left(a_k^{(2)}\right) \tag{B.26}$$

$$\frac{\partial E_n}{\partial w_{kj}^{(2)}} = \delta_k^{(2)} \times h\left(a_j^{(1)}\right), \quad \frac{\partial E_n}{\partial w_{k0}^{(2)}} = \delta_k^{(2)} \tag{B.27}$$

最後に、さらにこの結果を用いて、1つ目の隠れ層のパラメーターによる偏微分を次式で計算します。

$$\delta_j^{(1)} := \frac{\partial E_n}{\partial a_j^{(1)}} = \sum_{k=1}^{K_2} \delta_k^{(2)} \times w_{kj}^{(2)} h'\left(a_j^{(1)}\right) \tag{B.28}$$

$$\frac{\partial E_n}{\partial w_{ji}^{(1)}} = \delta_j^{(1)} \times x_i, \quad \frac{\partial E_n}{\partial w_{j0}^{(1)}} = \delta_j^{(1)} \tag{B.29}$$

　このように、誤差関数の偏微分を計算する際は、出力層から順番に入力層に向かって計算を進めていきます。通常のニューラルネットワークの計算は、入力層から出力層に向かって計算を進めるのに対して、逆方向の計算になることから、この計算方法は、誤差逆伝播法（バックプロパゲーション）と呼ばれます。

　以上の例からわかるように、複数の隠れ層を持つ複雑なニューラルネットワークであったとしても、バックプロパゲーションの手続きに従うことで勾配ベクトルが計算できます。JAXの内部には、ニューラルネットワークの構成にあわせて、バックプロパゲーションに必要な計算式を自動的に用意する機能が実装されているのです。

　なお、（B.8）の関係式からもわかるように、トレーニングセットのデータが多数ある場合でも、個々のデータに対する勾配ベクトルを個別に計算して、最後に足し上げることができます。GPUを用いて計算する場合、このような並列計算がGPU内部のハードウェア機能で実行されることになります。

付録 C 数学公式

▪ **数列の和と積の記号**

記号$\sum$と記号$\prod$は、それぞれ、数列の和と積を表します。次は、$x_1 \sim x_N$の足し算、および、掛け算になります。

$$\sum_{n=1}^{N} x_n = x_1 + x_2 + \cdots + x_N$$

$$\prod_{n=1}^{N} x_n = x_1 \times x_2 \times \cdots \times x_N$$

これらの式に含まれる文字nは、プログラムコードにおいて、繰り返し処理のループを回すローカル変数に相当するものです。他の文字に置き換えても計算の内容は変わらない点に注意してください。

▪ **行列の計算**

$N \times M$行列は、行数（縦の長さ）がNで、列数（横の長さ）がMの行列を表します。$N \times M$行列と$M \times K$行列の積は、$N \times K$行列になります。次は、2×3行列と3×2行列の積を計算する例になります。

$$\begin{pmatrix} a_1 & a_2 & a_3 \\ b_1 & b_2 & b_3 \end{pmatrix} \begin{pmatrix} c_1 & d_1 \\ c_2 & d_2 \\ c_3 & d_3 \end{pmatrix} = \begin{pmatrix} a_1c_1 + a_2c_2 + a_3c_2 & a_1d_1 + a_2d_2 + a_3d_3 \\ b_1c_1 + b_2c_2 + b_3c_2 & b_1d_1 + b_2d_2 + b_3d_3 \end{pmatrix}$$

同じ大きさの行列同士の和は、対応する成分同士の和になります。

$$\begin{pmatrix} a_1 & a_2 \\ a_3 & a_4 \end{pmatrix} + \begin{pmatrix} b_1 & b_2 \\ b_3 & b_4 \end{pmatrix} = \begin{pmatrix} a_1 + b_1 & a_2 + b_2 \\ a_3 + b_3 & a_4 + b_4 \end{pmatrix}$$

特に、横一列に成分を並べた横ベクトルは、$1 \times N$ 行列、縦一列に成分を並べた縦ベクトルは、$N \times 1$ 行列として取り扱うことができます。また、転置記号 T は、行列の行と列を入れ替える操作を表すもので、特に、縦ベクトルと横ベクトルを入れ替える効果があります。

$$(x_1, x_2, \cdots, x_N)^{\mathrm{T}} = \begin{pmatrix} x_1 \\ x_2 \\ \vdots \\ x_N \end{pmatrix}$$

▪ 対数関数

対数関数 $y = \log x$ は、指数関数 $y = e^x$ の逆関数として定義されます。ここに、e は、ネイピア定数 $e = 2.718\cdots$ を表します。本書の内容を理解する上では、$y = \log x$ が単調増加関数である（x が増加すると $\log x$ も増加する）ことと、次の公式が成り立つことがわかれば十分です。

$$\log ab = \log a + \log b, \ \log a^n = n \log a$$

▪ 偏微分

複数の変数を持つ関数について、特定の変数で微分することを偏微分と呼びます。

$$\frac{\partial E(x, y)}{\partial x} : y を固定して x で微分する$$

$$\frac{\partial E(x, y)}{\partial y} : x を固定して y で微分する$$

特にそれぞれの変数で偏微分した結果を並べたベクトルを「勾配ベクトル」と呼び、次の記号で表します。

$$\nabla E(x, y) = \begin{pmatrix} \dfrac{\partial E(x,y)}{\partial x} \\[2ex] \dfrac{\partial E(x,y)}{\partial y} \end{pmatrix}$$

本書のノートブックで使用する JAX/Flax/Optaxの主な関数

　ここでは、本書のノートブックで使用しているJAX/Flax/Optaxの主な関数やメソッドについて、その機能をノートブックごとに一覧形式でまとめています。同じ関数が複数のノートブックに登場する場合は、最初に登場するノートブックの項に入れてあります。また、説明をわかりやすくするために、すべての機能を網羅的に解説するのではなく、本書での基本的な使用方法に限定して説明しています。すべての機能を説明したAPIリファレンスは、次のWebサイトから参照できます。

- JAX：https://jax.readthedocs.io/en/latest/index.html
- Flax：https://flax.readthedocs.io/en/latest/api_reference/index.html
- Optax：https://optax.readthedocs.io/en/latest/api.html

　それぞれの関数を提供するモジュールは、事前に次の形式でインポートしてあるものとします。

```
1: from functools import partial
2: import jax, flax, optax
3: from jax import random, numpy as jnp
4: from flax import linen as nn
5: from flax.training import train_state, checkpoints
6: from flax.core.frozen_dict import freeze, unfreeze
```

D-1 第1章のノートブックに登場する関数

・ノートブック「1. Gradient calculation with JAX.ipynb」

1.1.1 $jnp.sin(x)$ ── NumPyが提供する正弦関数np.sin()のJAX版

JAXが提供するnumpyモジュールは、`np.sin()`などNumPyが提供するものと同じ数学関数を提供します。JAX版のモジュールを使用すると、GPUが接続された環境では、自動的にGPUによる計算処理が行われます。特に、JITコンパイラーによる事前コンパイル機能を使用する場合、適用対象の関数内では、通常のNumPyではなく、JAX版のnumpyモジュールを使用する必要があります。

1.1.2 　`jax.grad(`*fun, argnums*`)` ── 与えられた数学関数の勾配ベクトルを計算する新しい関数を作る

*fun*に数学関数を与えると、オプション*argnums*で指定した引数で微分した勾配ベクトルを計算する新しい関数が得られます。*argnums*を省略した場合はデフォルト値の0が使用されます。詳細は、本文p.45（**[GCJ-04]** の解説）を参照。

1.1.3 　`jax.jit(`*fun*`)` ── JITコンパイラーによる事前コンパイル機能を適用する

*fun*に関数を与えると、JITコンパイラーによる事前コンパイル機能が適用された新しい関数が得られます。`def`で始まる関数定義の直前の行に`@jax.jit`と記述した場合は、該当の関数に対して事前コンパイル機能が適用されます。

▪ ノートブック「2. Least squares method with native JAX functions.ipynb」

1.2.1 　`jnp.asarray(`*a*`)` ── 多次元リストをJAXのDeviceArrayオブジェクトに変換する

*a*に多次元リストやNumPyのarrayオブジェクトを与えると、これをDeviceArrayオブジェクトに変換したものを返します。DeviceArrayオブジェクトは、NumPyのarrayオブジェクトのJAX版にあたるもので、Pythonの多次元リストにJAX固有の機能を追加したものと考えるとよいでしょう。GPUが接続された環境では、DeviceArrayオブジェクトの内容は、GPUのメモリー内に保存されて、GPUによる計算処理が行われます。

1.2.2 　`jnp.matmul(`*a, b*`)` ── NumPyが提供する行列の積を計算する関数np.matumul()のJAX版

*a*と*b*に2次元リスト形式のDeviceArrayオブジェクトを与えると、これらの行列としての積を計算した結果を2次元リスト形式のDeviceArrayオブジェクトで返します。

このjnp.matmul()のほかに 1.1.1 のjnp.sin()や 1.2.3 のjnp.mean()など、JAX版のnumpyモジュールが提供する関数は、計算結果をDeviceArrayオブジェクトで返します。一方、引数に与える値には、DeviceArrayオブジェクトのほかに、NumPyのarrayオブジェクトを使用することもできます。この場合は、内部的にDeviceArrayオブジェクトに変換された後に計算が行われます。

1.2.3　jnp.mean(a) —— NumPyが提供する平均値を計算する関数np.mean()のJAX版

aにDeviceArrayオブジェクト（もしくは、NumPyのarrayオブジェクト）を与えると、そこに含まれる要素の平均値を計算して、結果をDeviceArrayオブジェクトで返します。

1.2.4　random.split(key, num) —— 乱数のシードを分割して新しいシードを生成する

keyに乱数のシードを与えると、これを元にして、num個の新しいシードを生成して返します。numを省略した場合は、デフォルト値の2が使用されます。JAXにおける乱数の取り扱いについては、本文p.55（**[LSJ-05]** の解説）を参照。

1.2.5　random.normal(key, $shape$) —— 正規分布に従う乱数を発生する

keyに与えた乱数のシードを用いて、正規分布（平均0、分散1）に従う乱数を発生します。多次元リストのサイズを$shape$に指定すると、このサイズに応じた個数の乱数を発生して、乱数が保存されたDeviceArrayオブジェクトを返します。$shape$を省略した場合は、乱数の値が1つだけ得られます。

▪ ノートブック「3. Least squares method with Flax and Optax.ipynb」

1.3.1　nn.Dense($features$) —— 入力値の1次関数を与える隠れ層を定義する（linenモジュール）

Flaxのlinenモジュールは、ニューラルネットワークを構成するさまざまな関数を提供します。nn.Dense()は、入力値の1次関数を計算する$features$個のノードからなる隠れ層を定義します。

<Moduleオブジェクト>.init(*rngs, *args*) ―― モデルのパラメーターの初期値を生成する

<Moduleオブジェクト>は、ニューラルネットワークのモデルを表すオブジェクトで、Flaxのnn.Moduleクラスを継承して定義したクラスから得られます。*rngs*に乱数のシード、**args*にモデルに入力するサンプルデータ（および、その他の必要なオプション値）を与えると、このモデルが使用するパラメーターの初期値を乱数で生成して返します。この時、パラメーター値は、読み取り専用のFrozendictオブジェクトとして用意されます。Frozendictオブジェクトと通常のディクショナリーを相互変換する際は、4.1.5のunfreeze()、および、4.1.6のfreeze()を使用します。モデルのオブジェクトを定義する方法については、本文p.69（**[LSF-05]** の解説）を参照。

1.3.3 <Moduleオブジェクト>.apply(*variables*, *args*) ―― モデルによる予測値を取得する

*variables*にモデルが使用するパラメーター値、**args*に予測対象のデータ（および、その他の必要なオプション値）を与えると、モデルによる予測値を計算して返します。パラメーター値の部分は、{'params': params}のように、'params'をキーとするディクショナリー形式で与えます。

1.3.4 train_state.TrainState.create(*apply_fn*, *params*, *tx*)
―― TrainStateオブジェクトを生成する

Flaxが提供するTrainStateオブジェクトは、モデルの学習処理に使用する情報をまとめたオブジェクトで、次の情報を格納します。

- *apply_fn*：モデルの予測処理を行うメソッド
- *params*：モデルのパラメーター値
- *tx*：勾配降下法で使用するアルゴリズム

apply_fn、*params*、*tx*に上記の情報を与えると、これらを格納したTrainStateオブジェクトを返します。

1.3.5 <TrainStateオブジェクト>.apply_gradients(*grads*)
―― 勾配降下法のアルゴリズムでパラメーターの値を更新する

<TrainStateオブジェクト>は、1.3.4 のtrain_state.TrainState.create()メソッドで生成したTrainStateオブジェクトを表します。$grads$に誤差関数の勾配ベクトルの値を渡すと、このTrainStateオブジェクトに格納された勾配降下法のアルゴリズムを用いて、モデルのパラメーター値を更新して、更新後の値を格納した新しいTrainStateオブジェクトを返します。

1.3.6 <TrainStateオブジェクト>.apply_fn(*variables, *args*)
——— モデルによる予測値を計算する

このTrainStateオブジェクトに格納された、モデルの予測処理を行うメソッドに$variables$と$*args$で指定した値（モデルが使用するパラメーター値と予測対象のデータ、および、その他の必要なオプション値）を渡して、得られた予測値を返します。

1.3.7 optax.adam(*learning_rate*) ——— Adam Optimizerのオブジェクトを生成する

勾配降下法のアルゴリズムの1つであるAdam Optimizerのオブジェクトを生成して返します。Adam Optimizerは学習の進捗状況に応じて、学習率の値を自動的に調整する機能を持ちます。$learning\_rate$には学習率の初期値を指定します。

1.3.8 optax.l2_loss(*predictions, targets*) ——— 2乗誤差の値を計算する

$predictions$と$targets$に、それぞれ、予測値と正解値を並べたDeviceArrayオブジェクトを与えると、それぞれの要素を$y_i, t_i \, (i = 1, \cdots, N)$として、各要素の差の2乗$(y_i - t_i)^2$を並べたDeviceArrayオブジェクトを返します。詳細は、本文p.75（**[LSF-08]** の解説）を参照。

1.3.9 jax.value_and_grad(*fun*)
——— 関数とその勾配ベクトルの値を同時に計算する新しい関数を作る

funに数学関数を与えると、「funの値とその勾配ベクトルの値をセットで返す」新しい関数を返します。誤差関数の値とその勾配ベクトルの値を同時に計算する際に利用します。

D-2 第2章のノートブックに登場する関数

- ノートブック「1. Logistic regression model.ipynb」

2.1.1 random.multivariate_normal(*key, mean, cov, shape*)
—— 多次元の正規分布に従う乱数ベクトルを発生する

*key*に与えた乱数のシードを用いて、多次元の正規分布に従う乱数ベクトルを発生します。*mean*と*cov*には、平均ベクトルと分散共分散行列を指定します。多次元リストのサイズを*shape*に指定すると、このサイズに応じた個数の乱数ベクトルを発生して、乱数ベクトルが保存されたDeviceArrayオブジェクトを返します。*shape*を省略した場合は、乱数ベクトルが1つだけ得られます。

2.1.2 jnp.ones(*shape*) —— すべての要素が1のDeviceArrayオブジェクトを生成する

多次元リストのサイズを*shape*に指定すると、このサイズを持ち、すべての要素が1のDeviceArrayオブジェクトを返します。

2.1.3 jnp.eye(*N*) —— 単位行列に対応したDeviceArrayオブジェクトを生成する

[N，N]サイズで対角要素のみが1（それ以外の要素は0）のDeviceArrayオブジェクトを返します。

2.1.4 jnp.hstack(*tup*) —— 複数のDeviceArrayオブジェクトを水平方向に結合する

*tup*に複数の（2次元リスト形式の）DeviceArrayオブジェクトを格納したリスト（もしくは、タプル、arrayオブジェクト、DeviceArrayオブジェクトなど）を与えると、これらを水平方向に結合した新しいDeviceArrayオブジェクトを返します[*2]。この際、*tup*に与えるそれぞれのDeviceArrayオブジェクトは、垂直方向のサイズが同一でなければなりません。

---

*2 厳密には、2次元リスト形式以外のDeviceArrayオブジェクトを結合することもできますが、得られる結果は直感的に把握しづらいものになります。この次に説明するjnp.vstack()も同様です。

jnp.vstack(*tup*) —— 複数のDeviceArrayオブジェクトを水平方向に結合する

*tup*に複数の（2次元リスト形式の）DeviceArrayオブジェクトを格納したリスト（もしくは、タプル、arrayオブジェクト、DeviceArrayオブジェクトなど）を与えると、これらを垂直方向に結合した新しいDeviceArrayオブジェクトを返します。この際、*tup*に与えるそれぞれのDeviceArrayオブジェクトは、水平方向のサイズが同一でなければなりません。

2.1.6 random.permutation(*key, x, axis*)
—— DeviceArrayオブジェクトの行や列をランダムに入れ替える

*x*に与えたDevicrArrayオブジェクトを*axis*で指定した軸方向についてランダムに順序を入れ替えます。*axis*を省略した場合はデフォルト値の0が使用されます。*key*には乱数のシードを与えます。たとえば、dataを2次元リスト形式のDeviceArrayオブジェクトとして、random.permutation(key, data)とすると、行をランダムに入れ替えたDeviceArrayオブジェクトが返ります。あるいは、random.permutation(key, data, axis=1)とすると、列をランダムに入れ替えたDeviceArrayオブジェクトが返ります。

2.1.7 jnp.split(*ary, indices_or_sections, axis*) —— DeviceArrayオブジェクトを分割する

*ary*に与えたDevicrArrayオブジェクトを*axis*で指定した軸に沿って分割して、分割後のDeviceArrayオブジェクトを並べたリストを返します。*axis*を省略した場合は、デフォルト値の0が使用されます。*indices_or_sections*に整数のスカラー値を指定した場合は、指定の個数に等分割します。分割する軸方向のデータ数が指定した値の倍数になっておらず、等分割できない場合はエラーになります。一方、*indices_or_sections*に複数の整数を並べたリストを指定した場合は、リストに含まれる値は、分割部分のインデックスの値になります。たとえば、dataを[50, 10]サイズのDeviceArrayオブジェクトとする場合、jnp.split(data, [10, 20])は、リスト[data[:10, :], data[10:20, :], data[20:, :]]を返します。同様に、jnp.split(data, [3], axis=1)は、リスト[data[:, :3], data[:, 3:]]を返します。

2.1.8 nn.sigmoid(*x*) —— シグモイド関数（linenモジュール）

Flaxのlinenモジュールが提供するシグモイド関数で、ニューラルネットワークの活性化関数、もしくは、二項分類器の出力層で使用します。数学的には、次で定義される関数です。

$$\sigma(x) = \frac{1}{1 + e^{-x}}$$

2.1.9 optax.sigmoid_binary_cross_entropy(*logits, labels*)
—— バイナリー・クロスエントロピーの値を計算する

二項分類器の誤差関数として使用するバイナリー・クロスエントロピーの値を計算します。*logits*と*labels*に、それぞれ、ロジットの値とワンホット・エンコーディングで表した正解ラベルを並べたDeviceArrayオブジェクトを与えると、バイナリー・クロスエントロピーの計算式（入力データについての和）の各項の値を並べたDeviceArrayオブジェクトを返します。詳細は、本文p.106（**[LRM-09]** の解説）を参照。

2.1.10 jax.value_and_grad(*fun*, has_aux=True)
—— 関数とその勾配ベクトルの値を同時に計算する新しい関数を作る

1.3.9 のjax.value_and_grad()と同じものですが、*fun*に与える誤差関数が、誤差関数の値に加えて、そのほかの情報を返す場合は、オプションhas_aux=Trueを指定する必要があります。詳細は、本文p.109（**[LRM-10]** の解説）を参照。

2.1.11 jax.device_get(*x*) —— DeviceArrayオブジェクトをNumPyのarrayオブジェクトに変換する

*x*にDeviceArrayオブジェクトを与えると、これをNumPyのarrayオブジェクトに変換したものが返ります。特にGPUが接続された環境では、DeviceArrayオブジェクトの内容はGPUのメモリー内に保存されていますが、NumPyのarrayオブジェクトに変換した結果は、通常のメモリー上に保存されます。

2.1.12 <TrainStateオブジェクト>.params
—— TrainStateオブジェクトに格納されたパラメーター値を取得する

<TrainStateオブジェクト>は、 1.3.4 のtrain_state.TrainState.create()

で生成したTrainStateオブジェクトを表します。属性値**params**から、TrainStateオブジェクトに格納されたパラメーター値が取得できます。

・ノートブック『2. MNIST single layer network.ipynb』

このノートブックで新しく登場する主要な関数やメソッドはありません。

・ノートブック『3. MNIST softmax estimation.ipynb』

2.3.1 nn.softmax(x) —— ソフトマックス関数 (linenモジュール)

Flaxのlinenモジュールが提供するソフトマックス関数で、多項分類器の出力層で使用します。数学的には、$f_1, \cdots, f_K$をK個の1次関数からの出力値（ロジット）として、次で計算されるK個の確率値を出力します。

$$P_k = \frac{e^{f_k}}{e^{f_1} + \cdots + e^{f_K}} \ (k = 1, \cdots, K)$$

2.3.2 jax.tree_util.tree_map(f, $tree$)
—— ツリー形式のディクショナリー内のデータに関数を適用する

$tree$に与えた複数の階層からなるツリー形式のディクショナリーをスキャンして、末端のデータに対して、fに与えた関数を適用します。元のツリーに対して、末端のデータが関数の適用結果に置き換えられたものが実行結果として返ります。

2.3.3 optax.softmax_cross_entropy($logits$, $labels$)
—— カテゴリカル・クロスエントロピーの値を計算する

多項分類器の誤差関数として使用するカテゴリカル・クロスエントロピーの値を計算します。$logits$と$labels$に、それぞれ、ロジットの値とワンホット・エンコーディングで表現した正解ラベルを並べたDeviceArrayオブジェクトを与えると、カテゴリカル・クロスエントロピーの計算式（入力データについての和）の各項の値を並べたDeviceArrayオブジェクトを返します。詳細は、本文p.134（**[MSE-08]** の解説）を参照。

2.3.4 `jnp.argmax(`$a,\ axis$`)` —— 最大値を取るインデックスの値を取得する

aに与えたDeviceArrayオブジェクトに対して、$axis$で指定した軸方向の要素について最大値を取る要素のインデックス値をまとめたDeviceArrayオブジェクトを返します。たとえば、2次元リスト形式のDeviceArrayオブジェクトに対して、最後の次元の軸を表す`axis=-1`を指定すると、それぞれの行について、その中で最大値を取る要素のインデックスを並べたDeviceArrayオブジェクトが返ります。

D-3 第3章のノートブックに登場する関数

▪ ノートブック「1. Single layer network example.ipynb」

3.1.1 `nn.tanh(`x`)` —— ハイパボリック・タンジェント (linenモジュール)

Flaxのlinenモジュールが提供するハイパボリック・タンジェントで、ニューラルネットワークの活性化関数として使用します。数学的には、次で定義される関数です。

$$\tanh x = \frac{e^x - e^{-x}}{e^x + e^{-x}}$$

3.1.2 `jnp.sign(`x`)` —— NumPyが提供する符号関数np.sign()のJAX版

符号関数は、次で定義されるもので、入力値の符号に応じて、$-1, 0, 1$のいずれかの値を返します。

$$\text{sign}(x) = \begin{cases} 1 & (x > 0) \\ 0 & (x = 0) \\ -1 & (x < 0) \end{cases}$$

付録

D 本書のノートブックで使用するJAX/Flax/Optaxの主な関数

341

- ノートブック「2. MNIST single layer network.ipynb」

  3.2.1 nn.relu(x) —— ReLU (linenモジュール)

  Flaxのlinenモジュールが提供するReLUで、ニューラルネットワークの活性化関数として使用します。数学的には、次で定義される関数です。

  $$\mathrm{relu}(x) = \max(0,\, x)$$

- ノートブック「3. Hyper parameter tuning.ipynb」

  このノートブックで新しく登場する主要な関数やメソッドはありません。

- ノートブック「4. Double layer network example.ipynb」

  このノートブックで新しく登場する主要な関数やメソッドはありません。

D-4 第4章のノートブックに登場する関数

- ノートブック「1. ORENIST convolutional filter example.ipynb」

  4.1.1 <DeviceArrayオブジェクト>.reshape($newshape$)
  —— DeviceArrayオブジェクトの多次元リスト形式を変換する

  DeviceArrayオブジェクトのreshapeメソッドは、多次元リストとしての形式を$newshape$で指定した形式に変換します。たとえば、dataを[784]サイズのDeviceArrayオブジェクトとすると、data.reshape([28, 28, 1])は、これを[28, 28, 1]サイズに変換したものを返します。$newshape$に与える数値の1つを−1にすると、この部分の値は全体の要素数から自動的に計算されます。たとえば、dataを[N, 784]サイズのDeviceArrayオブジェクトとする場合、data.reshape([-1, 28, 28, 1])により、（Nの値に関わらず）[N, 28, 28, 1]サイズに変換できます。現在のサイズは、data.shapeのようにshape属性から取得できます。

$\boxed{4.1.2}$ nn.Conv(*features, kernel_size*, use_bias=False)
　　　　　　　　—— 畳み込みフィルターを定義する (linenモジュール)

　Flaxのlinenモジュールが提供する、畳み込みフィルターのレイヤーを定義する関数です。*features*にフィルターの個数、*kernel_size*にフィルターのサイズを指定します。オプションuse_bias=Falseは、畳み込みフィルターを適用した後に定数値を加えるバイアス項を使用しないという指定です。

$\boxed{4.1.3}$ nn.max_pool(*inputs, window_shape, strides*)
　　　　　　　　　　—— 最大値プーリング関数 (linenモジュール)

　Flaxのlinenモジュールが提供する、最大値プーリング関数です。*window_shape*で指定したサイズのブロックに含まれるピクセルをその中の最大値を持つ1つのピクセルに置き換えます。*strides*はブロックを移動させるステップを指定しますが、通常は*window_shape*と同じ値を指定します。*inputs*には入力データを与えます。このほかに、ブロック内のピクセルの平均値に置き換える平均値プーリング関数nn.avg_pool()もあります。

$\boxed{4.1.4}$ jnp.abs(x) —— NumPyが提供する絶対値関数np.abs()のJAX版

　絶対値関数は、入力値xの絶対値$|x|$を計算します。

$\boxed{4.1.5}$ unfreeze(x) —— Frozendictオブジェクトをディクショナリーに変換

　xにFrozendictオブジェクトを与えると、通常のディクショナリーに変換したものが返ります。

$\boxed{4.1.6}$ freeze(x) —— ディクショナリーをFrozendictオブジェクトに変換

　xにディクショナリーを与えると、Frozendictオブジェクトに変換したものが返ります。

- ノートブック「2. ORENIST classification example.ipynb」

4.2.1 optax.multi_transform(*transforms, param_labels*)
—— パラメーターごとに異なる最適化アルゴリズムを適用する

　パラメーターごとに異なる最適化アルゴリズムを適用するという、新しい最適化アルゴリズムを定義します。*transforms*にマスク値をキーとして、最適化アルゴリズムをバリューとするディクショナリーを与えて、*param_labels*にパラメーターごとのマスク値を指定するディクショナリーを与えると、それぞれのパラメーターに対して、マスク値で決まる最適化アルゴリズムが適用されます。詳細は、本文p.208（**[OCE-10]** の解説）を参照。

- ノートブック「3. ORENIST dynamic filter classification.ipynb」

　このノートブックで新しく登場する主要な関数やメソッドはありません。

- ノートブック「4. MNIST dynamic filter classification.ipynb」

4.4.1 nn.Conv(*features, kernel_size*, use_bias=True)
—— 畳み込みフィルターを定義する（linenモジュール）

　4.1.2 のnn.Conv()と同じものですが、オプションuse_bias=Trueを指定することで、畳み込みフィルターを適用した後に定数値を加えるバイアス項が追加されます。バイアス項は、それぞれのフィルターに対して個別に与えられて、最適化対象のパラメーターとなります。なお、use_biasのデフォルト値はTrueなので、このオプションは省略しても構いません。

4.4.2 checkpoints.save_checkpoint(*ckpt_dir, target, step, prefix*, overwrite=True)
—— チェックポイントファイルを作成する

　*target*にTrainStateオブジェクトを与えると、そのTrainStateオブジェクトに格納された情報をチェックポイントファイルとして保存します。*ckpt_dir*は保存先のディレクトリー、*prefix*はファイル名のプレフィックス、*step*は学習済みのステップ数を指定するもので、プレフィックスにステップ数の数値を付け加えたものがファイル名に

なります。ステップ数に指定する値は自由に決めることができますが、通常は、学習済みのエポック数など、学習の進捗状況に対応した数値を指定します。`overwrite=True`を指定すると、既存のチェックポイントファイルをすべて削除した上で、新しいチェックポイントファイルを保存します。$prefix$を省略した場合は、デフォルト値の`'checkpoint_'`が使用されます。既存のチェックポイントファイルを残す設定については、5.1.3 を参照。

▪ ノートブック「5. MNIST dynamic filter classification result.ipynb」

4.5.1　checkpoints.restore_checkpoint(*ckpt_dir, target, step, prefix*)
　　　　　── チェックポイントファイルからTrainStateオブジェクトの情報を復元する

　$target$で指定したTrainStateオブジェクトを複製して、チェックポイントファイルに保存された情報を復元した、新しいTrainStateオブジェクトを返します。そのほかのオプションは、復元対象のチェックポイントファイルを指定します。$ckpt\_dir$は保存先のディレクトリー、$prefix$はファイル名のプレフィックス、$step$はステップ数を指定します。$prefix$を省略した場合は、デフォルト値の`'checkpoint_'`が使用されます。$step$を省略した場合は、最もステップ数の大きいファイルが選択されます。

D-5　第5章のノートブックに登場する関数

▪ ノートブック「1. MNIST double layer CNN classification.ipynb」

5.1.1　nn.Dropout(*rate, deterministic=eval*)
　　　　　── ドロップアウト層を定義する（linenモジュール）

　Flaxのlinenモジュールが提供する、ドロップアウト層を定義する関数です。$rate$で指定した割合の接続をランダムに切断します。ここでは、オプション`deterministic`に変数evalの値を受け渡すようにしており、学習時は`eval=False`を指定することでドロップアウト層が有効になります。逆に、テストデータによる評価を行う際は、`eval=True`を指定することでドロップアウト層が無効になります。また、ドロップアウト層を持つモデルを使用する際は、`rngs={'dropout': key}`という形式のオプションで乱数のシード（key）を受け渡す必要があります。

付録

D　本書のノートブックで使用するJAX/Flax/Optaxの主な関数

345

5.1.2 `@partial(jax.jit, static_argnames=['eval'])`

—— フラグ値を受け取る関数に事前コンパイル機能を適用する

1.1.3 で説明したように、`def`で始まる関数定義の直前の行に`@jax.jit`と記述することで、該当の関数に事前コンパイル機能が適用されますが、ブール値のフラグを受け取る関数の場合は、このような形式で指定する必要があります。これは、引数`eval`がブール値のフラグを受け取る場合の例になります。詳細は、本文のp.245（**[MDL-09]** の解説）を参照。

5.1.3 `checkpoints.save_checkpoint(`*ckpt_dir, target, step, prefix,* `keep=5,` ↵
`overwrite=True)`

—— 以前のファイルを残して、チェックポイントファイルを作成する

4.4.2 の`checkpoints.save_checkpoint()`と同じものですが、オプション`keep`により以前のチェックポイントファイルを削除せずに残すことができます。たとえば、`keep=5`は、以前のチェックポイントファイルを5世代分残すという指定になり、最新のものを含めて、5つのチェックポイントファイルが残ります。*step*で指定されるステップ数が大きいものほど、新しいチェックポイントファイルだと解釈されます。

・ノートブック「2. Handwritten digit recognizer.ipynb」

　このノートブックで新しく登場する主要な関数やメソッドはありません。

・ノートブック「3. CNN interpretation - image generation.ipynb」

　このノートブックで新しく登場する主要な関数やメソッドはありません。

・ノートブック「4. CNN interpretation - sensitive area detection.ipynb」

　このノートブックで新しく登場する主要な関数やメソッドはありません。

・ノートブック「5. Transfer Learning with ResNet.ipynb」

　このノートブックで新しく登場する主要な関数やメソッドはありません。

- ノートブック「6. MNIST autoencoder example.ipynb」

このノートブックで新しく登場する主要な関数やメソッドはありません。

- ノートブック「7. MNIST DCGAN example.ipynb」

5.7.1 nn.leaky_relu(x, $negative\_slope$) —— Leaky ReLU (linenモジュール)

Flaxのlinenモジュールが提供するLeaky ReLUで、ニューラルネットワークの活性化関数として使用します。$negative\_slope$に指定する値をαとして、次で定義される関数です。

$$\text{leaky\_relu(x)} = \begin{cases} x & (x \geq 0) \\ \alpha x & (x < 0) \end{cases}$$

5.7.2 nn.ConvTranspose($features$, $kernel\_size$, $strides$)
—— Transposed Convolutionによる転置畳み込み層を定義する (linenモジュール)

Flaxのlinenモジュールが提供する、Transposed Convolutionを用いた転置畳み込み層を定義する関数です。$features$にフィルターの個数、$kernel\_size$にフィルターのサイズ、$strides$にフィルターを移動する際のステップを指定します。

5.7.3 random.uniform(key, $shape$, $minval$, $maxval$)
—— 連続一様分布に従う乱数を発生する

keyに与えた乱数のシードを用いて、連続一様分布に従う乱数を発生します。多次元リストのサイズを$shape$に指定すると、このサイズに応じた個数の乱数を発生して、乱数が保存されたDeviceArrayオブジェクトを返します。$shape$を省略した場合は、乱数の値が1つだけ得られます。$minval$と$maxval$は、発生する値の範囲を指定するもので、「$minval$以上$maxval$未満」の値を発生します。これらを省略した場合は、デフォルト値の0、および、1が使用されます。

INDEX

INDEX

著者プロフィール

中井 悦司 (なかい えつじ)

　1971年4月大阪生まれ。ノーベル物理学賞を本気で夢見て、理論物理学の研究に没頭する学生時代、大学受験教育に情熱を傾ける予備校講師の頃、そして、華麗なる（?）転身を果たして、外資系ベンダーでLinuxエンジニアを生業にするに至るまで、妙な縁が続いて、常にUnix/Linuxサーバーと人生を共にする。その後、Linuxディストリビューターのエバンジェリストを経て、現在は、米系IT企業のSolutions Architectとして活動。

　最近は、機械学習をはじめとするデータ活用技術の基礎を世に広めるために、講演活動のほか、雑誌記事や書籍の執筆にも注力。主な著書は、『[改訂新版] プロのためのLinuxシステム構築・運用技術』『[改訂新版] ITエンジニアのための機械学習理論入門』（いずれも技術評論社）、『技術者のための基礎解析学』『技術者のための線形代数学』『技術者のための確率統計学』（いずれも翔泳社）など。

●STAFF

DTP：シンクス
ブックデザイン：本田 正樹（Highcolor）
担当：伊佐 知子

JAX/Flaxで学ぶディープラーニングの仕組み
新しいライブラリーと畳み込みニューラルネットワークを徹底理解

2023年2月28日　初版第1刷発行

著者　　　中井 悦司
発行者　　角竹 輝紀
発行所　　株式会社マイナビ出版
　　　　　〒101-0003　東京都千代田区一ツ橋2-6-3　一ツ橋ビル 2F
　　　　　TEL：0480-38 6872（注文専用ダイヤル）
　　　　　TEL：03-3556-2731（販売）
　　　　　TEL：03-3556-2736（編集）
　　　　　E-Mail：pc-books@mynavi.jp
　　　　　URL：https://book.mynavi.jp
印刷・製本　シナノ印刷株式会社